土木工程施工技术研究

姜兵强 董昊宇 周威 著

吉林科学技术出版社

图书在版编目（CIP）数据

土木工程施工技术研究 / 姜兵强，董昊宇，周威著. -- 长春：吉林科学技术出版社，2024.3
 ISBN 978-7-5744-1115-9

Ⅰ. ①土… Ⅱ. ①姜… ②董… ③周… Ⅲ. ①土木工程—工程施工—研究 Ⅳ. ①TU7

中国国家版本馆 CIP 数据核字（2024）第 059236 号

土木工程施工技术研究

著	姜兵强 董昊宇 周 威
出 版 人	宛 霞
责任编辑	郝沛龙
封面设计	南昌德昭文化传媒有限公司
制 版	南昌德昭文化传媒有限公司
幅面尺寸	185mm×260mm
开 本	16
字 数	340 千字
印 张	16.25
印 数	1~1500 册
版 次	2024年3月第1版
印 次	2024年12月第1次印刷

出 版	吉林科学技术出版社
发 行	吉林科学技术出版社
地 址	长春市福祉大路5788号出版大厦A座
邮 编	130118
发行部电话/传真	0431-81629529 81629530 81629531
	81629532 81629533 81629534
储运部电话	0431-86059116
编辑部电话	0431-81629510
印 刷	三河市嵩川印刷有限公司

书 号	ISBN 978-7-5744-1115-9
定 价	72.00元

版权所有 翻印必究 举报电话：0431-81629508

前　言

土木工程是人类赖以生存的重要物质基础，其在为人类文明发展作出巨大贡献的同时，也在大量地消耗资源和能源，可持续的土木工程结构是实现人类社会可持续发展的重要途径之一。随着我国具有国际水平的超级工程结构的建设不断增多，施工控制及施工力学将不断走向成熟，并将不断应用到工程的建设之中为工程建设服务。

土木工程在施工中，往往根据每一个小项目的特点和施工性质单独施工，所以为了确保工程顺利施工，必须科学组织、精心安排各项施工工序。土木工程施工具有流动性、固定性、协作性和综合性以及多样性等特点。土木工程施工的时候可能会涉及工程、建筑、水利等学科，具有很强的综合性。

本书从土方工程介绍入手，针对基础工程、砌体工程、混凝土工程进行了分析研究；另外对结构安装工程、防水工程、装饰工程做了一定的介绍；还对桥梁结构工程、路基路面工程做了研究。本书针对土木工程专业的特点和未来工作岗位的要求，在以理论阐述为主的同时，兼顾科学性、发展性、实用性、针对性等特点；本书语言简洁、知识点全面、结构清晰。因此本书可作为高等院校土木工程、工程管理及相关专业的教材，也可供从事工程技术、工程管理、工程造价、房地产开发与管理等相关人员的工作学习参考。

本书的编写力求内容精练，体系完整，理论与实践紧密结合，规范应用与教学需求紧密结合，取材上力图反映当前土木工程施工的新技术、新工艺、新材料，以拓宽学生专业知识面和相关学科的综合应用能力为目标，使之适应社会发展需要。但由于本人知识水平的不足，以及文字表达能力的限制，在书中难免会有疏漏及不足之处。对此，希望各位专家学者和广大读者能够予以谅解，并提出宝贵意见，作者当尽力完善。

《土木工程施工技术研究》
审读委员会

董嘉磊　戴　鹏　余家红

阮　磊　刘桃红　商晓燕

游　振　吴　蕊　李　健

目 录

第一章 土方工程 ··· 1
  第一节 概述 ··· 1
  第二节 基坑支护与排水 ··· 9
  第三节 土方开挖与填筑 ·· 24

第二章 基础工程 ··· 31
  第一节 预制桩施工 ·· 31
  第二节 灌注桩施工 ·· 41
  第三节 桩基检测与验收 ·· 50

第三章 砌体工程 ··· 56
  第一节 砌体施工 ·· 56
  第二节 脚手架 ·· 67
  第三节 砌体工程施工安全与质量标准 ·································· 81

第四章 混凝土工程施工技术 ··· 89
  第一节 模板工程 ·· 89
  第二节 钢筋工程 ·· 95
  第三节 混凝土工程 ··· 108

第五章 结构安装工程 ·· 126
  第一节 建筑起重机械 ··· 126
  第二节 钢筋混凝土单层工业厂房结构安装 ····························· 131
  第三节 钢结构安装与大跨度屋盖结构安装 ····························· 144

第六章 防水工程 ·· 149
  第一节 防水工程概述 ··· 149
  第二节 屋面防水工程 ··· 153
  第三节 地下防水工程 ··· 162

第七章　装饰工程 ……………………………………………………………… 171
　　第一节　门窗工程与抹灰工程 ………………………………………………… 171
　　第二节　楼地面工程与饰面工程 ……………………………………………… 181
　　第三节　吊顶工程与幕墙工程 ………………………………………………… 190
　　第四节　涂料工程与裱糊工程 ………………………………………………… 195

第八章　桥梁结构工程 …………………………………………………………… 201
　　第一节　混凝土结构桥梁施工方法 …………………………………………… 201
　　第二节　钢桥施工 ……………………………………………………………… 220

第九章　路基路面工程 …………………………………………………………… 226
　　第一节　路基工程施工 ………………………………………………………… 226
　　第二节　路面工程施工 ………………………………………………………… 237

参考文献 …………………………………………………………………………… 248

第一章 土方工程

第一节 概述

一、土方工程施工概述

(一) 土方工程及施工特点

在土木工程施工中,首先进行的是土方工程,它包括场地平整、基坑及沟槽的开挖、运输、填筑与压实等主要施工过程,同时还包括基坑降水、排水、土壁支护等辅助施工过程。

土方工程施工具有以下特点:
①土方量大、面广;
②劳动强度大,人力施工效率低、工期长;
③施工条件复杂,受地质、水文、气候影响大;
④不确定因素多。

根据土方工程的特点,在条件允许的情况下,应尽可能采用机械化施工,并保证机械发挥最大的使用效率;合理调配土方,使总的土方运输量最少;合理安排施工计划,尽量避开雨季施工;施工前应进行详细的现场调查,了解工程和水文地质资料,了解原有地下管线的走向，制订合理的施工方案和技术措施，以保证土方工程的顺利进行和安全施工。

（二）土的工程分类

在土木建筑施工和土木建筑工程预算定额中，根据土方坚硬程度，即施工开挖难易程度不同，可将土方分为八类（表1-1），以便选择施工方法和确定劳动量，为计算劳动力、选择施工机具及确定工程费用提供依据。

表1-1　土的工程分类

类别	土的名称	开挖方法
一类土（松软土）	砂、粉土、冲积砂土层、种植土、泥炭（淤泥）	用锹、锄头挖掘
二类土（普通土）	粉质黏土、潮湿的黄土、夹有碎石、卵石的砂、种植土、填筑土和粉土	用锹、锄头挖掘，少许用锄头翻松
三类土（坚土）	软质及中等密实黏土、重粉质黏土、粗砾石、干黄土及含碎石、卵石的黄土、粉质黏土、压实的填筑土	主要用镐，少许用锹、锄头，部分用撬棍
四类土（砂砾坚土）	重黏土及含碎石、卵石的黏土、粗卵石、密实的黄土、天然级配砂石、软泥灰岩及蛋白石	先用镐、撬棍，然后用锹，部分用楔子及大锤
五类土（软石）	硬质黏土、中等密实的页岩、泥灰岩、胶结不紧的砾岩、软的石灰岩	用镐或撬棍、大锤部分用爆破方法
六类土（次坚石）	泥岩、砂岩、砾岩，坚实的页岩、泥灰岩、密实的石灰岩、风化的花岗岩、片麻岩	用爆破方法，部分用风镐
七类土（坚石）	大理岩，辉绿岩，砾岩，粗、中粒花岗岩，坚实的白云岩、砂岩、砾岩、片麻岩、石灰岩，有风化痕迹的安山岩、玄武岩	用爆破方法
八类土（特坚石）	安山岩，玄武岩，花岗片麻岩，坚实的细粒花岗岩、闪长岩、石英岩、辉长岩、辉绿岩、玲岩	用爆破方法

（三）土的工程性质

土的性质是确定地基处理方案和制订施工方案的重要依据，对土方工程的稳定性、施工方法、工程量、劳动量和工程造价都有影响。下面对与施工有关的土的基本性质加以说明。

1. 土的天然含水率

天然状态下,土中所含水的质量与土的固体颗粒质量之比的百分率,称为土的天然含水率,用 ω 表示为:

$$\omega = \frac{m_w}{m_s} \times 100\%$$

（1-1）

式中：m_w —— 土中水的质量（g）；

m_s —— 土中固体颗粒的质量（g）。

土的天然含水率对挖土的难易程度、土方边坡的稳定性、填土的压实等均有影响。所以在制订土方施工方案、选择土方机械和决定地基处理时,均应考虑土的天然含水率。

2. 土的天然密度和干密度

土在天然状态下单位体积的质量,称为土的天然密度,用 ρ 表示。土的天然密度随着土的颗粒组成、孔隙的多少和水分含量的变化而变化。不同的土,密度不同。

$$\rho = \frac{m}{V}$$

（1-2）

单位体积内土的固体颗粒质量与总体积的比值,称为土的干密度,用 ρ_d 表示。干密度越大,表明土越密实,在土方填筑时,常以土的干密度作为土体密实程度的标准,以控制填土压实的质量。

$$\rho_d = \frac{m_s}{V}$$

（1-3）

式中：m_s —— 土的固体颗粒的质量（105℃,烘干 3 h ~ 4 h）；

V —— 土的总体积。

3. 土的可松性

天然状态下的土经开挖后,其体积因松散而增大,以后虽经回填压实,仍不能恢复到原来的体积,这种性质称为土的可松性。土的可松性程度用可松性系数表示,K_s 表示最初可松性系数,K_s' 表示最后可松性系数,即

$$K_s = \frac{V_2}{V_1}$$

（1-4）

$$K'_s = \frac{V_3}{V_1}$$

(1-5)

式中：V_1——土在天然状态下的体积；
　　　V_2——土挖出后在松散状态下的体积；
　　　V_3——土经回填压实后的体积。

在确定场地设计标高、土方量的平衡调配，计算运土机具的数量、留弃土量以及计算填方所需的挖方体积时，均应考虑土的可松性。各类土的可松性系数见表 1-2。

表 1-2　各种土的可松性系数参考值

土的类别	体积增加百分数		可松性系数	
	最初	最后	K_s	K'_s
一类土	8~17	1~2.5	1.08~1.17	1.01~1.03
二类土	14~28	2.5~5	1.14~1.28	1.02~1.05
三类土	24~30	4~7	1.24~1.30	1.04~1.07
四类土（泥灰岩、蛋白石除外）	26~32	6~9	1.26~1.32	1.06~1.09
四类土（泥灰岩、蛋白石）	33~37	11~15	1.33~1.37	1.11~1.15
五至七类土	30~45	10~20	1.30~1.45	1.10~1.20
八类土	45~50	20~30	1.45~1.50	1.20~1.30

4. 土的渗透性

土的渗透性即指土体被水所透过的性质，也称土的透水性。一般用渗透系数 K 作为土的渗透性强弱的衡量指标，地下水在土中渗流速度可按达西定律计算，其公式如下：

$$v = \frac{\Delta H}{l}K = KI$$

$$K = \frac{v}{I}$$

(1-6)

式中：K——渗透系数（m/d）；
　　　v——地下水渗流速度（m/d）；
　　　ΔH——渗流路程两端的水头差（m）；
　　　l——渗流路径长度（m）；
　　　I——水力坡度。

渗透系数 K 的物理意义：当水力坡度 I 等于 1 时，水在土中的渗透速度，单位为 m/d。K 值的大小反映土的渗透性的强弱，影响施工降水与排水的速度。土的渗透系数可以通过室内渗透试验或现场抽水试验测定，一般土的渗透系数见表 1-3。

表 1-3 各类土的渗透系数

土的类别	/(m·d^{-1})	土的类别	/(m·d^{-1})
漂石	500~1000	细砂	1~5
卵石	100~500	粉砂	0.5~1
砾石	50~150	黄土	0.25~0.5
粗砂	20~50	亚黏土	0.005~0.1
中砂	5~20	黏土	<0.001

（四）土方工程施工准备

土方工程施工前应做好以下准备工作：制订施工方案；施工场地清理；排除地面水；修筑好临时设施；铺设供电与供水管线；做好材料、机具、物资及人员的准备工作；准备测量放线。

1. 制订施工方案

根据勘察文件、工程特点及现场条件等，确定场地平整、降水排水、土壁支护、开挖顺序与方法、土方调配与存放的方案，并绘制施工平面布置图，编制施工进度计划。

2. 施工场地清理

包括清理地面及地下各种障碍。在施工前应拆除旧房，拆除或改建通信、电力设备、地下管线及构筑物，迁移树木，做好古墓及文物的保护或处理，清除耕植土及河塘淤泥等。

3. 排除地面水

场地内低洼地区的积水必须排除，同时应注意对雨水的排除，使场地保持干燥，以利于土方工程施工。地面水的排除一般采用排水沟，必要时还需设置截水沟、挡水土坝等防洪设施。排水沟最好设置在施工区域的边缘或道路的两旁，其横断面和纵向坡度应根据最大流量确定。一般排水沟的横断面不小于 0.5 m×0.5 m，纵向坡度不小于 2‰。

4. 修筑临时设施

修筑好供水、供电等临时设施，做好材料、机具、物资及人员的准备工作。

5. 准备测量放线

场地平整后，设置测量控制网，打设方格网控制桩，然后进行建筑物、构筑物的定位放线等。

二、场地平整与土方量计算

场地平整是将施工现场平整成设计所要求的平面。场地平整前，首先必须确定场地平整的施工方案。包括确定场地设计标高，计算挖填土方量，确定挖填平衡调配方案，并选择施工机械，拟定施工方法。

（一）场地设计标高的确军

1. 场地设计标高确定的原则

在对较大面积的场地平整中，正确地选择设计标高，对减少土方量和加速施工进度是十分重要的。选择设计标高时，应遵循以下原则：

①与已有建筑物的标高相适应，满足生产工艺和运输的要求；
②尽量利用地形，就近取土或弃土，以减少填、挖土方的数量；
③根据具体条件，争取施工场地内的挖填土方量的平衡，以降低土方运输费用；
④要有一定的泄水坡度，以满足泄水要求；
⑤考虑历史最高洪水水位，以防止洪水发生时可能造成的损失。

2. 场地设计标高的确定与调整

场地设计标高一般应在设计文件上规定，若设计文件对场地设计标高没有规定时，对中小型场地可采用方格网法，运用"挖填土方量平衡法"的原则，确定出方格各角点的标高。具体步骤如下：

（1）初始场地标高 H_0 的确定

计算场地设计标高时，首先将场地划分成有若干个方格的方格网，每格的大小根据要求的计算精度及场地平坦程度确定，一般边长为 10～40 m。然后找出各方格角点的地面标高。当地形平坦时，可根据地形图上相邻两条等高线的标高，用插入法求得。当地形起伏或无地形图时，可在地面用木桩打好方格网，然后用仪器直接测出。

按照场地内土方量平整前后相等，即挖填平衡的原则，场地设计标高即为各个方格角点标高的平均值。可按下式计算：

$$H_0 = \frac{\sum(H_{11} + H_{12} + H_{21} + H_{22})}{4N}$$

(1-7)

式中：H_0——所计算的场地设计标高（m）；

N——方格数；

H_{11}、H_{12}、H_{21}、H_{22}——任意一个方格的四个角点的标高（m）。

H_{11} 系一个方格的角点标高系相邻两个方格的公共角点标高，H_{22} 系相邻四个方格的公共角点标高。如果将所有方格的四个角点标高全部相加，则它们在上式中分别要加一次、两次、四次。

如令：H_1——一个方格仅有的角点标高；

H_2——两个方格共有的角点标高；

H_3——三个方格共有的角点标高；

H_4——四个方格共有的角点标高；

N —— 方格数量。

则场地设计标高 H_0 可改写成下列形式：

$$H_0 = \frac{\sum H_1 + 2\sum H_2 + 3\sum H_3 + 4\sum H_4}{4N}$$

(1-8)

（2）场地设计标高的调整

按上述公式计算的场地设计标高仅为一个理论值，在实际运用中还需考虑以下因素对其进行调整。

① 土的可松性影响：由于土具有可松性，如按挖填平衡计算得到的场地设计标高进行挖填施工，填土多少有富余，特别是当土的最后可松性系数较大时更不容忽视。设 Δh 为土的可松性引起设计标高的增加值，则设计标高调整后的总挖方体积 V_w' 应为：

$$V_w' = V_w - F_w \times \Delta h$$

(1-9)

总填方体积 V_t' 应为：

$$V_t' = V_w' K_s' = (V_w - F_w \times \Delta h) K_s'$$

(1-10)

此时，填方区的标高也应与挖方区一样提高 Δh，即：

$$\Delta h = \frac{V_t' - V_t}{F_t} = \frac{(V_w - F_w \times \Delta h) K_s' - V_t}{F_t}$$ 移项整理简化得（当 $V_t = V_w$ 时）：

$$\Delta h = \frac{V_w (K_s' - 1)}{F_t + F_w K_s'}$$

故考虑土的可松性后，场地设计标高 H_0' 调整为：

$$H_0' = H_0 + \Delta h$$

(1-11)

式中：V_w、V_t —— 按理论设计标高计算的总挖方、总填方体积；

F_w、F_t —— 按理论设计标高计算的挖方区、填方区总面积；

K_s' —— 土的最后可松性系数。

② 场地泄水坡度的影响：计算出 H_0 后，若按此标高进行场地平整，场地将处于同一水平面，这样就无法满足泄水的要求。因此，还应根据场地泄水坡度的要求，计算确定各方格角点的具体标高。

第一，单向泄水时，场地内各方格角点标高的确定。

当场地采用单向泄水时，以 H_0 作为与泄水方向垂直的场地中心线的标高，则场地内任意方格角点的标高为：

$$H_n = H_0 \pm l \times i$$

(1-12)

式中：H_n——场地内任意方格角点的标高；

l——计算角点至场地中心线的垂直距离；

i——场地泄水坡度。

第二，双向泄水时，场地内各方格角点标高的确定。

当场地采用双向泄水时，以 H_0 作为场地对称中心点的标高，则场地内任意方格角点的标高为：

$$H_n = H_0 \pm l_x \times i_x \pm l_y \times i_y$$

式中：l_x，l_y——分别为计算角点至场地 y 轴和 x 轴的垂直距离；

i_x，i_y——分别为场地 x 轴方向和 y 轴方向的泄水坡度。

（二）场地平整土方量计算

场地平整土方量的计算方法通常有方格网法和断面法两种。方格网法适用于地形较为平坦、面积较大的场地；断面法多用于地形起伏变化较大或地形狭长的地区。

用方格网控制整个场地，应根据地形变化程度确定方格边长，一般方格边长为10 m、20 m、30 m或40 m等。根据每个方格角点的自然地面标高和实际采用的设计标高，算出相应的角点填挖高度，然后计算每一个方格的土方量，并算出场地边坡的土方量，这样即可得到整个场地的挖、填土方量。其具体步骤如下：

1. 计算场地各方格角点的施工高度

各方格角点的施工高度为：

$$h_n = H_n - H$$

(1-13)

式中：h_n——角点施工高度，即挖填高度。"+"为填，"-"为挖。

H——角点的自然地面标高。

2. 确定"零线"

当一个方格中一部分角点施工高度为"+"，而一部分为"-"时，说明此方格中的土方一部分为填，一部分为挖，而在变号角点边线的中间必有一个既不填也不挖的点，这个点称为"零点"，将相邻的"零点"用线段连接即为"零线"，也就是场地土方的挖填分界线。

"零点"的位置可利用相似三角形的方法将其求出。

$$X = \frac{ah_1}{h_1 + h_2}$$（h_1、h_2 均用绝对值）

（三）土方调配

土方工程量计算完成后，即可对土方进行平衡与调配。土方的平衡与调配是土方规划设计中的一项重要内容，是对挖土的利用、堆砌和填土的取得这三者之间的关系进行综合平衡处理，达到使土方运输费用最小而又能方便施工的目的。土方调配原则主要有：

1. 应力求达到挖、填平衡和运输量最小的原则

这样可以降低土方工程的成本。然而，仅限于场地范围的平衡，往往很难满足运输量最小的要求。因此还需根据场地和其周围地形条件综合考虑，必要时可在填方区周围就近借土，或在挖方区周围就近弃土，而不是只局限于场地以内的挖、填平衡，这样才能做到经济合理。

2. 应考虑先期施工与后期利用相结合的原则

当工程分期分批施工时，先期工程的土方余额应结合后期工程的需要而考虑其利用数量与堆放位置，以便就近调配。堆放位置的选择应为后期工程创造良好的工作面和施工条件，力求避免重复挖运。如先期工程有土方欠额时，可由后期工程地点挖取。

3. 尽可能与大型地下建筑物的施工相结合

当大型建筑物位于填土区而其基坑开挖的土方量又较大时，为了避免土方的重复挖、填和运输，该填土区暂时不予填土，待地下建筑物施工之后再行填土。为此，在填方保留区附近应有相应的挖方保留区，或将附近挖方工程的余土按需要合理堆放，以便就近调配。

4. 其他

调配区大小的划分应满足主要土方施工机械工作面大小（如铲运机铲土长度）的要求，使土方机械和运输车辆的效率能得到充分发挥。总之，进行土方调配，必须根据现场的具体情况、有关技术资料、工期要求、土方机械与施工方法，结合上述原则，予以综合考虑，从而做出经济合理的调配方案。

第二节 基坑支护与排水

一、基坑支护

基坑边坡的稳定，主要是依靠土体内颗粒间存在的内摩擦力和内聚力来保持平衡的。一旦土体在外力作用下产生的剪应力大于土体本身的抗剪强度，就会失去平衡，边坡就会坍塌，影响基础施工，当与原有建筑较近时还会危及临近建筑。为防止边坡坍塌，应采取基坑放坡开挖，保持土体稳定；当场地受限制不能放坡时，则应设置基坑支护结构，确保基坑安全施工。

（一）基坑边坡要求

1. 基坑直壁开挖

当无地下水时，在天然湿度的土中开挖基坑，可做成直壁而不放坡，但开挖深度不得超过下列数值：

①密实、中密的砂土和碎石类土（充填物为砂土）1 m。
②硬塑、可塑的轻亚黏土及亚黏土 1.25 m。
③硬塑、可塑的黏土和碎石类土（充填物为黏土）1.5 m。
④坚硬的黏土 2 m。

2. 边坡防护

当基坑放坡开挖时，考虑到施工期间，基坑边坡受到气候变化和降雨、渗水、冲刷等作用，会使边坡土质变松，含水量增加，导致土体抗剪强度降低，造成边坡坍塌。为保护边坡坡面稳定与坚固，通常采用以下措施对边坡坡面加以防护。

（1）薄膜覆盖法

在已开挖的边坡上铺设塑料薄膜，在坡顶、坡脚处用编织袋装土（砂）压边，并在坡脚处设置排水沟。此方法可用于防止雨水对边坡冲刷引起的塌方。

（2）砂浆覆盖法

在已开挖的边坡上钉土钉，然后铺设水泥砂浆，土钉锚于水泥砂浆中，在坡脚处设置排水沟。此方法可以阻止边坡滑移失稳。

（3）堆砌土（砂）袋护坡

当各种土质有可能发生滑移失稳时，可采用装土（砂）的编织袋（或草袋）堆置于坡脚或坡面上，加强边坡抗滑能力，增加边坡稳定性。

（4）浆砌片石压坡护面

当采用浆砌片石压坡护面时，坡度应小于1∶0.5。基坑高度不大、坡度较大时，可用浆砌砖、石压坡护面。

另外还有：挂网或挂网抹砂浆护面、钢丝网混凝土或钢筋混凝土护面、土钉墙等。

（二）基坑支护方法

1. 基坑支护结构分类与选择

根据工程特点、土质条件、开挖深度、地下水位和施工方法等不同，基坑支护可以选择横撑、板桩、灌注桩、深层搅拌桩、地下连续墙等。

深基坑开挖采用放坡而无法保证施工安全或现场无放坡条件时，一般根据基坑侧壁安全等级采用支护结构临时支挡，以保证基坑土壁的稳定。基坑支护结构选择，应根据基本要求，综合考虑基坑实际开挖深度、基坑平面形状尺寸、地基土层的工程地质和水文地质条件、施工作业设备和开挖方案、邻近建筑物的重要程度、地下管线的限制要求、工期及造价等因素，经比较后确定。

基坑支护结构设计可根据基坑侧壁的安全等级参照表1-4选择。

表 1-4　基坑支护结构选择参考表

支护结构形式	适用条件
排桩或地下连续墙	适用于基坑侧壁安全等级为一、二、三级； 悬臂式结构在软土场地中不宜大于 5 m； 当地下水位高于基坑底面时，宜采用降水、排桩加截水帷幕或地下连续墙
水泥土墙	基坑侧壁安全等级为二、三级； 水泥土墙施工范围内地基土承载力不宜大于 150 kPa； 开挖深度不宜大于 6 m。
土钉墙	基坑侧壁安全等级为二、三级； 基坑深度不宜大于 12 m； 当地下水位高于基坑底面时，宜采取降水或截（止）水措施。
放坡	基坑侧壁安全等级为三级； 施工场地应满足放坡条件； 可独立或与其他结构结合作用； 当地下水位高于坡脚时，应采取降水措施。

基坑支护结构按其作用可分为：透水挡土结构支护、止水挡土结构支护。按其受力状况可分为：重力式支护结构和非重力式支护结构。

重力式支护结构即刚性支护。常用深层水泥搅拌桩组成的格栅形坝体作为支护墙体，依靠其自重维持土体的平衡。

非重力式支护结构即柔性支护，支护墙体一般挡土宽度较小，承受弯曲作用，由撑锚体系（支撑或拉锚体系）与支护墙体共同受力。包括钢板桩、H形钢（工字钢）桩、混凝土灌注桩、地下连续墙等。

非重力式支护结构根据基坑开挖深度和不同的工程地质、水文地质条件，可选用悬臂式支护、斜撑式支撑、水平支撑式支护、锚拉式支护、锚杆式支护。

2. 透水挡土结构

透水挡土结构又可分为：H形钢（工字钢）桩加横插板挡土；混凝土灌注桩（间隔式疏排）加钢丝网水泥抹面护壁；连续式密排混凝土灌注桩（或预制桩）；双排灌注桩；旋喷桩、土钉墙支护、锚杆支护等。

（1）混凝土灌注桩挡墙

其平面布置形式分为连续式排列、间隔式排列、交错式排列。

（2）土钉墙

土钉墙是近几年发展起来的一种新型挡土结构。它是在土体内设置一定长度的钢筋

（称为土钉）并与坡面的钢筋网喷射混凝土面板相结合，形成加筋土重力式挡墙，起到挡土作用。由许多土钉组成的土钉群与土体共同作用，形成了能大大提高原土体强度和刚度的复合土体，土钉在复合土体中具有制约土体变形并使复合土体构成一个整体的作用。而土钉之间土体的变形则通过钢筋网喷射混凝土面板进行约束。土钉与土体的相互作用还能改变土坡的变形与形态的破坏，显著提高土坡整体稳定性。

①土钉墙构造要求：土钉墙由土钉和面层组成。

土钉墙高度由基坑开挖深度决定，土钉墙墙面坡度不宜大于1∶0.1，与水平夹角一般为70°～80°；土钉一般采用直径 φ16～32 mm 的螺纹钢筋，与水平夹角一般为5°～20°；在非饱和土中长度宜为0.6～1.2倍的基坑深度；在软塑黏土中长度宜为1.0倍的基坑深度。

土钉间距：水平间距与垂直间距之积不大于 6 m²；在非饱和土中宜为 1.2～1.5 m；在坚硬黏土中宜为 2 m；在软土中宜为 1 m。土钉孔径宜为 70～120 mm，注浆强度不低于 10 MPa。

土钉必须和面层有效地连接成整体，钢筋混凝土面层应深入基坑底部不小于 0.2 m，并应设置承压板（钢垫板）或加强钢筋等构造措施。

混凝土面层强度等级不应低于C20，厚度为 80～200 mm，钢筋网宜采用中 6～10 mm，间距为 150～300 mm。

②土钉支护的特点与适用范围：工料少、速度快；设备简单、操作方便；操作场地小且对环境干扰小；土钉与土体形成的复合土体可提高边坡整体性、稳定性及承受荷载的能力；并对相邻建筑影响较小。适用于淤泥、淤泥质土、黏土、粉质黏土、粉土等土质，且地下水位较低，开挖深度在 15 m 以内的基坑。

③土钉支护施工：

施工工艺：定位→转机就位→成孔→插钢筋→注浆→喷射混凝土。

技术要求：上层作业面土钉、喷射混凝土未完不得开挖下一层土；土钉采用HRB335级以上钢筋，且应除锈并保持平直；注浆采用低压（0.4～0.6 MPa）方法，或高压（1～2 MPa）方法；注浆用砂浆采用1∶1或1∶2的配合比；水泥浆水灰比为0.45～0.5；喷射混凝土的强度等级不得低于C20，水灰比为 0.4～0.45，砂率为 45%～55%；喷射混凝土分两次进行，混凝土终凝 2 h 后，浇水养护 7 天。

（3）土层锚杆

开挖深基坑时，为减小土压力对支护结构挡墙所产生的较大弯矩，常采用单层或多层土层锚杆（土锚）来拉固支护结构挡墙，这样基坑内部无支撑，便于挖土和地下结构施工，在我国北方地区应用广泛。

土锚根据主动滑动面，分为自由段（非锚固段）和锚固段。自由段处于不稳定土层中，拉杆与土层脱离，一旦土层滑动，可以自由伸缩，其作用是将锚头承受的荷载传到锚固段。锚固段处于稳定土层中，它与周围土层牢固结合，将锚杆所受荷载分布到周围土层中去。

土锚的承载能力取决于拉杆强度、拉杆与锚固体之间的握裹力、锚固体与土壁之间的摩阻力等因素。要增大单根锚杆的承载力，不能依靠增大锚固体的直径，而应增加锚固体的长度，或者采取技术措施把锚固段做成扩体并采用二次灌浆。

土层锚杆按承载方式分为摩擦承载锚杆和支压承载锚杆；按施工方法分为钻孔灌浆锚杆和预应力锚杆。

①土层锚杆构造

土层锚杆由锚头（锚具、承压板、横梁和台座）、拉杆和锚固体组成。土层锚杆是锚固在土层中的受拉杆体，由设置在钻孔内的钢筋或钢绞线与注浆体组成。钢筋或钢绞线一端伸入稳定土层中，另一端与支护结构用横梁相连接。

②土层锚杆施工

土层锚杆施工工艺为：定位→钻孔→安放拉杆→注浆→张拉锚固。

钻孔常用清水循环钻机，要求孔壁顺直、不坍塌、不松动。

拉杆安放前应先进行防腐处理。拉杆要平直，安放时应防止扭曲、扰动孔壁。

注浆分一次注浆法和二次注浆法。一次注浆法宜选用 1∶1～1∶2、水灰比为 0.38～0.45 的水泥砂浆，或水灰比为 0.45～0.5 的水泥浆。二次注浆法宜选用水灰比为 0.45～0.55 的水泥浆，用压力为 2.5～5.0 MPa 高压注浆。

预应力锚杆的张拉应在锚固段的混凝土强度大于 15 MPa 并达到混凝土设计强度的 75% 后进行。张拉控制应力不应大于拉杆强度标准值的 75%。

3．止水挡土结构

止水挡土结构包括灌注桩加搅拌水泥土桩（或水泥旋喷桩）、灌注桩加压密注浆桩、平板形钢板桩、波浪形钢板桩，以及地下连续墙。

（1）地下连续墙

开挖一定长度（一个单元槽段）的沟槽，在槽内放置钢筋笼，利用导管法水下浇筑混凝土，即完成一个单元槽段施工。施工时，每个单元槽段之间，通过接头管等方法处理后，形成一道连续的地下钢筋混凝土墙，简称地下连续墙。

基坑土方开挖时，地下连续墙既可挡土，又可挡水。其整体性好、刚度大、变形小、施工时噪声低，振动小，无挤土，对周围环境影响小，比其他类型挡墙具有更多优点。但成槽需专用设备，施工或基坑开挖深度大，对于与邻近的建筑物、道路等市政设施相距较近的深基坑支护的难度较大，工程造价高，适用于土质差、地下水位高、降水效果不好的软土地基。

（2）深层搅拌水泥土墙

深层搅拌法是利用深层搅拌机在边坡土体需要加固的范围内，将软土与固化剂强制拌和，使软土硬结成具有整体性、水稳性和足够强度的水泥加固土，称为水泥土搅拌桩。

深层搅拌法由于将固化剂和原地基土搅拌混合，不存在水对周围地基的影响，不会使地基侧向挤出，故对临近已有的建筑影响较小，施工时无振动和噪声，不污染环境。加固后土体重量不变，使软弱下卧层不产生附加沉降。它适用于淤泥、淤泥质土、粉土和含水量较高且地基承载力标准值不大于 150 kPa 的黏性土等软土地基加固，开挖深度不大于 6 m。深层搅拌法利用的固化剂为水泥，掺入量为加固土重量的 7% ~ 15%。

①深层搅拌法加固机理：深层搅拌法加固软土地基的过程，是水泥加固土的物理化学反应过程。由于水泥掺入量仅占加固土重量的 7% ~ 15%，水泥的水解和水化反应是在具有一定活性的土层中进行的，其硬化速度缓慢而且复杂。水泥水解和水化反应生成不溶的呈细分散状态的凝胶体；发生离子交换和团粒化作用，使大量土颗粒形成较大的土团粒，又由于凝胶体强烈的吸附活性，将土团粒进一步结合起来，形成坚固的连接，发生硬凝反应生成不溶于水的稳定结晶矿物，增大了土的强度和稳定性。

土中拌入水泥使土粒间的孔隙大部分为水泥和水化物填充，并不断向周围扩散，相互连接，从而形成具有一定强度的空间蜂窝结构。

②深层搅拌法施工：深层搅拌法施工流程：深层搅拌机械定位→预搅下沉→提升喷浆搅拌→重复下沉搅拌→重复提升搅拌→成桩结束。

第一，定位时调整搅拌机机架的垂直度，搅拌机运转正常后，放松起重机钢丝绳，使搅拌机沿导向架切土搅拌下沉，下沉速度控制在 0.8 m/min 左右，如遇硬黏土等下沉太慢，用输浆系统适当补给清水以利钻入。搅拌机预搅下沉到一定设计深度后，开启灰浆泵，此后边喷浆、边旋转、边提升深层搅拌机，直至设计桩顶标高。注意喷浆速度与提升速度协调及水泥浆沿桩长均匀分布，并使其提升至桩顶后集料斗中的水泥浆正好排空。提升速度一般应控制在 0.5 m/min。深层搅拌单桩的施工应采用搅拌头上下各两次的搅拌工艺，即沉钻复搅。

第二，施工中固化剂应严格按预定的配比拌制，并应有防离析措施。起吊应保证起吊设备的平整度和导向架的垂直度。成桩要控制搅拌机的提升速度和次数，使其连续均匀，以控制注浆量，保证搅拌均匀，同时泵送必须连续。

第三，搅拌机预搅下沉时，不宜冲水，当遇到较硬土层下沉太慢时，方可适量冲水，但应考虑冲水成桩对桩身强度的影响。

第四，每天加固完毕，应用水清洗贮料罐、砂浆泵、深层搅拌机及相应管道，以备再用。

③技术要求：

第一，水泥土墙支护的置换率、宽度与插入深度的确定。水泥土墙截面多采用连续式和格栅形，当采用格栅形时水泥土的置换率对于淤泥不宜小于 0.8，淤泥质土不宜小于 0.7，一般黏土及砂土不宜小于 0.6，格栅长宽比不宜大于 2。墙体宽度 B 和插入深度 D，应根据基坑深度、土质情况及其物理力学性能、周围环境、地面荷载程度等计算确定。在软土地区，当基坑开挖深度 $h_0 \leq 5$ m 时，可按经验取 $B = (0.6 - 0.8) h_0$，$D = (0.8 - 1.2) h_0$。插入深度前后排可稍不一致。

第二，水泥掺入比。深层搅拌水泥土墙施工前，应进行成桩工艺及水泥掺入量或水泥浆的配合比试验，以确定相应的水泥掺入比或水泥浆水灰比，浆喷深层搅拌的水泥掺入量宜为被加固土密度的 15% ~ 18%；粉喷深层搅拌的水泥掺入量宜为被加固土密度的 13% ~ 16%。为提高水泥土墙的刚性，亦可在水泥土搅拌桩内插入 H 形钢，使之成为既能受力，又能抗渗的支护结构围护墙，可用于较深（8 ~ 10 m）的基坑支护，水泥掺入比为被加固土密度的20%，亦称加筋或劲性水泥土搅拌桩法。H形钢应在桩顶搅拌或旋喷完成后靠自重下插至设计标高，插入长度和出露长度等均应按计算和构造要求确定。

采用高压喷射注浆桩，施工前应通过试喷试验，确定不同土层旋喷固结体的最小直径，高压喷射施工技术参数等，高压喷射水泥水灰比宜为1.0～1.5。

第三，水泥土墙应采取切割搭接法施工。即在前桩水泥土尚未固化时，进行后序搭接桩施工，相邻桩的搭接长度不宜小于200 mm。相邻桩喷浆工艺的施工时间间隔不宜大于10 h。施工开始和结束的头尾搭接处，应采取加强措施，消除搭接勾缝。

第四，水泥土墙应有28 d以上的龄期，达到设计强度要求时，方可进行基坑开挖。

二、基坑排水与降水施工

为了保证土方施工顺利进行，应做到施工场地排水通畅。

土方工程在挖方前应做好地面排水和降低地下水位的工作。平整场地的表面坡度应符合设计要求，如无设计要求时，排水沟方向的坡度不宜小于2‰。一般排水沟的横断面尺寸不宜小于0.5 m×0.5 m，纵向坡度应根据地形确定，山坡地区不宜小于3‰，平坦地区不宜小于2‰，沼泽地区可降至1‰。

在山坡地区施工，应在较高一面的山坡上，先做好临时（永久）性的截水沟，阻止山坡水流入施工现场。

（一）集水井降水

1. 集水井的设置

集水井降水法是指在基坑逐层开挖过程中，沿每层坑底四周设置排水沟和集水井，使水在重力作用下流入集水井内，通过水泵将集水井的积水抽走。排水沟沿基坑底四周设置，底宽应不小于300 mm，沟底应始终低于基坑底500 mm，坡度宜控制在1‰～2‰。

集水井每隔20～40 m设置一个；直径或宽度一般为0.6～0.8 m，其深度随着基坑的加深而加深，井底低于挖土面0.7～1.0 m。当基坑挖至设计标高后，井底应低于基坑底1～2 m，并铺设碎石滤水层。

集水井降水法简单、经济，对周围影响小，因而可用于降水深度较小且上层为粗粒土层或渗水量小的黏土层降水；基坑开挖较深，但采用刚性土壁支护结构挡土并形成止水帷幕时的基坑内也可用此方法降水。采用井点降水法降水但仍有局部区域降水深度不足时，可用其作辅助措施。

当基坑挖土到达地下水位以下，而土质是细砂或粉砂，采用集水井降水时，则会发生流沙，引起边坡塌方等现象，使施工条件恶化，无法继续施工。

2. 流沙及其防治

当基坑在地下水位以下，土质是粉细砂，又采用集水井降水时，在一定动水压力作用下，坑底下的土就会形成流动状态，随地下水一起流动涌进坑内，这种现象称为流砂。

发生流砂现象时，土完全丧失承载力，工人难以立足，坑底凸起，施工条件恶化，边挖砂边冒出，很难挖到设计深度。流砂严重时，会引起基坑边坡坍塌，如果附近有建筑物，就会使建筑物下沉、倾斜，甚至倒塌。总之，流砂现象对土方施工和附近建筑物都有很大的危害。

（1）流沙产生的原因

水在土中渗流时受到土颗粒的阻力，根据作用与反作用原理可知，水对土颗粒也作用一个压力，如图 1-1 所示，水由高水位的左端经过长度为 L、截面为 F 的土体，流向低水位的右端，水在土中渗流时受到土颗粒的阻力 t，同时水对土颗粒作用一个压力 G_D，二者大小相等，方向相反。

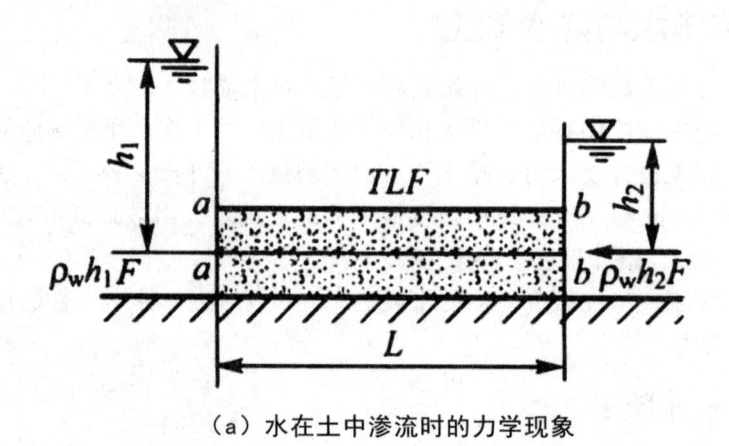

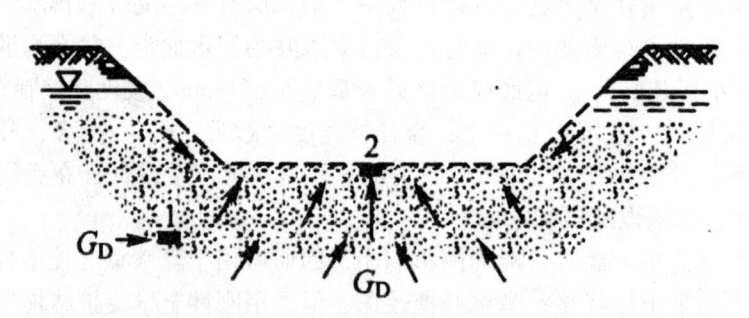

（a）水在土中渗流时的力学现象

（b）动水压力对土的影响

图 1-1　动水压力原理图

图 1-1（a）中，作用在土体左端 a-a 截面处的静水压力 $\rho_w h_1 F$，其方向与水流方向一致；作用在土体右端 b-b 截面处的静水压力 $\rho_w h_2 F$，其方向与水流方向相反；水渗流时受到土颗粒的阻力 TLF（T 为单位土体阻力）。

根据静力平衡条件得：

$$\rho_w h_1 F - \rho_w h_2 F - TLF = 0$$

$$T = \frac{h_1 - h_2}{L}\rho_w$$

（1-14）

式中：$\frac{h_1-h_2}{L}$——水头差与渗透路程长度之比，称为水力坡度，以 I 表示，则上式可写成：$T=I\rho_w$。

由于单位土体阻力 T 与水在土中渗流时对单位土体的动水压力 G_D 大小相等，方向相反，即 $G_D=-T$，所以可得到下式：

$$G_D = -I\rho_w$$

（1-15）

由上式可知：动水压力 G_D 与水力坡度 I 成正比，水位差愈大，则 G_D 愈大，而渗透路程 L 愈大，则动水压力 G_D 愈小。

又由于动水压力与水流方向一致，所以当水在土中渗流的方向改变时，动水压力对土就会产生不同的影响，如水流从下向上，则动水压力与重力作用方向相反，则减小土颗粒间的压力，即土颗粒除了受水的浮力外，还受到动水压力的举托作用。如果单位土体的动水压力等于或大于土的浸水密度 ρ_w（即 $GD \geqslant \rho_w$），则此时土粒失去自重处于悬浮状态，并随着渗流的水一起流动，带入基坑，便发生流砂现象。

（2）流沙的防治

由于发生流砂现象的重要条件是动水压力的大小与方向。因此，在基坑开挖中，防止流砂的途径是减小或平衡动水压力及改变动水压力的方向。其具体措施如下：

①在枯水期施工。因地下水位低，坑内外水位差小，动水压力小，不易发生流砂。

②水下挖土。即采用不排水施工，使基坑内水压与坑外水压平衡，消除动水压力，阻止流砂现象发生。

③打板桩。将板桩打入基坑底下面一定深度，增加地下水从坑外流入坑内的渗流路线，从而减少水力坡度，降低动水压力，防止流砂发生。

④井点降低地下水位。如采用轻型井点降水方法，可改变动水压力的方向，且有效地防止流砂现象，并增大了土粒间压力。此法是防止流砂的有效措施。

此外，还可以采用地下连续墙法、压密注浆法、土壤冻结法等，阻截地下水流入基坑内，以防止流砂现象。

当涌水量较大、水位差较大或土质为粉细砂时，应采用强制降水的方法降低地下水。

（二）井点降水

井点降水是预先在基坑四周埋设一定数量的井点管，利用抽水设备，在基坑开挖前和开挖过程中不断地抽出地下水，使地下水位降低到坑底以下，直至基础工程施工完毕为止。人工降低地下水位不仅是一种施工措施，也是一种加固地基的方法。

1. 井点降水分类

井点降低地下水位的方法有：轻型井点、喷射井点、电渗井点、管井井点及深井井点等。施工时可根据土的渗透系数、要求降低水位的深度、工程特点、设备条件及经济性等具体条件选择。其中轻型井点降水应用最广泛，应重点掌握。

2. 轻型井点降水

轻型井点降低地下水位，是沿基坑周围以一定间距埋入井点管（下端为滤管）至含水层内，井点管上端通过弯连管与地面上水平铺设的集水总管相连接，利用真空原理，通过抽水设备将地下水从井点管内不断抽出，使原有地下水位降至坑底以下。

轻型井点设备是由管路系统和抽水设备组成的。管路系统包括：井点管（由井管和滤管连接而成）、弯连管及集水总管等。

滤管是井点设备的一个重要部分，其构造是否合理，对抽水效果影响较大。滤管的直径为38 mm或50 mm，长度为1.0~1.5 m。管壁上钻有直径为12~19 mm的按梅花状排列的滤孔，滤孔面积为滤管表面积的20%~25%。滤管外包以两层滤网。内层采用30~50孔/cm2的铜丝或尼龙丝布细滤网，外层采用5~10孔/m2塑料纱布粗滤网或棕皮。为使水流畅通，避免滤孔淤塞时影响水流进入滤管，在管壁与滤网间缠绕塑料管或铁丝使其隔开。滤网的外边再用粗铁丝网保护。滤管的下端为一铸铁堵头，滤管的上端用管箍与井管连接。在任何情况下，滤管必须埋在含水层内。

井点管宜采用直径为38 mm或50 mm的无缝钢管，其长度为5~7 m；井点管的上端通常需露出地面0.2 m，用弯连管与集水总管相连；井点管布置应离坑边一定距离（0.7~1.2 m）以防止边坡塌土引起局部漏气。弯连管常用带钢丝衬的橡胶管；用钢管时可装有阀门，以便检修井点；也可用塑料管。

集水总管宜采用直径为100 mm或127 mm的钢管，每节长度为4 m，其上每隔0.8 m、1 m或1.2 m设有一个与井点管连接的短接头。

抽水设备常用的有真空泵、射流泵和隔膜泵井点设备。

轻型井点系统的布置，应根据基坑或沟槽的平面形状和尺寸、深度、土质、地下水位高低与流向、降水深度要求等综合因素确定。

（1）平面布置

①当基坑或沟槽宽度小于6 m，且降水深度不大于5 m时，可用单排井点，布置在地下水流的上游一侧，两端延伸长度一般以不小于坑（槽）宽度为宜。

②如宽度大于6 m，或土质不良，渗透系数较大时，则宜采用双排井点。

③面积较大的基坑宜用环状井点，有时也可布置为U形，以利挖土机械和运输车辆出入基坑。

（2）高程布置

井点管的埋设深度 H_4 按下式计算。

$$H_A \geqslant H_1+h+IL_1$$

（1-16）

式中：H_1——井管埋设面至基坑底的距离（m）；

h——基坑中心处基坑底面至降低后地下水位的距离，一般为 0.5～1.0 m（根据工程性质和水文地质情况确定）；

I——地下水降落坡度（水力坡度），其取值为：

当单排布置时 I=1/4～1/5；

当双排布置时 I=1/7；

当环形布置时 I=1/10；

L_1——井点管至基坑中心的水平距离（m），当基坑井点管为环形布置时，L 取短边长度；当基坑井点管为单排布置时，L 为井点管至基坑另一侧的水平距离。

轻型井点的降水深度在考虑设备水头损失后，不超过 6 m。

若计算出的 H_A 值大于井点管长度，达不到降水深度要求，可根据具体情况，采用其他方法降水（如上层土的土质较好时，先用集水井排水法挖去一层土，再布置井点系统）或采用二级井点（即先挖去第一级井点所疏干的土，然后再在其底部装设第二级井点），使降水深度增加。

（3）轻型井点计算

轻型井点计算包括：涌水量计算、井点管数量与间距的确定等。

①井点类型判定：井点系统的涌水量按水井理论计算。根据地下水有无压力，水井分为承压井和无压井。根据井底是否到达不透水层，水井又分为完整井与非完整井。因此水井的类型大致分为下列四种：

无压完整井：地下水上部为透水层，地下水无压力，井底到达不透水层。

无压非完整井：地下水上部为透水层，地下水无压力，井底未到达不透水层。

承压完整井：地下水面承受不透水性土层的压力，井底到达不透水层。

承压非完整井：地下水面承受不透水性土层的压力，井底未到达不透水层。

各类水井涌水量计算方法都不同，其中以无压完整井的理论较为完善。

②涌水量计算：

第一，无压完整井涌水量计算。

无压完整井抽水时的水位变化。当抽水一定时间后，井周围的水面最后将会降落成渐趋稳定的漏斗状曲面，称之为降落漏斗。水井轴至漏斗外缘的水平距离称为抽水影响半径 R。

根据达西直线渗透定律，无压完整井的涌水量 Q 为：

$$Q = \omega \cdot v = \omega K I$$

（1-17）

式中：v——渗透速度；

K——渗透系数；

I——水力坡度，距井轴 x 处为：

$$I = \frac{dy}{dx}$$

（1-18）

ω —— 距井轴 x 处的地下水流的过水断面面积（铅直圆柱面面积）：

$$\omega = 2\pi xy$$

（1-19）

式中：x —— 井中心至计算过水断面处的距离；

　　　y —— 由不透水层到距中心距离为 x 处的曲线上的高度。

则：

$$Q = \omega KI = 2\pi xyK\frac{dy}{dx}$$

（1-20）

分离变量、两边积分：

$$\int_h^H 2y\,dy = \int_r^R \frac{Q}{\pi \cdot K} \cdot \frac{dx}{x}$$

（1-21）

得：

$$H^2 - h^2 = \frac{Q}{\pi K}\ln\frac{R}{r}$$

（1-22）

移项，并用常用对数代替自然对数，得

$$Q = 1.366K\frac{H^2 - h^2}{\lg\frac{R}{r}} = 1.366K\frac{H^2 - h^2}{\lg R - \lg r}$$

（1-23）

式中：H —— 含水层厚度（m）；

　　　R —— 环状井点系统抽水影响半径（m）；

　　　r —— 水井半径（m）。

上式即为无压完整井单井涌水量计算公式。井点系统是多个井点同时抽水，各井点的水位降落漏斗相互影响，每个井的涌水量比单独抽水时小，但总涌水量并不等于各单井涌水量之和。考虑群井的相互影响，井点系统的总涌水量为：

$$Q = 1.366K\frac{(2H-S)S}{\lg R - \lg X_0}$$

（1-24）

式中：Q——无压完整井井点系统总涌水量（m³/d）；
　　　H——含水层厚度（m）；
　　　K——土层渗透系数（m/d）；
　　　S——水位降低值（m）；
　　　R——环状井点系统抽水影响半径（m），近似按公下式计算：

$$R = 1.95S\sqrt{HK}$$

（1-25）

　　　X_0——环状井点系统的假想半径（m）。当矩形基坑长宽比不大于 5 时，环状井点可看成近似圆形布置。此圆的假想半径 X_0 可按下式计算：

$$X_0 = \sqrt{\frac{F}{\pi}}$$

（1-26）

式中：F——井点系统所包围的面积（m²）。

第二，无压非完整井井点系统涌水量计算。

在实际工程中，经常会遇到无压非完整井的井点系统，这时地下水不仅从井的侧面流入，还从井底渗入。因此涌水量要比完整井大，但精确计算较复杂，可近似按下式计算：

$$Q = 1.366K\frac{(2H_0 - S)S}{\lg R - \lg X_0}$$

（1-27）

式中：H_0——抽水影响深度（m），按表 1-5 计算。当计算的 H_0 大于 H 时，取 $H_0 = H$。

表 1-5　抽水影响深度 H_0（m）

$S'/(S'+l)$	0.2	0.3	0.5	0.8
H_0	1.3（$S'+l$）	1.5（$S'+l$）	1.7（$S'+l$）	1.85（$S'+l$）

注：S' 为井点管内水位降低深度；l 为滤管长

第三，井点管的数量与间距。

井点管的数量 n，根据井点系统涌水量 Q 和单根井点管最大出水量 q，按下式计算：

$$n = 1.1\frac{Q}{q}$$

（1-28）

式中：q——单根井点管最大出水量（m^3/d）

$$q = 65\pi dl\sqrt[3]{K}$$

（1-29）

l——滤管长度（m）；
d——滤管直径（m）；
1.1——备用系数，考虑井点管堵塞等因素。

井点管间距按下式确定：

$$D = \frac{L}{n}$$

（1-30）

式中：L——总管长度（m）。

实际采用的井点管间距应大于15 d，否则彼此影响，出水量会明显减少。同时还应与总管接头间距相适应，即采用0.8 m、1.2 m、1.6 m、2.4 m，转角处应适当加密。

根据实际采用的井点间距，最后确定所需的井点管根数。

（4）轻型井点施工

井点管施工工艺程序是：放线定位→铺设总管→冲孔→安装井点管、填砂砾滤料、上部填黏土密封→用连接管将井点管与总管接通→安装集水箱和排水管→开动真空泵排气，再开动离心水泵抽水→测量观测井中地下水位变化。

井点管埋设有射水法、钻孔法及套管成孔法，孔径为300 mm，井点管用机架吊起徐徐插入井孔中央，使其露出地面200 mm，然后倒入粒径5～30 mm、500 mm高的石子滤水层，再沿井点管四周均匀投放2～4 mm粒径粗砂，上部1.0 m深度内，用黏土填实以防漏气。成孔时，如遇地下障碍物，可以空一井点，钻下一井点。

井点管埋设完毕应接通总管。总管设在井点管外侧50 cm处，铺前先挖沟槽，并将槽底整平，将配好的管子逐根放入沟内，在端头法兰穿上螺栓，垫上橡胶密封圈，然后拧紧法兰螺栓，总管端部，用法兰封牢。一组井点管部件连接完毕后，与抽水设备连通，进行试抽水，检查有无漏气、淤塞情况，出水是否正常，如压力表读数在0.15～0.20 MPa，真空度在93.3 kPa以上，即可投入正常使用。

井点使用时，应保持连续不断抽水，一般抽水3～5 d后水位降落漏斗基本趋于稳定。基础和地下构筑物完成并回填土后，方可拆除井点系统。拔出井点管可借助于倒链或杠杆式起重机，所留孔洞用砂或土堵塞。

井点降水时，应对水位降低区域内的建筑物进行沉降观测，发现沉陷或水平位移过大时，应及时采取防护技术措施。

施工中应注意：井点降水时，正常出水规律是"先大后小，先混后清"，如不上水，或水一直较混，应立即停闭，检查纠正。真空度一般应不低于60 kPa，如真空度不够，表明管道漏气，应及时修好。井点管淤塞，可通过听管内水流声，手扶管壁感到振动等简便方法检查。如淤塞太多，严重影响降水效果时，应拔出重新埋设。

井点使用后，中途不得停泵，且应保持降低地下水位在基底 0.5 m 以下，防止因停止抽水使地下水位上升，造成淹泡基坑事故。

3. 管井井点降水

管井井点系沿基坑每隔一定距离设置一个管井，每个井装设一台小型水泵，不断抽水将地下水降低到要求水位。管井沿基坑外围四周呈环形布置，或沿基坑（或沟槽）两侧或单侧呈直线形布置。井中心距基坑（槽）边缘的距离，当用冲击钻时为 0.5～1.5 m；当用钻孔法成孔时不小于 3 m。管井埋设的深度最大可达 10 m，间距 10～15 m。

（1）管井埋设

管井埋设可采用泥浆护壁冲击钻成孔或泥浆护壁钻孔方法成孔。钻孔底部应比滤水井管深 200 mm 以上。井管下沉前应进行清洗滤水井，冲除沉渣，可灌入稀泥浆用吸水泵抽出置换，或用空压机洗井法将泥渣清出井外，并保持滤网的畅通，然后下管。滤水井管应置于孔中心，下端用圆木堵塞管口，井管与孔壁之间用 3～15 mm 砾石填充做过滤层，地面以下 0.5 m 内用黏土填充夯实。

水泵的标高设置应根据降水深度和选用水泵最大真空吸水高度而定，一般为 5～7 m，当吸程不够时，可将水泵设在基坑内。

（2）管井的使用

使用时，应经试抽水，检查出水是否正常，有无淤塞等现象，如情况异常，应检修好后方可转入正常使用。抽水过程中，应经常对抽水设备的电动机、传动机械、电流、电压等进行检查，并对井内水位下降和流量进行观测和记录。井管使用完毕，可用卷扬机将井管拔出，将滤水井管洗去泥砂后储存备用，所留孔洞用砂砾填实，上部 0.5 m 用黏性土填充夯实。

施工中应保证井管高出地面 0.2 m，管井降水应对称、同步进行，水位差控制在 0.5 m 以内。

4. 深井井点

当要求井内降水深度超过 15 m 时，可在管井中使用深井泵抽水。这种井点被称为深井井点（或深管井井点）。深井井点一般可降低水位 30～40 m，有的甚至可达百米以上。

常用的深井泵有两种类型。一种是深井潜水泵，泵体多级叶轮。如 JQ80 型深井潜水泵，其叶轮为 5、7、10 个，流量为 80 m^3/h，扬程为 50～100 m，电动机功率 17～34 kW。另一种是电动机安装在地面上，通过传动轴带动多级叶轮工作而排水。如 JD 型深井泵，其流量为 20～1 000 m^3/h，扬程 24～112 m，电动机功率 11～225 kW。

5. 电渗井点

电渗井点是在轻型或喷射井点中增设电极而形成，主要用于渗透系数小于 0.1 m/d 的土层。这类土的含水量大，压缩性高，稳定性差。由于土粒间微小孔隙的毛细管作用，将水保持在孔隙内，单靠用真空吸力的一般降水方法效果不佳，此时须采用电渗井点降水。

电渗井点是以轻型或喷射井点的井点管作阴极，在基坑一侧相应的插入 $\phi 20 \sim \phi 25$ 钢筋作阳极（阳极数量必要时可多于阴极数量）。通入直流电后，土中的水会向阴极移动，从而加速水的渗流，尽快将土疏干。

电渗井点布置如图 1-2 所示，阳极的埋设深度较井点管约深 500 mm，露出地面为 200~400 mm。阴阳极距离，当采用轻型井点时，一般为 800~1000 mm，采用喷射井点时为 1200~1500 mm。施工时，工作电压不宜大于 60 V，土中的电流密度应

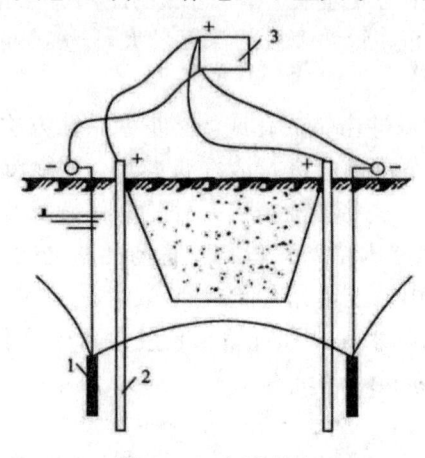

图 1-2 电渗井点

（1—井点管；2—电极；3—直流电源）

第三节 土方开挖与填筑

一、土方开挖

土方开挖与填筑是土方工程的主要施工过程。土方工程面广量大，因此，尽量采用机械化施工，以减轻繁重的体力劳动，提高生产效率，加快施工进度。

（一）基坑测量放线

基坑（槽）放线根据房屋主轴线控制点，将外墙轴线的交点用木桩测定在地面上，即轴线桩，并在桩顶钉上小钉作为标志。房屋外墙轴线测定以后，再根据建筑物平面图，将内部开间所有轴线都一一测出。最后根据轴线用石灰在地面上撒出基槽开挖边线，以便开挖。

施工时，轴线桩要被挖除，为方便施工，常在基坑（槽）外设置龙门板。

1. 龙门板的设置

在房屋四周距基槽开挖边线外 1~1.5 m（由土质和挖槽深度确定）处钉设龙门桩，

根据场地水准点，在每个龙门桩上测设 ±0.00 标高线，沿龙门桩上测设的高程线钉设龙门板，根据轴线桩，用经纬仪将墙、柱轴线投到龙门板顶面上，并钉小钉标明，即轴线钉。

2. 引桩（轴线控制桩）的测设

机械挖槽时龙门板不易保存，通常在基槽外各轴线的延长线上测设引桩，作为开槽后复核轴线位置的依据。即使采用龙门板，为了防止被碰动，也应测设引桩。在多层建筑施工中，引桩是向上层投测轴线的依据，为便于向上投点，应在较远的地方测定，如附近有固定建筑物，最好把轴线投测在建筑物上。引桩一般钉在基槽开挖边线 2～4 m 的地方，如引桩是房屋轴线的控制桩，在一般小型建筑物放线时，引桩多根据轴线桩测设。在大型建筑物放线时，为了保证引桩的精度，一般都先测设引桩，再根据引桩测设轴线桩。

（二）机械化开挖基坑施工要点

①土方开挖应绘制土方开挖图，确定开挖路线、顺序、范围、基底标高、边坡坡度、排水沟、集水井位置以及挖出的土方堆放地点等。绘制土方开挖图应尽可能使机械多挖，减少机械超挖和人工挖方。

②大面积基础群基坑底标高不一，机械开挖顺序一般采取先整片挖至一平均标高，然后再挖个别较深部位。当一次开挖深度超过挖土机最大挖掘高度（5 m 以上）时，宜分二至三层开挖。并修筑 10%～15% 坡道，以便挖土及运输车辆进出。

③基坑边角部位，机械开挖不到之处，应用少量人工配合清坡，将松土清至机械作业半径范围内，再用机械掏取运走。大基坑宜另配一台推土机清土、送土、运土。

④挖掘机、运土汽车进出基坑的运输道路，应尽量利用一侧或两侧相邻的基础（以后需开挖的）部位，使它互相贯通作为车道，或利用提前挖除土方后的地下设施部位作为相邻的几个基坑开挖地下运输通道，以减少挖土量。

⑤机械开挖施工时，应保护井点、支撑等不受碰撞或损坏，同时应对平面控制桩、水准点、基坑平面位置、水平标高、边坡坡度等定期进行复测检查。

⑥机械开挖应由深而浅，基底及边坡应预留一层 150～300 mm 厚土层用人工清底、修坡、找平，以保证基底标高和边坡坡度正确，避免超挖和土层遭受扰动。

⑦基坑土方开挖可能影响邻近建筑物、管线安全使用时，必须有可靠的保护措施。

⑧雨季开挖土方，工作面不宜过大，应逐段分期完成。如为软土地基，进入基坑行走需铺垫钢板或铺路基垫道。坑面、坑底排水系统应保持良好状态，防止雨水浸入基坑。冬期开挖基坑，如挖完土隔一段时间，地基土上面须预留适当厚度的松土，以防地基土遭受冻结。

⑨当基坑开挖局部露头岩石，应先采用局部爆破方法，将基岩松动、爆破成碎块，其块度应小于铲斗宽的 2/3，再用挖土机挖出，可避免破坏邻近基础和地基。

（三）基坑开挖安全措施

①基坑边缘堆置土方和建筑材料，一般应距基坑上部边缘不小于 2 m，堆置高度不应超过 1.5 m。在垂直的坑壁边，此安全距离还应加大。软土地区不宜在基坑边堆置弃土。基坑开挖时，两人操作间距应大于 3 m，每人工作面大于 6 m²。多台机械开挖，挖土机间距应大于 10 m。挖土机工作范围内，不许进行其他作业，严禁先挖坡脚或逆坡挖土。

②基坑周围地面应进行防水、排水处理，严防雨水等地面水浸入基坑周边土体。雨季施工时，基坑槽应分段开挖，挖好一段浇筑一段垫层，并在基槽两侧围以土堤或挖排水沟，经常检查边坡和支撑情况，以防止坑壁受水浸泡造成塌方。

③基坑开挖应严格按规定放坡，操作时应随时注意土壁的变动情况，如发现有裂缝或部分坍塌现象，应及时进行支撑或放坡，并注意支撑的稳固和土壁的变化，尤其是在土质差、开挖深度大的坑槽中。

④深基坑上下应先挖好阶梯或开斜坡道，并采取防滑措施，禁止踩踏支撑上下，坑四周应设安全栏杆。

⑤基坑（槽）、管沟的直立壁和边坡，在开挖过程中和敞露期间应防止塌陷，必要时应采用边坡保护方法。

二、土方的填筑与压实

为了保证填土工程的质量，必须正确选择土料和填筑方法。

（一）土料的选用与处理

碎石类土、砂土、爆破石渣及含水量符合压实要求的黏性土均可作为填方土料。冻土、淤泥、膨胀性土及有机物含量大于 8% 的土、可溶性硫酸盐含量大于 5% 的土均不能做填方土料。填方土料为黏性土时，应检验其含水量是否在控制范围内，含水量大的黏性土不宜做填方土料。

填方应尽量采用同类土填筑。当采用土料的透水性不同时，不得掺杂乱倒，应分层填筑，并将透水性较小的土料填在上层，以免填方内形成水囊或浸泡基础。

填方施工应接近水平地面分层填土、分层压实，每层铺填的厚度应根据土的种类及使用的压实机械而定。每层填土压实后，应检查压实质量，符合设计要求后，方能填筑上层。当填方位于倾斜的地面时，应先将斜坡挖成阶梯状，然后分层填筑，以防填土横向移动。

（二）填土压实方法

填土的压实方法一般有：碾压法、夯实法和振动压实法以及利用运土工具压实法等。

填方施工前，应根据工程特点、施工条件、填方土料、设计要求的压实系数等，合理选择压实机械、压实方法。

平整场地、路基、堤坝压实等大面积土方工程宜采用碾压法，较小面积土方工程宜采用夯实法和振动压实法。

1. 碾压法

碾压法是利用机械滚轮的压力压实填土。碾压机械主要有平碾（光碾压路机）、羊足碾等。

平碾是以内燃机为动力的自行式压路机，碾轮重 30 ~ 140 kN，适用于砂类土及黏性土。每次碾压要有 150 ~ 200 mm 的重叠。

羊足碾一般无自行能力，靠拖拉机（推土机）牵引，由于羊足碾的"羊足"与土接触面积小，土颗粒所受单位面积的压力较大，因此压实效果好。但羊足碾只适用于黏性土。

2. 夯实法

夯实法是利用夯锤自由下落的冲击力夯实土壤。夯实法分机械夯实和人工夯实。常用夯实机械有蛙式打夯机、内燃夯土机和夯锤等。蛙式打夯机结构简单，轻便灵活，适用各类土质，多用于小面积回填土的夯实工作，在作业面受限制时尤为适用。内燃夯土机和夯锤多用于地基加固。

3. 振动压实法

振动压实法是利用振动压实机的振动力振动土颗粒，使其产生相对位移而达到密实状态。振动压实机与一般平碾相比，可提高工效 1 ~ 2 倍，这种方法主要用于非黏性土的振实。

（三）影响填土压实的因素

填土压实质量与许多因素有关，其中主要影响因素有：压实功、土的含水量及每层铺土厚度。

1. 压实功的影响

压实功与土的密度关系如图 1-3 所示。

从图中可看出二者并不成正比。当土的含水量一定，开始压实时，土的密度（重度）急剧增加，待接近土的最大密度时，压实功虽然增加很多，但土的密实度几乎没有变化。因此，在实际施工中，压实松土时，往往先用轻碾（压实功小）压实，再用重碾碾压，这样可取得较好的压实效果。

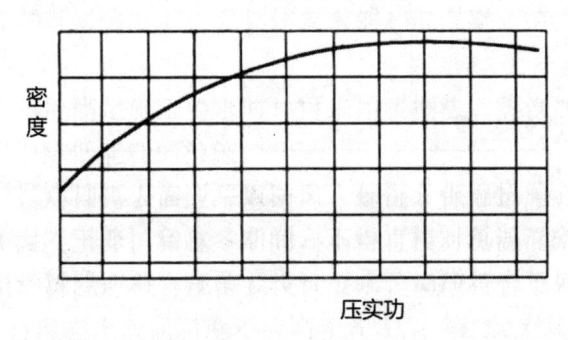

图 1-3 压实功与土的密度的关系示意图

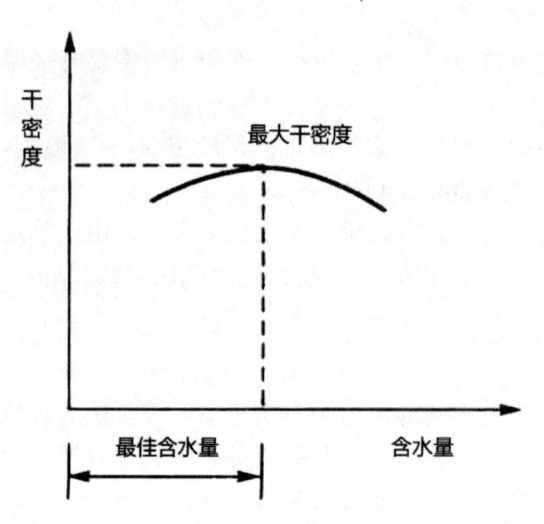

图1-4 土的干密度与含水量的关系示意图

2. 土的含水量的影响

在压实功相同的条件下，土料的含水量对填土压实的质量有很大的影响（图1-4）。较为干燥的土，由于土颗粒之间的摩阻力较大，因而不易压实，土的干密度小；可含水量超过一定限值时，土颗粒之间的孔隙全部由水填充而成饱和状态，压实功的一部分被水承受，土也不易被压实，土的干密度也较小，土的干密度也较小。只有土具有适当的含水量时，水起到了润滑作用，土颗粒之间的摩阻力减小，土才容易被压实。在使用同样的压实机械，且填土厚度、压实遍数相同的条件下，使填土压实获得最大密实度时土的含水量，称为最优含水量。土料的最优含水量和相应的最大干密度可由压实试验确定，如无试验条件，可查表1-6作为参考。

表1-6 各种土的最优含水量和最大干密度参考值

项次	土的种类	变动范围	
		最佳含水量 /%	最大干密度 /(g·cm^{-3})
1	砂土	8～12	1.80～1.88
2	黏土	19～23	1.58～1.70
3	粉质黏土	12～15	1.85～1.95
4	粉土	16～22	1.61～1.80

为了保证填土在压实过程中获得最大干密度，则需土料具有最优含水量。当土的含水量过大，应采用翻松、晾晒、风干等方法降低含水量，或掺入干土、石灰等其他吸水材料等措施；如含水量过小可洒水湿润、增加压实功或压实遍数等措施，或使用大功率压实机械。

3. 铺土厚度的影响

铺土在压实机械的作用下，土中的应力随深度增加而逐渐减小，其压实作用也随土层深度的增加而逐渐减小，超过一定深度后，虽经压实机械反复碾压，但土的密实度增加很小，甚至没有变化。各种压实机械的压实影响深度与土的性质和含水量等因素有关。回填方每层铺土厚度应根据土质、压实功及压实密度的要求等确定，并应小于压实机械压土时的压实影响深度。

对于重要填方工程，其达到规定密实度所需的压实遍数、铺土厚度等应根据土质和压实机械在施工现场的压实试验确定。若无试验依据应符合表1-7的规定。

表1-7 填土施工时的分层厚度及压实遍数

压实机具	每层需铺厚度/mm	压实遍数
平碾	250～300	6～8
振动压实机	250～350	3～4
柴油打夯机	200～250	3～4
人工打夯	＜200	3～4

4. 填土压实注意事项

填方施工过程中应检查排水措施、每层填筑厚度、含水量控制、压实程度。填筑厚度及压实遍数应根据土质、压实系数及所用机具确定。

填土应从最低处开始，由下向上整个宽度分层铺填碾压或夯实。填方应分层进行并尽量采用同类土填筑。填方应在相对两侧或四周同时进行回填与夯实。当天填土，应在当天压实。

（四）填土压实的质量检验

填土压实后必须达到要求的密实度，密实度应按设计规定的压实系数 λ_c 作为控制标准。

压实系数 λ_c 为土的控制干密度与最大干密度之比（即 $\lambda_c = \rho_d / \rho_{max}$）。压实系数一般根据工程结构性质、使用要求以及土的性质确定，例如砌块承重结构和框架结构，在地基主要持力层范围内，压实系数 λ_c 应大于 0.96；在地基主要持力层范围以下，应为 0.93～0.96；一般场地平整压实系数应为 0.9 左右。

取样部位在每层压实后的下半部。试样取出后，测定其实际干密度 ρ_d'，应满足：

$$\rho_d' \geq \lambda_c \rho_{max}$$

（1-31）

式中：ρ_{max}——土的最大干密度（g/cm³）；

λ_c——要求的压实系数。

填土压实后的干密度（干重度）应有90%以上符合设计要求，其余10%的最低值与设计值的差,不得大于 0.088 g/cm³,且应分散,不得集中于某一区域。

检验方法:采用环刀法测定土的实际干密度。其取样组数为:基坑回填每层按 20 ~ 50 m³ 取样一组(每个基坑不小于一组);基槽或管沟回填每层按长度 20 ~ 50 m 取样一组;室内填土每层按 100 ~ 500 m² 取样一组;场地平整填土每层按 400 ~ 900 m² 取样一组。

第二章 基础工程

第一节 预制桩施工

一、基础概述

（一）浅基础施工

浅基础施工按施工方式不同，分为砌筑基础、夯实基础（灰土基础、三合土基础）和混凝土浇筑基础；按照材料不同，分为灰土基础、三合土基础、砖基础、石基础、钢筋混凝土基础。对于浅基础来说，基坑（槽）的基底验收（通常称验槽）是一个非常关键的环节，也是浅基础施工准备的重要工作。

验收合格的坑槽应尽快进行垫层施工，从而及时形成对地基的保护，防止因雨水和地表水浸泡基底土层造成额外的地基加固成本和工期延误。垫层施工完成后，经过养护达到可以上人的强度，即可进行基础施工。根据使用的材料不同，基础的施工方式也有很大差别。

1. 基坑（槽）验收

基坑（槽）验收包括直接观察和轻型动力触探检验两个方面。验收工作完成应对验收结果填写验收报告和处理意见。其验收内容包括以下几个方面：

①检查基坑平面形状和尺寸、位置、深度和坑槽底标高是否与设计相符；

②根据地质勘查报告，通过直接观察检查坑槽底部（特别是基底范围）是否存在土层异常情况。对包括填土、坑穴、古墓、古井等分布进行初步判断。

③通过直接观察可以检查基坑基底范围土层分布情况；是否受到外界因素的扰动（如超挖情况）；或者因排水不畅造成土质软化；或者因保护不及时造成土体冻害等现象；

④采用轻型动力触探方式（又称钎探）对坑槽底部进行全面检查。包括人工和机械两种方式。检测在坑底形成的孔洞应用细砂灌实。以下情况可不进行动力触探检测：下卧层为厚度满足设计要求的卵石和砾石；底部有承压水层，且容易引起冒水涌砂的情况。

⑤填写验收报告及处理意见。采用动力触探方式检验，应绘制检测点位分布图，并标明编号，附上相关数据信息表格，作为坑槽检验的参考资料。

根据规范"圆锥动力触探试验规程"的规定，钎探的主要工作内容和技术要求包括检测工具和检测方式两个方面：

第一，工具。探杆用直径 $\psi 25$ 钢筋制成，长度 1.8～2.0 m，以满足探测深度；探杆的下端是圆锥形探头，探头尖端呈 60° 锥形，以利于穿透土层，直径 40 mm；穿心锤为带中心孔的圆柱体，质量为 10 kg。探杆从其中心孔穿过，使穿心锤可以沿探杆上下自由滑动。探杆上端设置下位卡环，以限制穿心锤的抬起高度。高于探头的位置设置一个锤垫，用于承受穿心锤的下落冲击力，利用反作用力使探杆沉入土层。

第二，检测方式。采用人工提升或者机械提升的穿心锤落距为 500 mm；记录探杆贯入 300 mm 深度的累计锤击次数；当该累计次数超过 100 次时，可停止检测试验。

2. 基础的抄平放线

当基坑（槽）验收通过后，应进行基础的抄平和放线工作。通常分两个步骤进行，首先要进行的是基础抄平。

①基础抄平：基础抄平是在坑（槽）底抄平后通过混凝土垫层施工来实现，而基坑（槽）底抄平在基坑开挖后期的人工清底操作过程中实施完成。通常基坑（槽）底抄平的要求较为粗略，而基底抄平（垫层顶标高）则要求精确。为了保证混凝土垫层的平整度和标高准确，通常依据坑底标高控制桩先用垫层同等级混凝土打灰饼，灰饼顶标高同垫层设计标高，然后依据灰饼再进行大面积垫层施工。当垫层施工完成后，在基础施工之前还需要对其顶标高进行复测和校核。当基础施工达到 ±0.000 以上后，在建筑物四角外墙上引测 ±0.000 标高，画上符号并注明，作为上部楼层抄平时标高的引测点。

②基础放线：根据基坑周边的控制桩，将基础主轴线引测到基坑底的垫层上，每个方向应至少投测两条控制线，经闭合校核后，再以轴线为基准用墨线弹出基础轮廓线或边线，并定出门窗洞口的平面定位线。轴线放测完成并经复查无误后，才能进行基础施工。当基础墙身或者柱身施工完成后，将轴线引测到柱外侧或外墙面上，画上特定的符号，作为楼层轴线向上部传递的引测点。

（二）桩基础施工

1. 概念与特点

桩基础是由桩顶承台（梁）将若干根沉入土层中的桩连成一体的基础形式。

桩身是长度远远大于截面尺寸的柱状体（圆柱或者棱柱）。桩基础具有较高的承载力与稳定性，沉降量小而均匀，抗震性能良好，能适应多种复杂地质条件。与浅基础相比，桩基础施工过程较复杂，成本也较高。

2. 分类

按桩的施工方法不同，桩可分为预制桩和灌注桩两类。根据桩的承载状态分为摩擦桩和端承桩；按制作材料不同，分为素混凝土桩、钢筋混凝土桩、钢桩和木桩；按预制桩的成桩方式的不同，分为锤击沉桩、振动成桩、静力压桩和水冲沉桩；灌注桩按照成孔方式分为钻孔、挖孔、冲孔、沉管、爆破等；按灌注桩的施工工艺不同，分为干作业成孔和湿作业成孔两种方式；按桩的截面形状分为混凝土圆形实心桩、混凝土方形实心桩、混凝土管桩、钢管桩、H形钢桩和异形钢桩等；按成桩时挤土状况可分为非挤土桩、部分挤土桩和挤土桩。

二、预制桩施工技术

预制桩一般在预制构件厂或者工地的加工场地预制，然后运输到打桩位置，用沉桩设备按设计要求的位置和深度将其深入土层中。预制桩具有承载力大、坚固耐久、施工速度快、不受地下水影响、机械化程度高等特点。目前我国广泛采用的预制桩主要有钢筋混凝土方桩、钢筋混凝土管桩、钢管或型钢钢桩等。预制桩施工包括两个重要环节：其一，是预制桩在生产厂家或者施工现场的制作、堆放和运输过程；其二，就是在工地的沉桩施工。两个环节工作的实施、管理和质量控制可能由同一施工单位来完成，也有可能分属于不同的企业和部门，但是两个环节的工作对工程的最终质量都是至关重要的。

（一）桩的制作、运输、堆放

1. 制作

最大桩长由打桩架的高度决定，一般不超过30 m。预制厂制作的构件为了运输方便，长度不宜超过12 m。现场制作的桩长一般不超过30 m，当桩长超过30 m时，需要分节制作，并在打桩过程中采取接桩措施。预应力桩的技术要求较高，通常需要在预制厂生产。

实心方桩截面边长一般为200～500 mm，空心管桩外径为300～1000 mm。桩的受力钢筋的根数一般为不小于8根的双数，且对称布置，便于绑扎和保持钢筋笼的形状。锤击沉桩时，为防止桩顶被打坏，浇筑预制桩的混凝土强度等级不宜低于C30，桩顶一定范围内的箍筋应加密及加设钢筋网片，混凝土浇筑宜从桩顶向桩尖浇筑，浇筑过程应连续，避免中断。静压法沉桩时，混凝土等级不宜低于C20。

现场预制桩时，应保证场地平整坚实，不应产生浸水湿陷和不均匀沉降。叠浇预制桩的层数一般不宜超过4层，上下层之间、邻桩之间、桩与模板之间应做好隔离层。上层桩或邻桩的浇筑，应在下层桩或邻桩混凝土达到设计强度等级的30%以后方可进行。

2. 运输

桩的运输应根据打桩的施工进度，随打随运，尽可能避免二次搬运。长桩运输可采用平板拖车等，短桩运输可采用载重汽车，现场运输可采用起重机吊运。

钢筋混凝土预制桩应在混凝土达到设计强度标准值的75%方可起吊，达到100%方能运输和打桩。如需提前起吊，必须作强度和抗裂度验算，并采取必要的防护措施。起吊时，吊点位置应符合设计规定，如设计未作规定时，应符合起吊弯矩最小的原则。

3. 堆放

桩堆放时场地应平整、坚实，排水良好，桩应按规格、材质、桩号分别堆放，桩尖应朝向一端，支撑点应设在吊点或其附近，上下垫木应在同一垂直线上；堆放层数不宜超过4层。底层最外侧的桩应该用楔块塞紧固定。

（二）锤击沉桩

锤击沉桩也称打入桩，是靠打桩机的桩锤下落到桩顶产生的冲击力而将桩沉入土中的一种沉桩方法。它的特点：施工速度快，机械化程度高，适用范围广，是预制钢筋混凝土桩最常用的沉桩方法；适用性：施工时有噪声和振动，施工产生的挤土效应强烈，因此施工时的场所、时间段受到限制。

1. 打桩机具

打桩用的机具主要包括桩锤、桩架及动力装置三部分。

（1）桩锤

桩锤是打桩的主要机具，其作用是对桩施加冲击力，将桩打入土中。主要有落锤、单动汽锤和双动汽锤、柴油锤、液压锤。各种桩锤的特点、适用性见表2-1。

表2-1 桩锤对照表

桩锤种类	构造特征	适用范围	特点
落锤	落锤是指桩锤用人力或机械拉升，然后自由落下，利用自重夯击桩顶。	在黏土、含砂和砾石的土及一般土层中打各种桩。	构造简单、使用方便、冲击力大，能随意调整落距，但锤打速度慢，效率较低。
单动汽锤	利用蒸汽或压缩空气的压力将锤头上举，然后由锤的自重向下冲击沉桩。	适于打各种桩	构造简单、落距短，对设备和桩头不易损坏，打桩速度及冲击力较落锤大，效率较高。
双动汽锤	利用蒸汽或压缩空气的压力将锤头上举及下冲，增加夯击能量。	适宜打各种桩，还可以打斜桩、水下打桩和拔桩。	冲击次数多、冲击力大、工作效率高，可不用桩架打桩，但需锅炉或空压机，设备笨重，移动较困难。

续表

柴油锤	利用燃油爆炸的推力推动活塞提升，然后自由下落，往复循环形成锤击过程。	不适于在过硬或过软的土中打桩。在钢板桩施工中应用较多。在城市施工中受到限制。	附有桩架、动力等设备，机架轻、移动便利、打桩快、燃料消耗少，有重量轻和不需要外部能源等优点。噪声大。
液压锤	利用液压装置推动活塞提升预定高度后释放，桩锤以自由下落方式打击桩顶。	适于城市区域进行各种预制桩施工。软土中效果由于柴油锤。	新型设备。低噪声、无油烟、能耗小；设备复杂、维修保养费用和购置价格高，效率比柴油锤低。
电磁锤	通过电源启闭使磁性活塞在缸体内形成提升后自由下落的运动过程，循环往复完成锤击过程。	适于城市施工和寒冷地区施工。	新型设备。无噪声，无油烟，电能驱动。

（2）桩架

桩架的作用是悬挂固定桩锤，引导桩锤的运动方向；吊桩就位。

桩架多以履带式起重机车体为底盘，增加立柱、斜撑、导杆等用于打桩的装置。可回转360°，行走机动性好，起升效率高。可用于预制桩和灌注桩施工。

（3）动力装置

用于启动桩锤的动力设施。包括电力驱动的卷扬机、蒸汽锅炉、柴油发动机等。根据桩锤种类确定。

2. 打桩施工

（1）打桩顺序

①挤土效应：由于锤击沉桩是挤土法成孔，桩入土后对周围土体产生挤压作用。尤其在群桩施工中的挤土效应明显。它的不利影响包括两个方面：

第一，造成周边先打入桩身挤出地面甚至损坏；

第二，引起周围地面隆起而造成建筑和地下设施的损害。

②影响因素：

第一，通常应根据场地的土质、桩的密集程度、桩的规格、长短和桩架的移动路线等因素来确定打桩顺序，以提高施工效率，减低施工难度。确定打桩顺序应遵循的原则如下："先长后短；先深后浅；先粗后细；先密后疏；先难后易；先远后近"。

第二，从桩的平面位置看，打桩顺序主要包括逐排打、自中央向边缘打、自边缘向中央打和分段打等4种。逐排打，桩机沿单一线路单向移动，就位速度快，打桩效率较高，但是挤土效应会沿着桩机的前进方向逐渐增强，使后面打桩更加困难，甚至打不下去。自周边向中央打，在中央部分会形成更加强烈的挤土效应。以至于打中央的桩时，周边先打的桩会被挤出地面。因此，按照此顺序打桩必须考虑挤土效应的影响，应该采用从中央向周边打和分段打的方式。

必须考虑挤土效应（打桩顺序不能采用逐排打、从周边向中央打）的条件：桩中心距小于或等于 4 倍桩的边长或桩径。否则，确定打桩顺序可以不考虑挤土效应的影响，而应侧重于考虑打桩便利和效率的提高。

（2）主导工序的施工工艺流程

预制桩锤击沉桩的施工工艺流程：桩机就位→起吊预制桩→桩固定校核→打桩→送桩、接桩、截桩→验收→移机。

（3）主要施工工序及技术要求

①施工准备：

第一，清除障碍物：一方面为平整场地施工提供前提条件；另一方面为后期打桩作业的顺利进行清除障碍或者进行前期处理。包括打桩范围内空中（如供电线路）、地面（如房屋、石块等）、地下的障碍物（地窖、防空洞等）。

第二，平整场地：为了便于桩机行走，特别是步履式桩机对地面平整度要求较高，必要时要修筑桩机行走道路，设置坡道，做好排水设施。

第三，动力线路接入，在基坑附加设置配电箱，以满足桩机动力需求。

第四，设置测量控制桩；便于观测桩点定位和桩机定位；预制桩桩位控制测量的允许偏差如下：群桩的定位偏差 ≤ 20 mm；单排桩的定位偏差 ≤ 10 mm。

第五，预制桩的质量检查。预制桩不能有制作缺陷，同时在吊装过程中不能造成损伤和开裂。

②桩机就位：

根据施工方案的打桩线路设计，将桩机开行至线路的起始桩位，并调整桩机满足以下条件：

第一，保持桩架垂直，导杆中心线与打桩方向一致，校核无误后固定。

第二，将桩锤和桩帽吊升起来，高度应高于桩长。

③吊桩就位和校核：

利用桩架上的卷扬机将桩吊起成直立状态后送入桩架的导杆内，对准桩位徐徐放下，使桩尖在桩身自重下插入土中。此时，应校核桩位、桩身的垂直度，偏差 ≤ 0.5%。此步骤称为定桩。

④插桩和第二次校核：

在桩顶安装桩帽，并放下桩锤压在桩帽上。桩帽与桩侧应有 5～10 mm 的间隙，桩锤和桩帽之间应加弹性衬垫，一般用硬木、麻绳、草垫等，以防止损伤桩顶。此时，在自重作用下，桩身又会插入土中一定深度。此时，应对桩位和桩身垂直度进行第二次校核，并保证桩锤、桩帽和桩身在一条垂直线上。否则，应将桩拔出重新定位。

⑤打桩施工：

锤击原则："重锤低击"或者"重锤轻击"。

采用此原则进行锤击沉桩可以使桩身获得更多的动量转换，更易下沉。否则，不但桩身不下沉，而且锤击的能量大部分被桩身吸收，造成桩顶损坏。一般情况下，单动汽锤落距 ≤ 0.6 m；落锤落距 ≤ 1.0 m；柴油锤的落距 ≤ 1.5 m。桩锤应连续施打，使桩均匀下沉。

⑥送桩、接桩、截桩：

第一，送桩。

当桩顶标高低于自然地面时，需要用送桩管将桩送入土中。送桩时应保证送桩管和桩的轴线在一条直线上。送桩到位并拔出送桩管后，留下的桩孔应及时回填或覆盖。送桩深度一般不宜大于 2.0 m。

第二，接桩。

当设计的桩长很长，受到打桩机高度、预制条件、运输条件等因素的限制，应采用分段预制、分段沉桩的方法。在沉桩过程中需要进行接桩操作，接桩方法有焊接连接、法兰连接和机械连接（管桩螺纹连接、管桩啮合连接）等多种方式，其中焊接连接应用最普遍，当桩的受力钢筋直径不小于 20 mm 时，可以采用机械连接。法兰连接的钢板或螺栓宜采用低碳钢。

焊接接桩时，必须在上下节桩对准并垂直无误后，用点焊将拼接角钢连接固定，再次检查位置正确后，才进行焊接。预埋铁件表面应保持清洁，上下节桩之间的间隙应用铁片填实焊牢；采用对角对称施焊，以防止节点不均匀焊接变形引起桩身歪斜，焊缝要连续饱满。接桩时，一般在距离地面 0.5～1.0 m 高度进行，上、下节桩的中心线偏差不得大于 10 mm，节点弯曲矢高不得大于两节桩长的 0.1%。在焊接后应使焊缝在自然条件下冷却 10 min 后方可继续沉桩。

管桩螺纹机械快速接头技术是一项应用于管桩的新型连接技术。基本方法是分别在管桩两端预埋连接端盘和螺纹端盘，将两节桩的这两端对接后再用螺母快速连接，通过连接件的螺纹机械咬合作用连接两根管桩，并利用管桩端面的承压作用，将上一节管桩的力传递到下一节管桩上。螺纹机械快速接头由螺纹端盘、螺母、连接端盘和防松嵌块组成。在管桩前，先将螺纹端盘和带螺母的连接端盘分别安装在管桩两端，两端盘平面应和柱身轴线保持垂直，端面倾斜不大于 0.2%D（D 为管桩直径）。同时为方便现场施工，在浇筑时管桩两端各应加装一块挡泥板和垫板工装。在第一节桩立桩时，应控制好其垂直度，且垂直度应控制在 0.3% 以内，即可满足接桩要求。在管桩连接中，应先卸下螺纹保护装置，松掉螺母中的固定螺钉，两端面及螺纹部分用钢丝刷清理干净，桩上下两端面涂上一层约 1 mm 厚润滑脂，利用构件中的对中机构进行对接，提上螺母按顺时针方向旋紧，再用专用扳手卡住螺母敲紧，若为锤击桩，则应在螺母下方垫上防松嵌块，用螺丝拧紧，以防松掉。

采用管桩啮合机械接头技术接桩时，接头处下节管桩的上端应用方槽端板，上节管桩的下端必须用圆孔端板，管桩顶端采用常规桩端端头板。机械接头接桩时，下节管桩露出地面的高度宜为 0.5～1 m 左右，方便接桩操作。操作顺序如下：

A.连接前（未吊管桩前），清理干净连接处的端头板，把连接销圆端（作防腐蚀桩时该圆端需满涂沥青涂料）用扳手把连接销逐根旋入圆孔端板上的螺栓孔，用校正器测量并校正连接销的高度：靠件的齿牙与连接销的全部齿牙完全咬合、靠件底部贴合到端头板面，即连接销高度正确。再用钢模型板检测调整连接销的方位、向心度：各连接销套入钢模板各方孔，即连接销向心度正确，校正后，把钢模板取开。

B.下节管桩施打到离地面0.5~1 m左右，剔除下节管桩方槽端板方槽内填塞的泡塑保护块。作防腐桩使用时，需在方槽内注入不少于一半槽深的沥青涂料并在端板面上抹上厚度3 mm的沥青涂料。

C.将上节管桩吊起，使连接销与方槽端板上的各个连接口对准，随即将连接销插入连接槽内。

D.加压使上、下桩节的桩端端头板接触。

E.若管桩作抗拔桩或防腐桩使用的或者需要进行小应变检测的，上下二桩连接后，采用电焊封闭上下节桩的接缝，作封闭处理，以保护端板面上的沥青涂料以及增加传导性能以免误判为断桩。

连接销时上下节管桩连接的关键部件。由圆形齿销、方形齿销、螺母、带齿销板、归位弹簧、预埋盒组成。上下桩节端板内均设置预埋盒，上节柱盒内埋设螺母，下节柱盒内埋设方形齿销块和归位弹簧，带齿销板与方形齿销的齿牙相互咬合形成连接。

第三，截桩：

如桩底到达了设计深度，而预制桩桩顶仍然高于桩顶设计标高时需要截去桩头。截桩头宜用锯桩器截割，并应注意受力钢筋预留，必要时人工凿除混凝土。严禁用大锤横向敲击或强行扳拉截桩。

3. 质量控制措施

预制桩锤击沉桩施工过程中主要注意3个方面的质量控制要求：

（1）做好施工记录：

在打桩过程中，必须做好打桩记录，以作为工程验收的重要依据；记录内容包括：

①每打入1 m的锤击数和时间；

②桩位置的偏斜；

③贯入度（每10击的平均入土深度）；

④最后贯入度（最后三阵，每阵十击的平均入土深度）；

⑤总锤击数等。

（2）停锤的原则

端承桩：以贯入度控制为主要控制条件，桩尖标高作为参考；

摩擦桩：以桩尖标高是否达到设计标高为主要控制条件，贯入度作为参考。

沉桩施工过程中，如果控制指标已达到要求，而参考指标与要求差距较大，应协同监理单位与设计单位进行协商，研究处理方案。

钢筋混凝土预制桩在打桩施工中常常会遇到一些质量问题，这些问题产生的原因、控制措施和处理方法见表2-2所示。

表 2-2　钢筋混凝土桩在打桩中常遇见的问题、原因及处理方法

常见质量问题	产生原因	防治措施及处理方法
桩顶打碎	混凝土强度低、桩顶没有配置加强钢筋网	提高混凝土强度、配置钢筋网片
	桩顶面偏斜	调整垂直度、纠偏
	桩顶面不平整	加缓冲垫，修整桩顶面
	落锤过高、桩锤打偏	重锤低击
桩身损坏	桩身弯曲	根据桩外观质量进行选择
	挤土效应	优化打桩顺序或预钻孔
打桩不下	遇坚硬土层	与设计研究协商
	打桩间隙过长	连续打桩，减短间歇时间
	桩锤过小	合理选择桩锤
接桩不牢	焊接不牢	加强焊接质量检查
	锚浆强度不足	控制配比
	上下桩不共线	控制垂直度和固定方式

4. 预制桩沉桩施工的一些防范措施

由于预制桩沉桩施工过程中的振动、噪声等，会给周围原有建筑物、地下设施及居民生活带来不利影响。在施工前应当做好防范措施的预案。常规的防范措施包括以下各个方面：

①预钻孔：在桩位处预先钻至极比桩径小 50～100 mm 的孔，深度视桩距和土的密实度、渗透性确定，一般为 1/3～1/2 桩长，施工时随钻随打。

②设置砂井和排水板：通过在土层中设置砂井和排水板，使受压土层的孔隙水提供排解的通道，消除孔隙水压力，缓解挤土效应。砂井直径应变为 70～80 mm，间距 1.0～1.5 m，深度 10～12 m。塑料排水板设置方式类似。

③挖防震沟：地面开挖防震沟，可以消除部分地面的振动和挤土效应。防震沟一般宽度 0.5～0.8 m，深度根据土质以边坡能自立为宜，并可以与其他预防措施结合施工。

④优化打桩顺序；控制打桩速度。

（三）静力压桩施工

静力压桩是利用无震动、无噪声的静压力将预制桩压入土中的沉桩方法。

静力压桩适用于软土、淤泥质土层，及截面小于 400 mm×400 mm，桩长 30～35 m 左右的钢筋混凝土实心桩或空心桩。与普通打桩相比，可以减少挤土、振动对地基和邻近建筑物的影响，避免锤击对桩顶造成损坏，不易产生偏心沉桩；由于不需要考虑施工荷载，因而桩身配筋和混凝土强度都可以降低设计要求，节约制桩材料和工程成本，并且能在沉桩施工中测定沉桩阻力，为设计、施工提供参数，并预估和验证桩的承载能力。

1. 压桩机

静力压桩机主要由夹持机构、底盘平台、行走回转机构、液压系统和电气系统等部分组成。压桩能力从 80～1000 t 多个等级。夹持结构通过液压推力依靠夹持盘与桩侧表面的摩擦夹住桩身。底盘平台是桩机的主要承重结构、作业平台和操作结构的支座。行走系统分步履式和履带式，步履式可以使桩机在纵横两个垂直方向移动和回转，稳定性较好，但要求场地要平整；履带式桩机的机动性要好一些，对场地条件的适应性较好。

2. 施工流程

静力压桩施工的工艺流程：场地平整→桩机就位→配置配重→调整桩机水平和垂直度→吊桩入夹持机构→对中→压桩。压桩过程应做好施工记录，根据压力表读数和桩入土深度判断压桩质量。

静力压桩施工中，一般是采用分段预制、分段压入、逐段接长的方法。

3. 质量控制措施

①先进行场地平整，满足桩机进驻要求。由于压桩要求桩机配置足够的配重，因而静力压装机的荷载重量比较大，对场地承载力要求较高；特别是地表土层承载力不均匀容易造成桩机不稳和桩身不垂直。

②压桩时，桩帽、桩身、送桩器以及接桩后的上下节桩身应在同一垂直线上。

③为了防止桩身与土体固结而增加沉桩阻力，压桩过程应连续不能中断，工艺间歇时间（如接桩）尽量缩短。

④遇到下列突发情况，应暂停压桩，及时与有关单位研究处理方案：

第一，压桩初期，桩身大幅度位移或倾斜；

第二，压桩过程中突然下沉或者倾斜；

第三，桩顶压坏或压桩阻力陡增。

（四）振动沉桩施工

振动沉桩是将桩与振动锤连接在一起，利用振动锤的高频振动器激振桩身，使桩身周围的土体产生液化而减小沉桩阻力，并靠桩锤和桩身的自重将桩沉入土中。目前采用较多的振动沉拔桩机可以完成沉桩和拔桩两种施工作业。通过对挖掘机进行铲斗换装振动桩锤的方式，实现一机多用。振动锤按作用方式分为振动式和振动冲击式；按动力源分为电动式和液压式。

1. 特点

施工速度快、使用方便、费用低、设备结构简单、维修方便，但是耗电量偏大，对周围小范围环境会有一定的噪声和振动影响。

2. 适用范围

适用于软土、粉土、松砂等土层，不适宜密实的黏土、砾石和岩层。既可以用于长度不大的钢管桩、H 形钢桩及混凝土预制桩；也可以用于沉管灌注桩施工中的沉管施工。

3. 施工流程

振动沉桩施工工艺流程：桩机桩位→吊桩入导向杆并落于桩位→校正桩位和垂直度→振动锤固定于顶→桩尖入土→桩位和垂直度校核→沉桩。

第二节　灌注桩施工

一、长螺旋干作业钻孔灌注桩

（一）适用范围

可用于没有地下水或者地下水位以上土层范围内成孔施工，适用的土层包括黏性土、粉土、填土、中等密实以上的砂土、风化岩层。

（二）施工机械

包括长螺旋钻机和短螺旋钻机两类。全叶片螺旋钻机成孔直径一般为 300 ~ 800 mm，钻孔深度为 8 ~ 20 m。钻杆可以根据钻孔深度逐节接长。全叶片钻机钻孔时，随着钻杆叶片的旋转，土渣会自行沿螺旋叶片上升涌出孔口；而短螺旋钻机由于叶片位于钻杆前段局部，排除土渣需要提钻和甩土操作。一般每钻进 0.5 ~ 1.0 m 即需要提钻一次。

（三）成孔工艺

利用长螺旋钻机的钻头在桩位上切削土层，钻头切入土层带动钻杆下落。被切削土块沿钻杆上的螺旋叶片爬升直至孔口。然后用运输工具（翻斗车或者手推车）将溢出孔口的土块运走。钻孔和土块清运同时完成，可实现机械化施工。

（四）施工流程

钻孔灌注桩施工流程：桩位放测→钻机就位→钻孔清土→验孔→放钢筋笼→清孔验孔→浇筑混凝土→检测验收。

（五）施工作业及技术要求

1. 钻机就位

在现场放线、抄平等施工准备工作完成后，按照施工方案确定的成孔顺序移动钻机到开钻桩位。钻机应保持平稳，避免施工过程中发生倾斜和移动。通过双面吊锤球或者采用经纬仪校正调整钻杆的垂直度和定位。

2. 钻孔作业

开动螺旋钻机通过电机动力旋转钻杆，使钻头的螺旋叶片旋转削土，土块沿螺旋叶片提升排出孔外。为了土块装运便利，通常在孔口设置一个带溢出口的泄土筒，溢出口高度根据运输工具确定。

在钻进过程中，应随时注意完成以下工作：

①清理孔口积土，避免其对孔口产生压力而引起塌孔，及影响桩机的正常移位作业；

②及时检查钻杆的垂直度；必要时可以采取经纬仪监测。

③随时注意钻杆的钻进速度和出土情况；当发现钻进速度明显改变和钻杆跳动或摆动剧烈时，应停机检查，及时发现问题，并与勘察设计单位协商解决。

3. 清孔

为了避免桩在加载后产生过大的沉降量，当钻孔达到设计标高后，在提起钻杆之前，必须先将孔底虚土清理干净，即清孔。方法就是：钻机在原标高进行空转清土，不得向深处钻进，然后停止转动，提起钻杆卸土。清孔后可用重锤或沉渣仪测定孔底虚土厚度，检查清孔质量。孔底沉渣厚度控制：端承桩≤50 mm，摩擦桩≤150 mm。

4. 停钻验孔

钻进过程中，应随时观察钻进深度标尺或钻杆长度以控制钻孔深度。当达到设计深度后，应及时清孔。然后停机提钻，进行验孔。验孔内容和方法如下：

方法和工具：用测深绳（坠）、照明灯和钢尺测量。

检验内容：①孔深和虚土厚度；②孔的垂直度；③孔径；④孔壁有无塌陷、缩颈等现象；⑤桩位。

验孔完成后，移动钻机到下一个孔位。

5. 吊放钢筋笼

清孔后应随即吊放钢筋笼，吊放时要缓慢并保持竖直，应避免钢筋笼放偏，或碰撞孔壁引起土渣下落而造成孔底沉渣过多。放到预定深度时将钢筋笼上端妥善固定。当钢筋笼长度超过12 m时，宜分段制作和吊放；分段制作的钢筋笼，其纵向受力钢筋的接头宜采用对接焊接和机械连接（直径大于20 mm）。先行吊放的钢筋笼上端应在露出地面1 m左右时进行临时固定，起吊上段钢筋笼与下段钢筋笼保持在一条垂直线上，焊接完成后继续吊放，在钢筋笼安放好后，应再次清孔。

6. 浇筑混凝土

桩孔内吊放钢筋笼后，应尽快浇筑混凝土，一般不超过24 h，以防止桩孔扰动造成塌孔。浇筑混凝土宜用混凝土泵车，避免在成孔区域施加地面荷载，并禁止人员和车辆通行，以防止压坏桩孔。混凝土浇筑宜采用串筒或导管，避免损伤孔壁。混凝土坍落度一般为80～100 mm，强度等级不小于C15，浇筑混凝土时应随浇随振，每次浇筑高度应小于1.5 m，采用接长的插入式振捣器捣实。

（六）改进工艺——长螺旋钻孔压灌桩

此工艺称为长螺旋钻孔压灌桩。此工艺与普通长螺旋钻孔灌注桩的差别在两个方面：混凝土灌注方式和钢筋笼的放置次序。采用的长螺旋钻机钻杆为空心杆，作为混凝土通道。当钻孔达到设计深度后，在提钻的同时通过钻杆的空心通道将混凝土压送至孔底。当钻杆提出地面后，桩孔混凝土也灌注完成。钢筋笼的放置是在混凝土灌注完成后进行，借助钢筋笼自重或专用振动设备将其插入混凝土中直至设计标高。

压灌桩应注意以下几个技术要点：

①开始钻进前，应将钻杆和钻头内的土块、混凝土残渣清理干净。

②由于钻头处有混凝土压灌出口，因此在钻进过程中不能提升钻杆和反转，否则应提钻出地面对出口门进行清理和检查。

③应当在压灌的混凝土达到孔底后10～20 s后再缓慢提升钻杆，并保证钻头始终埋在混凝土面以下不少于1 m。混凝土泵送宜连续进行，边泵送边提钻，保持料斗内混凝土拌合料的高度不低于400 mm。

④钢筋笼底部应采取加强构造，以便于振动过程中沉入混凝土。钢筋笼下放应连续进行，不能停顿，禁止采取直接脱钩的方式。

⑤混凝土压灌施工完成，应及时清洗钻杆、泵管和混凝土泵。

二、泥浆护壁成孔灌注桩

"泥浆护壁成孔灌注桩"也称"湿作业成孔灌注桩"。即在钻孔过程，先使"泥浆"充满桩孔，并随时循环置换，通过"泥浆"循环方式，起到保护孔壁、排渣的作用。

（一）施工机械及适用性

常用的成孔机械有回旋钻机、冲击钻机、潜水钻机、旋挖钻机等。按照其行走装置分为履带式、步履式和汽车车载式三种。钻机主要由主机、钻杆、钻头构成。

1. 回转钻机

回旋钻机是由动力装置带动钻机的回转装置转动，回转装置驱动位于作业平台上带方孔的转盘转动，从而带动插入到孔中的方形钻杆转动，钻杆下端带有钻头，由钻头在转动过程中切削土壤，回转钻机主要由塔架、回转转盘、钻杆、钻头、底盘和行走装置组成。适用于地下水位以下的黏性土、粉土、砂土、填土、碎（砾）石土及风化岩层；以及地质情况复杂，夹层多、风化不均、软硬变化较大的岩层。设备性能可靠，成孔效率高、质量好。施工噪声、振动较小。

2. 潜水钻机

潜水钻机是一种旋转式钻孔机械，其动力、变速机构和钻头连在一起，加以密封，因而可以下放至孔中地下水位以下运行，切削土壤成孔。潜水钻机主要由钻机、钻头、钻杆、塔架、底盘、卷扬机等部分组成。

3. 冲击钻机

冲击钻机是将冲锤式钻头用动力提升，然后让其靠自重自由下落，利用其冲击力来切削岩层，并通过掏渣筒清理渣土。通过这样的循环作业过程形成桩孔。冲击钻机主要由桩架、钻头、掏渣筒、转向装置和打捞装置组成。适用于粉质黏土、砂土、砾石、卵漂石及岩层。施工过程中的噪声和振动较大。

4. 旋挖钻机

旋挖钻机是利用钻杆和钻头的旋转及重力使土屑进入钻斗。当土屑装满钻斗后，提升钻斗将土屑运出孔外。这样通过钻头的旋转、削土、提升和出土，反复作业形成桩孔。旋挖钻头呈筒状。旋挖钻机主要由塔架、钻杆、钻头、底盘、行走装置、动力装置等部分组成。旋挖钻成孔灌注桩应根据不同的地层情况及地下水埋深，分为干作业成孔工艺和泥浆护壁成孔工艺。适用于黏性土、粉土、砂土、填土、碎石及风化岩层等。

（二）施工主要工序及技术要求

1. 施工流程

采用不同施工机械和钻机进行泥浆护壁成孔灌注桩施工的工艺流程基本相同（主导工序），其中冲击钻机成孔过程中击碎的大块岩石颗粒不能通过泥浆循环清运，需要另外采用淘渣筒清除。旋挖钻机采用的钻头具有很强的淘渣功能，但也会遇到大块石块或孤石时需要专用抓斗清除。泥浆护壁成孔灌注桩的施工工艺流程：桩位放测→埋设护筒→钻机就位→泥浆制备→钻孔→循环清孔→吊放钢筋笼→二次清孔→浇筑混凝土→拔除护筒。

2. 施工作业及技术要求

（1）泥浆制备

在黏土中钻孔时，可利用钻削下来的土与注入的清水混合成适合护壁的泥浆，称为原土自造泥浆；在砂土中钻孔时，应注入高黏性土（膨润土）和水拌和成的泥浆，称为制备泥浆。泥浆护壁效果的好坏直接影响成孔质量，在钻孔中，应经常测定泥浆性能。为保证泥浆达到一定的性能，还可加入加重剂、分散剂、增黏剂及堵漏剂等掺合剂。制备泥浆的密度一般控制在 1.1 左右，携带泥渣排出孔外的泥浆密度通常为 1.2～1.4。

泥浆主要有以下功能：

①防止孔壁坍塌。钻孔施工破坏了自然状态下土层保持的平衡状态，存在塌孔的危险。泥浆防止塌孔的作用表现为两个方面。其一，孔内的泥浆比重略大，且保持一定超水位，因而孔内泥浆压力可以抵抗孔壁土层向孔内的土压力和水压力；其二，拌有一定掺合剂的泥浆具有一定的黏附作用，可以在孔壁上形成一层不透水的泥皮，在孔内压力作用下，防止孔壁剥落和透水。

②排除土渣。制备泥浆达到一个适当的密度则能够使土渣颗粒悬浮，并通过泥浆循环排出孔外。

③冷却钻头。钻头在钻进过程中，与土体摩擦会产生大量的热量，对钻头有不利影响。泥浆循环的过程中对钻头也起到了冷却的作用，可以延长钻头的使用寿命。

（2）埋设护筒

在钻孔时，应在桩位处设护筒，以起到定位、保护孔口、保持孔内泥浆水位的作用。护筒可用钢板制作，内径应比钻头直径大 100 mm，埋入土中的深度：黏性土不宜小于 1.0 m，砂土不宜小于 1.5 m。护筒埋设应准确、稳定，护筒中心与桩位中心的偏差不得大于50 mm。在护筒顶部应开设1~2个溢浆口。在钻孔期间，应保持护筒内的泥浆面高出地下水位1.0 m以上，形成与地下水的压力平衡而保护孔壁稳定。

（3）钻机就位

先平整场地，铺好枕木并校正水平，保证钻机平稳牢固。确保施工过程中不发生倾斜、移动。使用双向吊锤球校正调整钻杆垂直度，或者用经纬仪校正。

（4）钻孔和排渣

钻头对准护筒中心，偏差不大于50 mm。开动泥浆泵使泥浆循环2~3 min，然后再开动钻机，慢慢将钻头放置于桩位。慢速钻进至护筒下1 m后，再以正常速度钻进。

钻孔时，在桩外设置沉淀池，通过循环泥浆携带土渣流入沉淀池而起到排渣作用。根据泥浆循环方式的不同，分为正循环和反循环两种工艺。

正循环成孔的工艺：泥浆或高压水由钻杆内部注入，并从钻杆底部喷出，携带钻下的土渣沿孔壁向上流动，携带土渣的泥浆溢出孔口并流入沉淀池，经沉淀的泥浆再注入钻杆，由此进行循环。正循环工艺施工费用较低，但泥浆上升速度慢，大粒径土渣易沉底，一般用于浅孔、孔径不大的桩。

反循环成孔的工艺：泥浆由钻杆与孔壁间的环状间隙流入钻孔，然后，由砂石泵或真空泵在钻杆内形成真空，使泥浆携带土渣由钻杆内腔吸出至地面而流入沉淀池，经沉淀的泥浆再流入钻孔，由此进行循环。反循环工艺的泥浆上升的速度快，排除土渣的能力大，可用于深孔、孔径大的桩。

（5）清孔

钻孔达到设计深度后，应进行清孔。清孔作业通常分两次，第一次是在终孔后停止钻进时进行；第二次是在孔内放置钢筋笼和下料导管后，浇筑混凝土前进行。"正循环"工艺清孔做法分抽浆法和换浆法。"反循环"工艺中第一次清孔方法与正循环工艺的第一次清孔做法相同，第二次清孔则采用"空气升液排渣法"。

①换浆法。第一次清孔时，将钻头提高至距离孔底100~200 mm，继续向孔内注入相对密度1.05~1.15的新泥浆或清水，维持泥浆循环，再令钻头原位空转10~30 min左右，直至达到清孔要求。第二次清孔则是利用导管向孔内注入相对密度1-15左右的新泥浆，通过泥浆循环清除在下放钢筋笼和导管过程中坠落孔底的泥渣。

②抽浆法。当孔壁条件较好时可以用空气吸泥机进行清孔。利用水下灌注混凝土的导管作为吸管，通过高压气泵形成高压气流用导管送至孔底，将孔底沉渣搅动浮起。由吸泥机导管排出孔外。吸泥机管底部与送气管底部高差不少于2 m。在这个过程中必须不断向孔内补充清水，直至达到清孔要求。也可以利用砂石泵或射流泵直接抽取孔底的泥浆进行清孔。

③空气升液排渣法。即利用灌注水下混凝土的导管作为吸泥管，用高压风将孔内泥浆搅动使孔底泥渣随泥浆浮起并排出孔外。

（6）钢筋笼制作与吊放

施工要求同干作业成孔灌注桩一致。钢筋笼长度较大时可分段制作，两段之间用焊接连接。钢筋笼吊放要对准孔位，平稳、缓慢下放，避免碰撞孔壁，到位后立即固定。

钢筋笼接长时，先将第一节钢筋笼放入孔中，利用其上部架立钢筋临时固定在护筒上部，然后吊起第二节钢筋笼对准位置后用绑扎或焊接的方法接长后继续放入孔中。如此方法逐节接长后放入孔中设计位置。钢筋放置完成后要再次检查钢筋顶端的高度是否符合要求。

（7）浇筑混凝土

泥浆护壁成孔灌注桩采用导管法水下浇筑混凝土。导管法是将密封连接的钢管作为水下混凝土的灌注通道，以保证混凝土下落过程中与泥浆隔离，不相互混合。开始灌注混凝土时，导管要插入到距孔底 300～500 mm 的位置。在浇筑过程中，管底埋在灌入混凝土表面以下的初始深度应≥0.8 m 的深度，随后应始终保持埋深在 2～6 m。导管内的混凝土在一定的落差压力作用下，挤压下部管口的混凝土在已浇的混凝土层内部流动、扩散，以完成混凝土的浇筑工作，形成连续密实的混凝土桩身。浇筑完的桩身混凝土应超过桩顶设计标高 0.3～0.5 m，保证在凿除表面浮浆层后，桩顶标高和桩顶的混凝土质量能满足设计要求。

三、人工挖孔灌注桩

人工挖孔灌注桩是指在桩位采用人工挖掘方法成孔，然后安放钢筋笼，灌注混凝土而成为桩基。

（一）特点及适用范围

人工挖孔灌注桩属于干作业成孔，成孔方法简便，设备要求低，成孔直径大，单桩承载力高，施工时无振动、无噪声，对周围环境设施影响较小；当施工人员充足的情况下可同时开挖多个桩孔，从而加快总体进度；可直接观察土层变化情况，便于观察桩孔范围的土层变化情况和清孔作业，桩孔施工质量可靠性有保证。但其劳动条件差，人工用量大，安全风险较高，单孔开挖效率低。

人工挖孔灌注桩的桩身直径除了能满足设计承载力的要求外，还应考虑人工施工操作的要求，故桩径不宜小于 800 mm，一般为 800～2000 mm，桩端可采用扩底或不扩底两种方法。同时做好井下通风、照明、排水、防流砂等安全措施。

（二）护壁

为确保人工挖孔桩施工过程的安全，必须采取孔壁支护措施。常用护壁形式包括现浇混凝土护壁、喷射混凝土护壁、钢筋混凝土沉井护壁、钢套管护壁、砖砌护壁等。

当采用现浇钢筋混凝土护壁时，厚度一般为 $D/10+50$ mm（D 为桩径），高度 800～1200 mm，内部均匀布置竖向钢筋，直径不小于 Φ6；护壁分节制作，竖向钢筋应贯穿上下节护壁的接缝，形成拉结。护壁模板一般为 4 块或者 8 块组拼的圆弧钢模板，并有一定锥度，因而组拼完成后上口小、下口大；组拼好的模板应检验其上下口形状、尺寸和中心位置；浇筑完成的护壁上下节之间有 50～75 mm 的错位搭接，也叫"咬口连接"。护壁模板拆除时，混凝土强度应不小于 1 N/mm^2。

（三）施工工艺流程

人工挖孔桩的施工工艺流程：测定桩位→分段挖土→绑扎护壁钢筋→支设护壁模板→浇筑护壁混凝土→循环作业→扩底清底→验孔→放桩钢筋笼→浇筑桩混凝土。

（四）质量控制措施

挖孔过程中，每挖深1m，应校核桩孔直径、垂直度和中心偏差；

挖孔深度由设计人员根据土层实际情况确定，一般还要在桩孔底部钻孔取样来分析研究下卧层的情况，并决定是否终止挖掘。取样孔深一般不小于3倍桩径。

四、沉管灌注桩（套管成孔灌注桩）

沉管灌注桩是利用锤击或振动的沉管方式，将带有活瓣式桩尖、圆锥形钢桩尖或钢筋混凝土桩靴的钢管沉入土中，然后边拔管边灌注混凝土而成。沉管灌注桩的桩孔通常采用挤土方式形成，即钢管沉入土中后，应将土挤向周围，钢管中不应有土，用于混凝土灌注。因此，钢管下端应安装起封闭作用的桩靴，桩尖（桩靴）的形式。桩靴形状应利于在土中下沉和封闭钢管下端。其中活瓣式桩尖可重复使用，成本较低；圆锥形钢桩尖和预制钢筋混凝土桩尖为一次性，尤其是钢桩尖成本较高。

（一）分类及适用范围

沉管灌注桩按沉管的施工方式可分为锤击沉管灌注桩、振动沉管灌注桩。

适用于黏性土、粉土、淤泥质土、砂土及填土；在厚度较大、灵敏度较高的淤泥和流塑状态的黏性土等软弱土层中采用时，应制定可靠的质量保证措施。振动沉管又有振动和振动-冲击两种方式。振动沉管更适合于饱和软弱土层还有中密、稍密的砂层和碎石层。在施工中要考虑挤土、噪声、振动等影响。

（二）施工流程

无论是锤击沉管还是振动沉管，其施工流程基本相同，包括以下工序：桩位放测→桩机就位→桩尖就位→沉管作业→灌注混凝土→吊放钢筋笼→拔管及振捣→拔除桩管。

（三）施工作业及技术要求

1. 沉管对位

根据桩位布点，将桩机开行就位。将桩管起吊后，将活瓣桩靴闭合，或者在桩位安放混凝土桩靴。缓慢下落桩管使其与混凝土桩靴紧密结合，或者将活瓣桩尖对准桩位，利用桩锤和桩管自重将桩尖压入土中。沉管前应检查预制混凝土桩尖是否完好，用麻绳、草绳将连接缝隙塞实；活瓣桩靴是否可以正常操作，并且闭合严密。当桩管入土一定深度后，复核桩位是否偏移，以及桩管的垂直度。锤击沉管要检查套管与桩锤是否在同一垂直线上，套管偏斜不大于0.5%，锤击套管时先用低锤轻击，校核无误后才可以继续沉管。

2. 沉管

在打入套管时，和打入预制桩的要求是一致的。当桩距小于4倍桩径时，应采取保证相邻桩桩身质量的技术措施，防止因挤土而使已浇筑的桩发生桩身断裂。如采用跳打方法，中间空出的桩须待邻桩混凝土达到设计强度的50%以后方可施打。沉管直至达到符合设计要求的贯入度或沉入标高，并应做好沉管记录。

3. 灌注混凝土

沉管结束后，要检查管内有无泥沙或水进入。确认无异常情况后，吊放钢筋笼、浇筑混凝土。混凝土灌注时，应尽量灌满套管，然后开始拔管。拔管过程中管内混凝土高度应≥2 m，并高于地下水位1.5 m以上，保证混凝土在一定压力下顺利下落和扩散，避免在管内阻塞。钢筋混凝土桩的混凝土坍落度宜为80～100 mm；素混凝土桩宜为60～80 mm。

4. 拔管及振捣

拔管速度要均匀，对一般土层以1 m/min为宜，在软弱土层和软硬土层交界处，宜控制在0.8 m/min以内。一次拔管不宜过高，第一次拔管高度应控制在能容纳第二次所需要灌入的混凝土量为限，拔管时应保持连续密锤低击不停，使混凝土得到振实。

（四）常见质量问题及防范措施

1. 断桩

指桩身裂缝呈水平状或略有倾斜且贯通全截面，常见于地面以下1～3 m不同软硬土层交接处。

产生原因：是桩距过小，桩身混凝土凝固不久，强度低，此时邻桩沉管使土体隆起和挤压，产生横向水平力和竖向拉力使混凝土桩身断裂。

防范措施：布桩不宜过密，桩间距以不小于3.5倍桩距为宜；当桩身混凝土强度较低时，可采用跳打法施工；合理制定打桩顺序和桩架行走路线以减少振动的影响。断桩一经发现，应将断桩段拔去，将孔清理干净后，略增大面积或加上钢箍连接，再重新灌注混凝土。

2. 缩颈

指桩身局部直径小于设计直径，缩颈常出现在饱和淤泥质土中。

产生原因：在含水量高的黏性土中沉管时，土体受到强烈扰动挤压，产生很高的孔隙水压力，桩管拔出后，这种超孔隙水压力便作用在所浇筑的混凝土桩身上，使桩身局部直径缩小；当桩间距过小，邻近桩沉管施工时挤压土体也会使所浇混凝土桩身缩颈；或施工时拔管速度过快，管内形成真空吸力，且管内混凝土量少、和易性差，使混凝土扩散性差，导致缩颈。

防范措施：在施工过程中应经常观测管内混凝土的下落情况，严格控制拔管速度，采取"慢拔密振"或"慢拔密击"的方法；在可能产生缩颈的土层施工时，采用反插法可避免缩颈。当出现缩颈时可用复打法进行处理。

3. 吊脚桩

指桩底部的混凝土隔空,或混入泥沙在桩底部形成松软层。

产生原因:预制桩靴强度不足,在沉管时破损,或与桩管接缝不严密;活瓣桩尖合拢不严顶进泥沙或者拔管时没有及时张开;预制桩靴被挤入桩管内,拔管时未能及时压出而形成吊脚桩。

防范措施:严格检查预制桩靴的强度和规格,对活瓣桩尖应及时检修或更换;沉管时,在桩尖与桩管接触处缠绕麻绳或垫衬,使二者接触处封严。可用吊砣检查桩靴是否进入桩管或活瓣是否张开,当发现桩尖进水或泥沙时,可将桩管拔出,修复桩尖缝隙,用砂回填桩孔后再重新沉管。当地下水量大时,桩管沉至接近地下水位时,可灌注0.5 m高水泥砂浆封底,将桩管底部的缝隙封住,再灌1 m高的混凝土后,继续沉管。

(五)常规成桩方法、改进成桩方法及技术要点

沉管灌注桩的成桩方法包括常规的"单打法"和改进后的"复打法"和"反插法"。由于灌注桩施工受地质环境影响较大,在含水量较小的土层中可采用常规的"单打法"施工,而遇到饱和土层,为了保证成桩质量,宜采用"复打法"和"反插法"。

1. 单打法

前面所述的沉管灌注桩的成桩方法为"单打法"。单打法施工时,桩管内灌满混凝土后,先连续锤击或振动5~10s,再开始拔管,应边振边拔,每拔0.5~1 m后,停拔锤击或振动5~10s,如此反复,直至桩管全部拔出。在一般土层内,拔管速度宜为1.2~1.5 m/min,在软弱土层中,宜控制在0.8 m/min以内。

2. 复打法

复打灌注桩是在第一次灌注桩施工完毕,拔出套管后,清除管外壁上的污泥和桩孔周围地面的浮土,立即在原桩位再埋设预制桩靴第二次复打套管,使未凝固的混凝土向四周挤压扩大桩径,然后第二次灌注混凝土。拔管方法与初打时相同。复打前后两次沉管的轴线应重合,复打施工必须在第一次灌注的混凝土初凝之前进行。复打法第一次灌注混凝土前不能放置钢筋笼,如配有钢筋,应在第二次灌注混凝土前放置。

3. 反插法

反插法施工时,在套管内灌满混凝土后,先振动再开始拔管,每次拔管高度0.5~1 m,向下反插深度0.3~0.5 m。如此反复进行并始终保持振动,直至套管全部拔出地面。拔管速度应W0.5 m/min。反插法施工的桩截面会增大,从而提高桩的承载力。

第三节 桩基检测与验收

一、施工前检验

(一) 预制桩——包括混凝土预制桩、钢桩

①成品桩应按选定的标准图或设计图制作，现场应对其外观质量及桩身混凝土强度进行检验；其误差应符合表 2-3 的要求。

表 2-3 混凝土预制桩制作允许偏差

桩型	项目	允许误差 /mm
钢筋混凝土实心桩	横截面边长	±5
	桩顶对角线之差	≤5
	保护层厚度	±5
	桩身弯曲矢高	不大于1%。桩长且不大于20
	桩尖偏心	≤10
	桩端面倾斜	≤0.005
	桩节长度	±20
钢筋混凝土管桩	直径	±5
	长度	±0.5%L
	管壁厚度	−5
	保护层厚度	+10, −5
	桩身弯曲(度)矢高	L/1000
	桩尖偏心	≤10
	桩头板平整度	≤2
	桩头板偏心	≤2

②应对接桩用焊条了压桩用压力表等材料和设备进行检验。

（二）灌注桩

①混凝土拌制应对原材料质量与计量、混凝土配合比、坍落度、混凝土强度等级等进行检查。

②钢筋笼制作应对钢筋规格、焊条规格、品种、焊口规格、焊缝长度、焊缝外观和质量、主筋和箍筋的制作偏差等进行检查，钢筋笼制作允许偏差应符合表2-4的要求。

表2-4 钢筋笼制作允许偏差

项目	允许偏差/mm
主筋间距	±10
箍筋间距	±20
钢筋笼直径	±10
钢筋笼长度	±100

二、施工过程检验

（一）预制桩——包括混凝土预制桩、钢桩

①打入（静压）深度、停锤标准、静压终止压力值及桩身（架）垂直度检查。

②接桩质量、接桩间歇时间及桩顶完整状况。

③每米进尺锤击数、最后1.0 m锤击数、总锤击数、最后三阵贯入度及桩尖标高等。

（二）灌注桩

（1）灌注混凝土前，应对已成孔的中心位置、孔深、孔径、垂直度、孔底沉渣厚度进行检验；检验的质量要求见表2-5。

表2-5 灌注桩成孔施工允许偏差

成孔方法		桩径偏差/mm	垂直度允许偏差/（%）1~3根桩、条形桩基沿垂直轴线方向和群桩基础中的桩	桩位允许偏差/mm	
				条形桩基沿轴线方向和群桩基础的中间桩	
泥浆护壁钻、孔桩挖、冲	d≤1000mm	≤-50	1	d/6且不大于100	d/4且不大于150
	d>1000mm	-50		100+0.01H	150+0.01H
锤击（振动）沉管振动冲击沉管成孔	d≤500mm	-20	1	70	150
	d≤500mm			100	150

续表

螺旋钻、机动洛阳铲杆作业成孔灌注桩		-20	1	70	150
人工挖孔桩	现浇混凝土护壁	±50	0.5	50	150
	长钢套管护壁	±20	1	100	200

注：①桩径允许偏差的负值是指个别断面；②成为施工现场地面标高与桩顶设计标高的距离，d 为设计桩径。

②对钢筋笼安放的实际位置等进行检查，并填写相应质量检测、检查记录；

③干作业条件下成孔后应对大直径桩桩端持力层进行检验；

④对于沉管灌注桩施工工序的质量检查宜按前述的有关项目进行。

⑤对于挤土预制桩和挤土灌注桩，施工过程均应对桩顶和地面土体的竖向和水平位移进行系统观测；若发现异常，应采取复打、复压、弓丨孔、设置排水措施及调整沉桩速率等措施。

三、施工后检验

①桩基础施工完成后，应对其承载力、桩身质量进行检验，并且应根据不同桩型应按表 2-5 及表 2-6 规定检查成桩桩位偏差。

表 2-6 打入桩桩位的允许偏差（mm）

序号	项目内容	允许偏差/mm
1	带有基础梁的桩： ①垂直基础梁的中心线 ②沿基础梁的中心线	100+0.01H 150+0.01H
2	桩数为 1～3 根桩基中的桩	100
3	桩数为 4～16 根桩基中的桩	1/2 桩径或边长
4	桩数大于 16 根桩基中的桩 ①最外边的桩 ②中间桩	1/3 桩径或边长 1/2 桩径或边长

注：H 为施工现场地面标高与桩顶设计标高的距离。

②有下列情况之一的桩基工程，应采用静荷载试验对工程桩单桩竖向承载力进行检测：

第一，工程施工前已进行单桩静载试验，但施工过程变更了工艺参数或施工质量出现异常时；

第二，施工前工程未按规定进行单桩静载试验的工程；

第三，地质条件复杂、桩的施工质量可靠性低；

第四，采用新桩型或新工艺。

③有下列情况之一的桩基工程，可采用高应变动测法对工程桩单桩竖向承载力进行检测：

第一，除采用静荷载试验对工程桩单桩竖向承载力进行检测的桩基；

第二，设计等级为甲、乙级的建筑桩基静载试验检测的辅助检测。

④桩身质量除对预留混凝土试件进行强度等级检验外，尚应进行现场检测。检测方法可采用可靠的动测法，对于大直径桩还可采取钻芯法、声波透射法。

⑤对专用抗拔桩和对水平承载力有特殊要求的桩基工程，应进行单桩抗拔静载试验和水平静载试验检测。

（一）预制桩

1. 抽检样本比例要求

根据《建筑基桩检测技术规范》的要求，在施工后要对桩的承载力及桩体质量进行检验。

①预制桩的静载荷试验根数应不少于总桩数的1%，且不少于3根；当总桩数少于50根时，试验数应不少于2根。

②预制桩的桩体质量检验数量不应少于总桩数的10%，且不得少于10根。每个柱子承台下不得少于1根。

2. 材料与构件验收

钢筋混凝土预制桩在现场预制时，应对原材料、钢筋骨架、混凝土强度进行验收。工厂生产的成品桩进场要有产品合格证书，并应对构件的外观进行检查。

3. 桩位验收

打入桩（预制混凝土方桩、预应力混凝土空心桩、钢桩）的桩位偏差应符合表2-6的规定。斜桩倾斜度的偏差不得大于倾斜角正切值的15%（倾斜角系桩的纵向中心线与铅垂线间夹角）。

（二）灌注桩

1. 抽检样本比例要求

①对于地基基础设计等级为甲级或地质条件复杂，成桩质量可靠性低的灌注桩，应采用静载荷试验的方法进行检验，检验桩数不应少于总数的1%，且不应少于3根，当总桩数不少于50根时，检验桩数不应少于2根。

②对于地基基础设计等级为甲级或地质条件复杂，成桩质量可靠性低的灌注桩，桩

身质量检验抽检数量不应少于总数的30%，且不应少于20根；其他桩基工程的抽检数量不应少于总数的20%，且不应少于10根；对地下水位以上且终孔后经过核验的灌注桩，检验数量不应少于总桩数的10%，且不得少于10根，每个柱子承台下不得少于1根。

2. 材料验收

①灌注桩每灌注50 m³应有一组试块，小于50 m³的桩应每根桩有一组试块。

②在灌注桩施工中，应对成孔、清孔、放置钢筋笼、灌注混凝土等进行全过程检查，人工挖孔桩尚应复验孔底持力层土（岩）性。嵌岩桩必须有桩端持力层的岩性报告。

③灌注桩应对原材料、钢筋骨架、混凝土强度进行验收。

3. 成桩验收

灌注桩桩顶标高至少要比设计标高高出0.5 m。

灌注桩的沉渣厚度：当以摩擦桩为主时，不得大于150 mm；当以端承力为主时，不得大于50 mm；套管成孔的灌注桩不得有沉渣。

四、桩基竖向承载力检测——静载法

静载试验法检测的目的，是采用接近于桩的实际工作条件，通过静载加压，确定单桩的极限承载力，作为设计依据（试验桩），或对工程桩的承载力进行抽样检验和评价。

桩的静载试验有多种，如单桩竖向抗压静载试验、单桩竖向抗拔静载试验和单桩水平静载试验。单桩竖向抗压静载试验通过在桩顶加压静载，得出（竖向荷载－沉降）Q-S曲线、（沉降－时间对数）S-lgt等一系列关系曲线，综合评定其容许承载力。

单桩竖向抗压静载试验一般采用油压千斤顶加载，千斤顶的加载反力装置可根据现场实际条件采取锚桩反力法、压重平台反力法。

（一）压重平台反力法

压重平台反力装置由钢立柱（支墩或垫木）、钢横梁、钢锭（沙袋）、油压千斤顶等组成。压重量不得少于预估试桩破坏荷载的1.2倍，压重应在试验开始前一次加上，并均匀稳固地放置于平台上。

（二）锚桩反力法

锚桩反力装置由4根锚桩、主梁、次梁、油压千斤顶等组成。

锚桩反力装置能提供的反力应不小于预估最大试验荷载的1.2～1.5倍。

五、桩基动载法检测

静载试验可直观地反映桩的承载力和混凝土的浇筑质量，数据可靠。但试验装置复杂笨重，装、卸、操作费工费时，成本高，测试数量有限，并且易破坏桩基。

动测法试验仪器轻便灵活，检测快速，不破坏桩基，相对也较准确，费用低，可节省静载试验锚桩、堆载、设备运输、吊装焊接等大量人力、物力。在桩基础检测时，可进行低应变动测法普查，再根据低应变动测法检测结果，采用高应变动测法或静载试验，对有缺陷的桩重点抽测。

（一）低应变动测法桩基质量检测

低应变动测法是采用手锤瞬时冲击桩头，激起振动，产生弹性应力波沿桩长向下传播，如果桩身某截面出现缩颈、断裂或夹层时，会产生回波反射，应力波到达桩尖后，又向上反射回桩顶，通过接收锤击初始信号及桩身、桩底反射信号，并经微机对波形进行分析，可以判定桩身混凝土强度及浇筑质量，包括缺陷性质、程度与位置，对桩身结构完整性进行检验。

根据低应变动测法测试，可将桩身完整性分为4个类别。

① Ⅰ类桩：桩身完整。
② Ⅱ类桩：桩身有轻微缺陷，不会影响桩身结构承载力的正常发挥。
③ Ⅲ类桩：桩身有明显缺陷，对桩结构承载力有影响。
④ Ⅳ类桩：桩身存在严重缺陷。

一般情况下，Ⅰ、Ⅱ类桩可以满足要求；Ⅳ类桩无法使用，必须进行工程处理；Ⅲ类桩能否满足要求，由设计单位根据工程具体情况作出决定。

（二）高应变动测法——桩基承载力检测

高应变动测法是用重锤，通过不同的落距对桩顶施加瞬时锤击力，用动态应变仪测出桩顶锤击力，用百分表测出相应的桩顶贯入度，根据实测的锤击力和相应贯入度的关系曲线与同一桩的静荷载试验曲线之间的相似性，通过相关分析，求出桩的极限承载力。

进行高应变承载力检测时，锤的重量应大于预估单桩极限承载力的1.0%～1.5%，混凝土桩的桩径大于600 mm或桩长大于30 m时取高值。高应变检测用重锤应材质均匀、形状对称、锤底平整。高径（宽）比不得小于1，并采用铸铁或铸钢制作。

第三章 砌体工程

第一节 砌体施工

一、砖砌体施工

砖砌体施工所用材料主要是砖、砌筑砂浆。

(一) 砌筑材料

1. 砖

砖按材质分为黏土砖、页岩砖、煤矸石砖、粉煤灰砖、灰砂砖、混凝土砖等；按孔洞率分为实心砖（无孔洞或孔洞小于25%的砖）、多孔砖（孔洞率等于或大于25%，空心砖孔洞率大于或等于40%）；按烧结与否分为免烧砖（水泥砖）和烧结砖（红砖）；按生产工艺分为烧结砖（经焙烧而成的砖）、蒸压砖、蒸养砖。烧结黏土砖主要包括烧结普通黏土砖（即黏土实心砖）、烧结多孔黏土砖。

多孔砖使用时孔洞方向平行于受力方向；空心砖的孔洞则垂直于受力方向。多孔砖尺寸规格分为190 mm×190 mm×90 mm（M型）和240 mm×115 mm×90 m（P型）；P型砖便于与普通砖配套使用。多孔砖根据抗压强度平均值和抗压强度标准值或抗压强度最小值分为MU30、MU25、MU20、MU15、MU10、MU7.5共6个强度等级。并根据强度等级、尺寸偏差、外观质量和耐久性指标划分为优等品（A）、一等品（B）和合格品（C）。优等品和一等品的吸水率分别不大于22%和25%，对合格品的吸水率无要求。

烧结空心砖是以黏土、页岩或煤矸石为主要原料烧制而成，孔尺寸大而少，且为水平孔，主要用于非承重砌体。空心砖规格尺寸较多，有290 mm×190 mm×90 mm和240 mm×180 mm×115 mm两种类型，砖的壁厚应大于10 mm，肋厚应大于7 mm。空心砖根据大面和条面抗压强度分为5.0、3.0、2.0三个强度等级，同时按表观密度分为800、900、1100三个密度级别。

非烧结砖一般采用蒸汽养护或蒸压养护的方法生产，根据主要原材料的不同，可分为灰砂砖、粉煤灰砖、煤渣砖、炉渣砖、煤矸石砖等。

蒸压灰砂砖是以石灰和砂为主要原料的实心砖或空心砖。其规格主要有240 mm×115 mm×53 mm、240 mm×115 mm×103 mm、240 mm×180 mm×103 mm、480 mm×115 mm×53 mm等几种。按力学性能分为MU25、MU20、MU15、MU10四个抗压等级。

蒸压粉煤灰砖是以粉煤灰、石灰、石膏以及骨料为原料的实心砖。主要规格有240 mm×115 mm×53 mm和400 mm×115 mm×53 mm；按力学性能分为：MU20、MU15、MU10、MU7.5四个抗压强度等级。

煤渣砖是以煤渣为主要原料，掺入适量石灰、石膏，经混合、压制成型、蒸养或蒸压养护制成的实心煤渣砖。主要规格有240 mm×115 mm×53 mm。

2. 砌筑砂浆

常用砌筑砂浆包括水泥砂浆、混合砂浆和石灰砂浆。水泥砂浆的塑性和保水性较差，但能够在潮湿环境中硬化，一般用在要求高强度砂浆与砌体处于潮湿环境下使用。混合砂浆是一般气体中最常用的砂浆类型；石灰砂浆主要用于强度要求不高的砌体，譬如临时设施、简易建筑等。

砌筑砂浆使用的水泥品种及等级，应根据砌体部位和所处环境来选择。水泥砂浆采用的水泥，其强度等级不宜大于32.5级；水泥混合砂浆采用的水泥，其强度等级不宜大于42.5级。水泥进场使用前，应分批对其强度，安定性进行复验。检验批应以同一生产厂家，同一编号为一批。如强度等级不明或出厂日期超过三个月（快硬硅酸盐水泥超过一个月）时，应经试验鉴定后按试验结果使用。

砂浆用砂宜用中砂，并过筛，不得含有草根等杂物，砂的含泥量应满足下列要求：对水泥砂浆和强度等级不小于M5的水泥混合砂浆，不应超过5%；对强度等级小于M5的水泥混合砂浆，不应超过10%；人工砂，山砂及特细砂，应经试配能满足砌筑砂浆技术条件要求。

水：拌制砂浆用水不得含有有害物质，水质应符合国家现行标准的规定。

外加剂：凡在砂浆中掺入有机塑化剂、早强剂、缓凝剂、防冻剂等，应经检验和试配符合要求后，方可使用。

砂浆现场拌制时，各组分材料应采用质量计量。

砌筑砂浆应采用机械搅拌,自投料完算起,搅拌时间应符合下列规定。

水泥砂浆和水泥混合砂浆不得少于 2 min;

水泥粉煤灰砂浆和掺用外加剂的砂浆不得少于 3 min;

掺用有机塑化剂的砂浆,应为 3~5 min。

砂浆应随拌随用,在拌成和使用时,应用贮灰器盛装。水泥砂浆和水泥混合砂浆必须分别在拌成后 3 h 和 4 h 内使用完毕;当施工期间最高气温超过 30℃时,必须分别在拌成后 2 h 和 3 h 内使用完毕。

砂浆应进行强度检验。砌筑砂浆试块强度验收时,其强度合格标准必须符合下列规定:同一验收批砂浆试块抗压强度平均值应大于或等于设计强度等级值的 1.1 倍;同一验收批砂浆试块抗压强度的最小一组平均值必须大于或等于设计强度等级值的 0.85 倍。砂浆强度应以标准养护龄期为 28 d 的试块抗压试验结果为准。抽检数量:每一检验批且不超过 250 m3 砌体中的各种类型及强度等级的砌筑砂浆,每台搅拌机应至少抽查一次。检验方法:在砂浆搅拌机出料口随机取样制作砂浆试块(同盘砂浆只应制作一组试块),最后检查试块强度试验报告单。

(二)施工准备

砌体工程所用的材料应有产品的合格证书,产品性能检测报告;块材、水泥、钢筋、外加剂等应有材料主要性能的进场复验报告。

1. 砖的准备

砖的品种,强度等级必须符合设计要求,并应规格一致。用于清水墙、柱表面的砖,尚应边角整齐,色泽均匀。有冻胀环境和条件的地区,地面以下或防潮层以下的砌体,不宜采用多孔砖。砌筑砖砌体时,砖应提前 1~2 d 浇水湿润。以免在砌筑时因干砖吸收砂浆中的水分,使砂浆流动性降低,造成砌筑困难,并影响砂浆的黏结力和强度。但也要注意不能将砖浇得过湿而使砖不能吸收砂浆中的多余水分,影响砂浆的密实性,强度和黏结力,而且还会产生坠灰和砖块滑动现象,影响墙面外观。一般要求多孔砖、空心砖处于半干湿状态(将水浸入砖 10 mm 左右),含水率为 10%~15%。灰砂砖、粉煤灰砖含水量宜为 5%~8%。

2. 机具的准备

砌筑前,必须按施工组织设计要求组织垂直和水平运输机械,砂浆搅拌机进场,安装,调试等工作。同时,还应准备脚手架,砌筑工具(如皮数杆、托线板)等。

(三)砖墙砌体组砌形式

组砌形式指砖块在砌体中的排列方式。为了使砌体坚固稳定并形成整体,须将上下皮砖块之间的垂直砌缝有规律地错开,称错缝。错缝还能使清水墙立面构成有规则的图案。

全顺:每皮砖全部用顺砖砌筑,两皮间竖缝搭接1/2砖长。此种砌法仅用于半砖隔断墙。

两平一侧：两皮平砌的顺砖旁砌一皮侧砖，其厚度为 18 cm。两平砌层间竖缝应错开 1/2 砖长；平砌层与侧砌层间竖缝可错开 1/4 或 1/2 砖长见。比较费工，墙体的抗震性能较差。

全丁：每皮全部用顶砖砌筑，两皮间竖缝搭接为 1/4 砖长。此种砌法一般多用于圆形建

一顺一丁：一皮中全部顺砖与一皮中全部丁砖相互间隔砌成，上下皮间的竖缝相互错开 1/4 砖长。

梅花丁：每皮中丁砖与顺砖相隔，上皮丁砖坐中于下皮顺砖，上下皮间竖缝相互错开 1/4 砖长。

三顺一丁：三皮中全部顺砖与一皮中全部丁砖间隔砌成，上下皮顺砖与丁砖间竖缝错开 1/4 砖长，上下皮顺砖间竖缝错开 1/2 砖长。

考虑砌体的抗压强度、轴心受拉、弯曲抗拉强度以及整体性和稳定性，实心砌体宜采用一顺一丁、梅花丁和三顺一丁等砌筑形式。

（四）砖砌体施工工艺

砖砌体的施工过程有抄平、弹线，摆砖样，立皮数杆，盘角、挂线，砌砖，勾缝、清理。

1. 抄平、弹线

砌墙前应在基础防潮层或楼面上定出各层标高，并用 M7.5 水泥砂浆或 C10 细石混凝土找平，使各段砖墙底部标高符合设计要求。在基础顶面或楼面上用墨线弹出墙的轴线和墙的宽度线，并定出门洞口位置线。

二层以上各层轴线由底层外墙面等处的轴线控制点用经纬仪或垂球引测到楼面，用钢尺核轴线。二层以上各层标高由底层标高控制点用钢尺引测至各层墙身。

2. 摆砖样

摆砖样也称摆底，是在弹好线的基础顶面上按选定的组砌方式先用砖试摆，好核对所弹出的墨线在门窗洞口、墙垛等处是否符合砖模数，以便借助灰缝调整，使砖的排列和砖缝宽度均匀合理。摆砖样时，要求山墙摆成丁砖，横墙摆成顺砖。

3. 立皮数杆

立皮数杆是指在其上画有每皮砖和砖缝厚度以及门窗洞口，过梁，楼板，梁底，预埋件等标高位置的一种木制标杆。

4. 盘角、挂线

盘角：就是根据皮数杆先在四大角和交接处砌几皮砖，并保证其垂直平整。高度不应大于 5 皮，留踏步槎，依据皮数杆，勤吊勤靠。

挂准线：为保证砌体垂直平整，砌筑时必须挂线，一般二四墙可单面挂线，三七墙及以上的墙则应双面挂线。

5. 砌砖

砌砖操作方法很多，常用的是"三一"砌砖法和铺浆法。"三一"砌砖法即"一块砖、一铲灰、一挤揉"，铺浆法是铺一定长度的砂浆，再挤揉砖块。砌砖时，先挂上通线，按所排的干砖位置把第一皮砖砌好，然后盘角。盘角又称立头角，指在砌墙时先砌墙角，然后从墙角处拉准线，再按准线砌中间的墙。砌筑过程中应三皮一吊，五皮一靠，保证墙面垂直平整。

6. 勾缝、清理

清水墙砌完后，要进行墙面修正及勾缝。墙面勾缝应横平竖直，深浅一致，搭接平整，不得有丢缝，开裂和黏结不牢等现象。砖墙勾缝宜采用凹缝或平缝，凹缝深度一般为 4～5 mm。勾缝完毕后，应进行墙面，柱面和落地灰的清理。

（五）其他施工技术

1. 施工洞口的留设

要求洞口侧边距丁字相交的墙面不小于 500 mm，洞口净宽度不应超过 1 m，而且洞顶宜设过梁。对设计规定的设备管道、脚手眼和预埋件，应在砌筑墙体时预留和预埋，不得事后随意打凿墙体。

2. 减少不均匀沉降

若房屋相邻高差较大时，应先建高层部分；分段施工时，砌体相邻施工段的高差，不得超过一个楼层，也不得大于 4 m；现场施工时，砖墙每天砌筑的高度不宜超过 1.8 m，雨天施工时，每天砌筑高度不宜超过 1.2 m。

3. 构造柱施工

设有钢筋混凝土构造柱的抗震多层砖房，在砌砖前，先根据图纸将构造柱位置进行弹线。施工顺序为：先绑扎钢筋，而后砌砖墙，最后浇筑混凝土。砌砖墙时，构造柱与墙体的连接处应砌成马牙槎，每一马牙槎沿高度方向的尺寸不宜超过 30 cm（即 5 皮砖）。马牙槎应先退后进，拉结筋按设计要求放置。设计无要求时，一般沿墙高 50 cm，设置 2 根 $\phi 6$ 水平拉结筋，每边深入墙内不小于 1 m。预留的拉结钢筋应位置正确，施工中不得任意弯折。构造柱位置及垂直度的允许偏差应符合规定。

4. 砖砌体的质量总体要求

对砖砌体的质量要求可以用十六个字概括为：横平竖直、砂浆饱满、组砌得当、接槎可靠。

（1）横平竖直

砖砌体主要承受垂直力，为使砖砌筑时横平竖直、均匀受压，要求砌体的水平灰缝应平直、竖向灰缝应垂直对齐，不得游丁走缝。

（2）砂浆饱满

砂浆层的厚度和饱满度对砖砌体的抗压强度影响很大，这就要求水平灰缝和垂直灰缝的厚度控制在 8～12 m 以内，且水平灰缝的砂浆饱满度不得小于 80%（可用百格网检查）。这样可保证砖均匀受压，避免受弯、受剪和局部受压状态的出现。

（3）组砌得当

为提高砌体的整体性、稳定性和承载力，砖块排列应遵守上下错缝的原则，避免垂直通缝出现，错缝或搭砌长度一般不小于 60 mm。

（4）接槎可靠

接槎是指墙体临时间断处的接合方式，一般有斜槎和直槎两种方式。

对不能同时砌筑而又必须留置的临时间断处，应砌成斜槎，且实心砖砌体的斜槎长度不应小于高度的 2/3；如临时间断处留斜槎有困难时，除转角处外，也可留直接，但必须做成阳槎，并加设拉结筋；拉结筋的数量为第 12 cm 墙厚放置一根 86 的钢筋，间距沿墙高不得超过 50 cm，埋入长度从墙的留槎处算起，每边不应小于 50 cm，末端应有 90°弯钩。墙砌体接槎时，必须将接槎处的表面清理干净，浇水湿润，并应填实砂浆，保持灰缝平直。

（六）影响砖砌体质量的因素及防治措施

1. 砂浆强度不稳定

现象：砂浆强度低于设计强度标准值，有时砂浆强度波动较大，匀质性差。

主要原因：材料计量不准确；砂浆中塑化材料或微沫剂掺量过多；砂浆搅拌不均；砂浆使用时间超过规定；水泥分布不均匀等。

预防措施：建立材料的计量制度和计量工具校验维修，保管制度；减少计量误差，对塑化材料（石灰膏等）宜调成标准稠度（120 mm）进行称量，再折算成标准容积；砂浆尽量采用机械搅拌，分两次投料（先加入部分砂子，水和全部塑化材料，拌匀后再投入其余的砂子和全部水泥进行搅拌），保证搅拌均匀；砂浆应按需要搅拌，宜在当班用完。

2. 砖墙墙面游丁走缝

现象：砖墙面上下砖层之间竖缝产生错位，丁砖竖缝歪斜，宽窄不匀，丁不压中。清水墙窗台部位与窗间墙部位的上下竖缝错位。

主要原因：砖的规格不统一，每块砖长，宽尺寸误差大；操作中未掌握控制砖缝的标准，开始砌墙摆砖时，没有考虑窗口位置对砖竖缝的影响，当砌至窗台处分窗口尺寸时，窗的边线不在竖缝位置上。

预防措施：砌墙时用同一规格的砖，如规格不一，则应弄清现场用砖情况，统一摆砖确定组砌方法，调整竖缝宽度；提高操作人员技术水平，强调丁压中即丁砖的中线与下层条砖的中线重合；摆砖时应将窗口位置引出，使窗的竖缝尽量与符合砖的模数，砌砖时要打好七分头，排匀立缝，保持窗间墙处上下竖缝不错位。

3. 清水墙面水平缝不直，墙面凹凸不平

现象：同一条水平缝宽度不一致，个别砖层冒线砌筑；水平缝下垂；墙体中部（两步脚手架交接处）凹凸不平。

主要原因：砖的两个条面大小不等，使灰缝的宽度不一致，个别砖大条面偏大较多，不易将灰缝砂浆压薄，从而出现冒线砌筈；所砌墙体长度超过20 m，挂线不紧，挂线产生下垂，灰缝就出现下垂现象；由于第一步架墙体出现垂直偏差，接砌第二步架时进行了调整，两步架交接处出现凹凸不平。

预防措施：砌砖应采取小面跟线；挂线长度超过15~20 m时，应加垫线；墙面砌至脚手架排木搭设部位时，预留脚手眼，并继续砌至高出脚手架板面一层砖；挂立线应由下面一步架墙面引申，以立线延至下部墙面至少500 mm，挂立线吊直后，拉紧平线，用线锤吊平线和立线，当线锤与平线、立线相重，则可认为立线正确无误。

4."螺丝"墙

现象：砌完一个层高的墙体时，同一砖层的标高差一皮砖的厚度而不能咬圈。

主要原因：砌筑时没有按皮数杆控制砖的层数；每当砌至基础面和预制混凝土楼板上接砌砖墙时，由于标高偏差大，皮数杆往往不能与砖层吻合，需要在砌筑中用灰缝厚度逐步调整；如果砌同一层砖时，误将负偏差当作正偏差，砌砖时反而压薄灰缝，在砌至层高赶上皮数时，与相邻位置正好差一皮砖。

预防措施：砌筑前应先测定所砌部位基面标高误差，通过调整灰缝厚度来调整墙体标高；标高误差宜分配在一步架的各层砖缝中，逐层调整；操作时挂线两端应相互呼应，并经常检查与皮数杆的砌层号是否相符。

二、砌块砌体施工

由粉煤灰、混凝土为主要原材料制作的中小型块体，生产工艺简单，投资少，收效快，成本接近或低于黏土砖，施工进度加快，而且可以大量利用工业废渣，节约堆放废渣的场地，不用耕作土，不占用农田，建筑物自重减轻。

砌块分混凝土空心砌块、加气混凝土砌块及硅酸盐实心砌块。通常把高度为180~350 mm的称为小型砌块，360~900 mm称为中型砌块。混凝土中、小型和粉煤灰中型实心砌块的强度为MU15、MU10、MU7.5、MU5、MU3.5五个等级。砌块用砂浆主要是水泥、砂、石灰膏、外加剂等材料或相应的代用材料。

（一）砌块施工工艺

1. 组砌的排列要求

施工前，砌块应按不同规格，标号整齐堆放，为便于施工，吊装前应绘制砌块排列图。砌块排列图要求在立面图上绘出纵横墙，标出楼板、大梁、过梁、楼梯、孔洞等位置，在纵横墙上绘出水平灰缝，然后以主规格为主，其他型号为辅，按墙体错缝搭接的原则和竖缝大小进行排列（主规格砌块是指大量使用的主要规格砌块，与之相搭配使用的砌块称为副规格砌块）。若设计无具体规定，尽量使用主规格砌块。砌块排列应按下列原则。

①砌块应错缝搭接，搭接长度不得小于块高的1/3，且不应小于150 mm；搭接长

度不足时，应在水平灰缝内设2φ4的钢筋网片。

②外墙转角处及纵横墙接处，应交错搭砌。局部必须镶砖时，应尽量使砖的数量达到最低，镶砖部分应分散布置。

2. 砌筑技术要点

施工时所用的混凝土小型空心砌块应保证有28 d以上的龄期。混凝土空心砌块砌筑前一般不需要浇水，在天气炎热的情况下，可提前洒水湿润小砌块；对轻骨料混凝土小砌块，宜提前2 d浇水湿润。小砌块表面有浮水时，不得施工。以免干燥收缩，使墙体产生裂缝。砌筑小砌块时，应清除表面污物和芯柱及小砌块孔洞底部的毛边，剔除外观质量不合格的小砌块。小砌块应底面朝上反砌于墙上，便于铺设砂浆。承重墙严禁使用断裂的小砌块。小砌块应从转角或定位处开始，内外墙同时砌筑，纵横墙交错搭接。外墙转角处应使小砌块隔皮露端面；T字交接处应使横墙小砌块隔皮露端面，纵墙在交接处改砌两块辅助规格小砌块（尺寸为290 mm×190 mm×190 mm，一端开口），所有露端面用水泥砂浆抹平。小砌块墙体应对孔错缝搭砌，搭接长度不应小于90 mm。墙体的个别部位不能满足上述要求时，应在灰缝中设置拉结钢筋或钢筋网片，但竖向通缝不能超过两皮小砌块。小砌块砌体的灰缝应横平竖直，全部灰缝均应铺填砂浆；水平灰缝的砂浆饱满度不得低于90%；竖向灰缝的砂浆饱满度不得低于80%；砌筑中不得出现瞎缝、透明缝。水平灰缝厚度和竖向灰缝宽度应控制在8～12 mm。当缺少辅助规格小砌块时，砌体通缝不应超过两皮砌块。小砌块砌体临时间断处应砌成斜槎，斜槎长度不应小于斜槎高度2/3（一般按一步脚手架高度控制）；如留斜槎有困难，除外墙转角处及抗震设防地区，砌体临时间断处不应留直槎外，从砌体面伸出200 mm砌成阴阳槎，并沿砌体高每三皮砌块（600 mm），设拉结筋或钢筋网片，接槎部位宜延至门窗洞口。小砌块砌体内不宜设置脚手眼，如必须设置时，可用辅助规格190 mm×190 mm×190 mm小砌块侧砌，利用其孔洞做脚手眼，砌体完工后用C15混凝土填实。但在砌体下列部位不得设置脚手眼。

过梁上部，与过梁成60°角的三角形及过梁跨度1/2范围内；

宽度不大于800 mm的窗间墙；

梁和梁垫下及左右各500 mm的范围内；

门窗洞口两侧200 mm内和砌体交接处400 mm的范围内；设计规定不允许设脚手眼的部位。

3. 砌块砌筑的主要工序

砌块砌筑的主要工序有：铺灰、砌块安装就位、校正、灌浆、镶砖等。

（1）铺灰

采用稠度有良好（5～7 cm）的水泥砂浆，铺3～5 m长的水平灰缝，铺灰应平整饱满，炎热天气或寒冷季节应适当缩短。

（2）砌块安装就位

安装砌块采用摩擦式夹具，按砌块排列图将所需砌块安装就位。

（3）校正

用托线板检查砌块的垂直度，拉准线检查水平度，用撬棒、木槌调整偏差。

（4）灌浆

采用砂浆灌竖缝，两侧用夹板夹住砌块，超过3 cm宽的竖缝采用不低于C20的细石混凝土灌缝，收水后用原浆勾缝；此后，一般不允许再撬动砌块，以防损坏砂浆黏结力。

（5）镶砖

当砌块间出现较大坚缝或过梁找平时，应采用不低于MU10的红砖镶，砌镶砖砌体的灰缝应控制在15～30 mm以内，镶砖工作必须在砌块校正后即刻进行，在任何情况下都不得竖砌或斜砌。

（二）芯柱施工

在外墙转角，楼梯间四角的纵横墙交接处的三个孔洞，宜设置素混凝土芯柱。五层及五层以上的房屋，应在上述部位设置钢筋混凝土芯柱。芯柱截面不宜小于120 mm×120 mm，宜用不低于C20的细石混凝土浇筑。钢筋混凝土芯柱每孔内插竖筋不应小于1φ10，底部应深入室内地面下500 mm与基础圈梁锚固，顶部与屋盖圈梁锚固。在钢筋混凝土芯柱处，沿墙高每隔600 mm应设φ4钢筋网片拉结，没变伸入墙体内部小于600 mm。芯柱应沿房屋的全高贯通，并与各层圈梁整体浇筑。

芯柱部位宜采用不封底的通孔小砌块，当采用半封底小砌块时，砌筑前必须打掉孔洞毛边。在楼（地）面砌筑第一皮小砌块时，在芯柱部位，应用开口砌块（或U形砌块）砌出操作孔，在操作孔侧面宜预留连通孔，必须清除芯柱孔洞内的杂物及削掉孔内凸出的砂浆，用水冲洗干净，校正钢筋位置并绑扎或焊接固定后，方可浇灌混凝土。砌完一个楼层高度后，应连续浇灌芯柱混凝土。每浇灌400～500 mm高度捣实一次，或边浇灌边捣实。二浇灌混凝土前，先注入适量水泥砂浆；严禁灌满一个楼层后再捣实，宜采用插入式混凝土振动器捣实；混凝土坍落度不应小于50 mm。砌筑砂浆强度达到1.0 MPa以上方可浇灌芯柱混凝土。

三、石砌体施工

（一）砌筑用石

砌筑用石分为毛石和料石两类。毛石是指形状不规则的石块，包括乱毛石和平毛石。乱毛石是指形状不规则的石块；平毛石是指形状不规则，但有两个平面大致平行的石块。毛石主要用于基础和挡土墙的等砌筑。砌筑的毛石要求制定坚硬，无裂缝和风化剥落。料石经加工，外观规矩，尺寸均≥200 mm，按其加工面的平整程度分为细料石、半细料石、粗料石和毛料石四种。

根据石料的抗压强度值，将石料分为MU10、MU15、MU20、MU30、MU40、MU50、MU60、MU80、MU100九个强度等级。

（二）毛石砌体砌筑

1. 毛石基础构造

毛石基础用毛石和砂浆砌筑而成。毛石的强度等级不低于MU20。砂浆一般采用水泥砂浆或水泥石灰混合砂浆。毛石基础的断面形状一般有阶梯形和梯形，多做阶梯形。毛石基础的顶面两边各宽出墙厚100 mm，每级台阶的高度一般在300～400 mm，每阶内至少砌两批毛石。上级台阶的最外边毛石至少压砌下面毛石的一半。

（1）施工条件

①基槽施工与验收：对基槽（坑）的土质、轴线、尺寸和标高等进行检查验收。清除杂物，打底夯。基底过湿时，铺100 mm厚砂子、矿渣等填平夯实。

②设龙门板或龙门桩，标出基础和墙身轴线和标高，在槽底或垫层上弹出基础轴线和边线。

③抄平、立皮数杆：皮数杆间距15～20 m一杆，并在墙角处均设立。拉线检查垫层表面的水平度。

④定砂浆配合比。

⑤场地平整、道路畅通。脚手架及各类机具准备就绪。

⑥检查槽边土坡的稳定性，有无坍塌的危险；不良的地基已进行处理。

（2）施工工艺流程

毛石基础施工工艺流程及技术要求如下。

①清理基础垫层，洒水湿润。放基础轴线、边线，抄平，立皮数杆，划出分层砌石高度，并标出台阶收分尺寸。

②摆石撂底。第一皮撂底的石块应选用较大较方正的平毛石，其大面应朝下并坐浆，放置平稳；在转角处、交接处和洞口处，亦应选用较大的平毛石砌筑。毛石之间的上下皮竖缝应错开，并力求丁顺交错排列。

③盘角挂线，砌筑基础时应先在墙角处盘角。毛石基础应两面挂线。先砌筑转角和交接处，先砌四个大角和墙头，再由两端向中间砌筑。缝隙和上部凹坑用小石块或碎石和砂浆填塞平稳严实。

④毛石砌体的灰缝厚度宜为20～30 mm，砂浆应饱满，石块间较大的空隙应先填塞砂浆、再用碎石块嵌实，不得采用先摆碎石、后塞砂浆或干填碎石块的方法。

⑤砌毛石时，应分皮卧砌，并应上下错缝，内外搭砌，不得采用先砌外面石块后中间填心的砌筑方法。石块间较大的空隙应先填塞砂浆后用碎石嵌实，不得采用先摆碎石后塞砂浆或干填碎石的方法。

⑥毛石基础每0.7 m2且每皮毛石内间距不大于2 m设置一块拉结石，上下两皮拉结石的位置应错开，立面砌成梅花形。拉结石宽度，如基础宽度等于或小于400 mm，拉结石宽度应与基础宽度相等。如基础大于400 mm，可用两块拉结石内外搭接，搭接长度不应小于150 mm，且其中一块长度不应小于基础宽度的2/3。

⑦有高低台的毛石基础，应从低处砌筑，并由高台向低台搭接，搭接长度不小于基

础高度。

2. 毛石墙体施工

毛石墙是用乱毛石或平毛石与水泥砂浆或混合砂浆砌筑而成。毛石墙的转角可用平毛石或料石砌筑。毛石墙的厚度不应小于350 mm。

施工时根据轴线放出墙身里外两边线,挂线每皮(层)卧砌,每层高度200～300 mm。砌筑时应采用铺浆法,先铺灰后摆石。毛石墙的第一皮、每一楼层最上一皮、转角处、交接处及门窗洞口处用较大的平毛石砌筑,转角处最好应用加工过的方整石。毛石墙砌筑时应先砌筑转角处和交接处,再砌中间墙身,石砌体的转角处和交接处应同时砌筑。对不能同时砌筑而又必须留置的临时间断处,应砌成斜槎。砌筑时石料大小搭配,大面朝下,外面平齐,上下错缝,内外交错搭砌,逐块卧砌坐浆。灰缝厚度不宜大于20 mm,保证砂浆饱满,不得有干接现象。石块间较大的空隙应先堵塞砂浆,后用碎石块嵌实。为增加砌体的整体性,石墙面每0.7 m2内,应设置一块拉结石,同皮的水平中距不得大于2.0 m,拉结长度为墙厚。

石墙砌体每日砌筑高度不应超过1.2 m,但室外温度在20℃以上时停歇4 h后可继续砌筑。石墙砌至楼板底时要用水泥砂浆找平。门窗洞口可用黏土砖作砖砌平拱或放置钢筋混凝土过梁。

石墙与实心砖的组合墙中,石与砖应同时砌筑,并每隔4～6皮砖用2～3皮砖与石砌体拉结砌合,石墙与砖墙相接的转角处和交接处应同时砌筑。

毛石墙与砖墙的转角处应同时砌筑。砖墙与毛石墙在转角处相接,可从砖墙每隔4～6皮砖高度砌出不小于120 mm长的阳槎与毛石墙相接;亦可从毛石墙每隔4～6皮砖高度砌出不小于120 mm长的阳槎与砖墙相接,阳槎均应伸入相接墙体的长度方向。毛石墙与砖墙丁字交界处应同时砌筑。交接处应自纵墙每隔4～6皮砖高度引出不小于120 mm与横墙相接。

(三)料石砌体砌筑要点

料石砌体应采用铺浆法砌筑,料石应放置平稳,砂浆必须饱满。砂浆铺设厚度应略高于规定灰缝厚度,其高出厚度:细料石宜为3～5 mm;粗料石、毛料石宜为6～8mm。

料石砌体的灰缝厚度:细料石砌体不宜大于5 mm;粗料石和毛料石砌体不宜大于20 mm。

料石砌体的水平灰缝和竖向灰缝的砂浆饱满度均应大于80%。

料石砌体上下皮料石的竖向灰缝应相互错开,错开长度应不小于料石宽度的1/2。

1. 料石基础

料石基础的第一皮料石应坐浆丁砌,以上各层料石可按一顺一丁进行砌筑。阶梯形料石基础,上级阶梯的料石至少压砌下级阶梯料石的1/3。料石墙厚度等于一块料石宽度时,可采用全顺砌筑形式。

2. 料石墙

料石墙厚度等于两块料石宽度时，可采用两顺一丁或丁顺组砌的砌筑形式。

两顺一丁是两皮顺石与一皮丁石相间。丁顺组砌是同皮内顺石与丁石相间，可一块顺石与丁石相间或两块顺石与一块丁石相间。

在料石和毛石或砖的组合墙中，料石砌体和毛石砌体或砖砌体应同时砌筑，并每隔2～3皮料石层用丁砌层与毛石砌体或砖砌体拉结砌合。丁砌料石的长度宜与组合墙厚度相同。

第二节　脚手架

一、扣件式钢管脚手架

扣件式钢管脚手架时目前我国使用最普遍的脚手架，用扣件连接钢管杆件而成。一般由钢管杆件、扣件、底座，脚手板，安全网等组成。其优点是装拆灵活，搬运方便，通用性强。但也存在一些问题，第一扣件式钢管脚手架搭设过程中需要拧紧大量螺纹扣件，用工量较大，而且需要精心操作，否则形成安全隐患；第二日常维修费用较高。

（一）扣件式钢管脚手架基本构件

1. 钢管杆件

钢管杆件一般有两种：一种外径 48 mm，壁厚 3.5 mm；另一种外径 51 mm，壁厚 3 mm；根据其所处位置和作用不同，可分为立杆，水平杆，扫地杆等。

2. 扣件

扣件是钢管与钢管之间的连接件，其形式有三种，即直角扣件，旋转扣件，对接扣件。

直角扣件：用于两根垂直相交钢管的连接，它依靠的是扣件与钢管之间的摩擦力来传递荷载的。

旋转扣件：用于两根任意角度相交钢管的连接。

对接扣件：用于两根钢管对接接长的连接。

3. 底座与垫板

底座与垫板是设立于立杆底部的垫座，注意底座与垫板的区别，底座一般是用钢板和钢管焊接而成的，底座一般放在垫板上面，而垫板既可以是木板也可以是钢板。

4. 连墙件

立柱必须通过连墙件与正在施工的建筑物连接。连墙件既能承受拉力及压力作用，又有一定的抗弯和抗扭能力。它一方面要抵抗脚手架相对于墙体的内倾和外张变形，同时也能对立杆的纵向弯曲变形有一定的约束作用从而提高脚手架立杆的抗失稳能力。

5. 横向斜撑

横向斜撑是与双排脚手架内外立杆或水平杆斜交的呈之字形的斜杆。横向支撑应在同一节间由底至顶呈之字形连续布置。

6. 脚手板

脚手板由冲压钢脚手板、木、竹串片脚手板等材料组成，采用三支点承重。

7. 护栏和挡脚板

在铺脚手板的操作层上必须设两道护栏和挡脚板。上护栏高度≥1.1 m。挡脚板也可架设一道低栏杆代替。

8. 扫地杆

立杆应设置离地面很近的纵横向扫地杆并用直角扣件固定在立柱上，纵向扫地杆轴线距离底座下皮不应大于 200 mm。

（二）扣件式钢管脚手架构造要求

1. 常用脚手架设计尺寸

在符合《建筑施工扣件式钢管脚手架安全技术规范》（以下简称《规范》）规定时，常用敞开式单、双排脚手架结构的设计尺寸。

2. 纵向水平杆、横向水平杆、脚手板

（1）纵向水平杆的构造应符合下列规定

①纵向水平杆宜设置在立杆内侧，其长度不宜小于 3 跨。

②纵向水平杆接长宜采用对接扣件连接，也可采用搭接。对、接、搭接应符合下列规定。

第一，纵向水平杆的对接扣件应交错布置：两根相邻纵向水平杆的接头不宜设置在同步或同跨内；不同步或不同跨两个相邻接头在水平方向错开的距离不应小于 500 mm；各接头中心至最近主节点的距离不宜大于纵距的 1/3。

第二，搭接长度不应小于 1 m，应等间距设置 3 个旋转扣件固定，端部扣件盖板边缘至搭接纵向水平杆杆端的距离不应小于 100 mm。

第三，当使用冲压钢脚手板、木脚手板、竹串片脚手板时，纵向水平杆应作为横向水平杆的支座，用直角扣件固定在立杆上；当使用竹笆脚手板时，纵向水平杆应采用直角扣件固定在横向水平杆上，并应等间距设置，间距不应大于 400 mm。

（2）横向水平杆的构造应符合下列规定

①主节点处必须设置一根横向水平杆，用直角扣件扣接且严禁拆除。主节点处两个直角扣件的中心距不应大于 150 mm。在双排脚手架中，靠墙一端的外伸长度不应大于 0.4，且不应大于 500 mm。

②作业层上非主节点处的横向不平杆，宜根据支承脚手板的需要等间距设置，最大间距不应大于纵距的 1/2。

③当使用冲压钢脚手板、木脚手板、竹串片脚手板时，双排脚手架的横向水平杆两

端均应采用直角扣件固定在纵向水平杆上；单排脚手架的横向水平杆的一端，应用直角扣件固定在纵向水平杆上，另一端应插入墙内，插入长度不应小于180 mm。

④使用竹笆脚手板时，双排脚手架的横向水平杆两端。应用直角扣件固定在立杆上；单排脚手架的横向水平杆的一端，应用直角扣件固定在立杆上，另一端应插入墙内，插入长度亦不应小于180 mm。

（3）脚手板的设置应符合下列规定

①作业层脚手板应铺满、铺稳，离开墙面120～150 mm。

②冲压钢脚手板、木脚手板、竹串片脚手板等，应设置在三根横向水平杆上。当脚手板长度小于2 m时，可采用两根横向水平杆支承，但应将脚手板两端与其可靠固定，严防倾翻。此三种脚手板的铺设可采用对接平铺，亦可采用搭接铺设。脚手板对接平铺时，接头处必须设两根横向水平杆，脚手板外伸长应取130～150 mm，两块脚手板外伸长度的和不应大于300 mm；脚手板搭接铺设时，接头必须支在横向水平杆上，搭接长度应大于200 mm，其伸出横向水平杆的长度不应小于100 mm。

③竹笆脚手板应按其主竹筋垂直于纵向水平杆方向铺设，且采用对接平铺，四个角应用直径1.2 mm的镀锌钢丝固定在纵向水平杆上。

④作业层端部脚手板探头长度应取150 mm，其板长两端均应与支承杆可靠地固定。

3. 立杆

①每根立杆底部应设置底座或垫板。

②脚手架必须设置纵、横向扫地杆。纵向扫地杆应采用直角扣件固定在距底座上皮不大于200 mm处的立杆上。横向扫地杆亦应采用直角扣件固定在紧靠纵向扫地杆下方的立杆上。当产杆基础不在同一高度上时，必须将高处的纵向扫地杆向低处延长两跨与立杆固定，高低差不应大于1 m。靠边坡上方的立杆轴线到边坡的距离不应小于500 mm。

③脚手架底层步距不应大于2 m。

④立杆必须用连墙件与建筑物可靠连接，连墙件布置间距宜按表3-1采用。

⑤立杆接长除顶层顶布可采用搭接处，其余各层各步接头必须采用对接扣件连接。对接、搭接应符合下列规定：

第一，立杆上的对接扣件应交错布置：两根相邻立杆的接头不应设置在同步内，同步内隔一根立杆的两个相隔接头在高度方向错开的距离不宜小于500 mm；各接头中心至主节点的距离不宜大于步距的1/3。

第二，搭接长度不应小于1 m，应采用不少于2个旋转和扣件固定，端部扣件盖板的边缘至杆端距离不应小于100 mm。

⑥立杆顶端宜高出女儿墙上皮1 m，高出檐口上皮1.5 m。

⑦双管立杆中副立杆的高度不应低于3步，钢管长度不应小于6 m。

表 3-1　连墙件布置最大间距

脚手架高度		竖向间距（h）	水平间距（l_a）	每根连墙件，覆盖面积 /m²
双排	≤ 50 m	3h	3l_a	≤ 40
	> 50 m	2h	3l_a	≤ 27
单排	≤ 24 m	3h	3l_a	≤ 40

注：h 为步距；l_a 为纵距。

4. 连墙件

①连墙件数量的设置除应满足《规范》计算要求外，尚应符合表 3-1 的规定。

②连墙件的布置应符合下列规定。

第一，宜靠近主节点设置，偏离主节点的距离不应大于 300 mm；

第二，应从底层第一步纵向水平杆处开始设置，当该处设置有困难时，应采用其他可靠措施固定；

第三，宜优先采用菱形布置，也可采用方形、矩形布置；

第四，一字形、开口形脚手架的两端必须设置连墙件，连墙件的垂直间距不应大于建筑物的层高，并不应大于 4 m（2 步）。

③对高度在 24 m 以下的单、双排脚手架，宜采用刚性连墙件与建筑物可靠连接，亦可采用拉筋和顶撑配合使用的附墙连接方式。严禁使用仅有拉筋的柔性连墙件。

④对高度 24 m 以上的双排脚手架，必须采用刚性连墙件与建筑物可靠连接。

⑤连墙件的构造应符合下列规定。

第一，连墙件中的连墙杆或拉筋宜呈水平设置，当不能水平设置时，与脚手架连接的一端应下斜连接，不应采用上斜连接。

第二，连墙件必须采用可承受拉力和压力的构造。采用拉筋必须配用顶撑，顶撑应可靠地顶在混凝土圈梁、柱等结构部位。拉筋应采用两根以上直径 4 mm 的钢丝拧成一股，使用的不应少于 2 股；亦可采用直径不小于 6 mm 的钢筋。

⑥当脚手架下部暂不能设连墙件时可搭设抛撑。抛撑应采用通长杆件与脚手架可靠连接，与地面的倾角应在 45°～60°之间；连接点中心至主节点的距离不应大于 300

mm。抛撑应在连墙件搭设后方可拆除。

5. 剪刀撑与横向斜撑

①双排脚手架应设剪刀撑与横向斜撑，单排脚手架应设剪刀撑。

②剪刀撑的设置应符合下列规定。

第一，每道剪刀撑跨越立杆的根数宜按表3-2的规定确定。每道剪刀撑宽度不应小于4跨，且不应小于6 m，斜杆与地面的倾角宜在45°～60°之间。

表3-2　剪刀撑跨越立杆的最多根数

剪刀撑斜杆与地面的倾角 a/（°）	45	50	60
剪刀撑跨越立杆的最多根数 n	7	6	5

第二，高度在24 m以下的单、双排脚手架，均必须在外侧立面的两端各设置一道剪刀撑，并应由底至顶连续设置；中间各道剪刀撑之间的净距不应大于15 m。

第三，高度在24 m以上的双排脚手架应在外侧立面整个长度和高度上连续设置剪刀撑。

第四，剪刀撑斜杆的接长宜采用搭接，搭接应符合《规范》的规定。

第五，剪刀撑斜杆应用旋转扣件固定在与之相交的横向水平杆的伸出端或立杆上，旋转扣件中心线至主节点的距离不宜大于150 mm。

（三）扣件式钢管脚手架承载力验算

1. 脚手架的荷载

脚手架的荷载作用于脚手架的荷载可分为永久荷载（恒荷载）与可变荷载（活荷载）。永久荷载（恒荷载）可分为：①脚手架结构自重荷载，包括立杆、纵向水平杆、横向水平杆、剪刀撑、横向斜撑和扣件等的自重荷载；②构、配件自重荷载，包括脚手板、栏杆、挡脚板、安全网等防护设施的自重荷载。可变荷载（活荷载）可分为：①施工荷载，包括作业层上的人员、器具和材料的自重；②风荷载。

永久荷载标准值应符合下列规定：①单、双排脚手架每米立杆承受的结构自重荷载标准值，可按表3-3采用；②冲压钢脚手板、木脚手板与竹串片脚手板自重荷载标准值，宜按表3-4采用；③栏杆与挡脚板自重荷载标准值，宜按表3-5采用；④脚手架上吊挂的安全设施（安全网、苇席、竹笆及帆布等）的荷载应按实际情况采用，密目式安全立网自重荷载标准值不应低于0.01 kN/m²。常用构配件与材料、人员的自重荷载可按表3-6采用。

表 3-3　φ48.3×3.6 钢管脚手架每米立杆承受的结构自重荷载标准值 gk 单位：kN/m

步距 /m	脚手架类型	纵距 /m				
		1.2	1.5	L8	2.0	2.1
1.2	单排	0.1642	0.1793	0.1945	0.2046	0.2097
	双排	0.1538	0.1667	0.1796	0.1882	0.1925
1.35	单排	0.1530	0.1670	0.1809	0.1903	0.1949
	双排	0.1426	0.1543	0.1660	0.1739	0.1778
1.5	单排	0.1440	0.1570	0.1701	0.1788	0.1831
	双排	0.1336	0.1444	0.1552	0.1624	0.1660
1.8	单排	0.1305	0.1422	0.1538	0.1615	0.1654
	双排	0.1202	0.1295	0.1389	0.1451	0.1482
2.0	单排	0.1238	0.1347	0.1456	0.1529	0.1565
	双排	0.1131	0.1221	0.1307	0.1365	0.1394

注：双排脚手架每米立杆承受的结构自重荷载标准值是指内、外立杆的平均值；单排脚手架每米立杆承受的结构自重荷载标准值系按双排脚手架外立杆等值采用。

表 3-4　脚手板自重荷载标准值

类别	标准值 / (kN·m^{-2})
冲压钢脚手板	0.3
竹串片脚手板	0.35
木脚手板	0.35
竹笆脚手板	0.10

表 3-5　栏杆、挡脚板自重荷载标准值

类别	标准值 / (kN·m^{-2})
栏杆、冲压钢脚手板挡板	0.16
栏杆、竹串片脚手板挡板	0.17
栏杆、木脚手板挡板	0.17

表 3-6 常用构配件与材料、人员的自重荷载

名称	单位	自重荷载	备注
扣件：直角扣件 旋转扣件 对接扣件	N/个	13.2 14.6 18.4	—
人	N	800～850	—
灰浆车、砖车	kN/辆	2.04～2.50	—
普通砖 240 mm×115 mm×53 mm	kN/m³	18～19	684块/m³，湿
灰砂砖	kN/m³	18	砂：石灰=92：8
瓷面砖 150 mm×150 mm×8 mm	kN/m³	17.8	5556块/m³
陶瓷锦砖（马赛克）δ=5 mm	kN/m³	0.12	—
石灰砂浆、混合砂浆	kN/m³	17	—
水泥砂浆	kN/m³	0.12	—
素混凝土	kN/m³	22～24	—
加气混凝土	kN/块	5.5～7.5	—
泡沫混凝土	kN/m³	4～6	—

脚手架作业层上的施工均布活荷载标准值，应根据实际情况确定，且不低于表 3-7 的规定；双排脚手架同时有 2 个及以上操作层作业时，同一个跨距内各操作层的施工均布活荷载标准值总和不得超过 5 kN/m²。

表 3-7 施工均布活荷载标准值

类别	标准值 / (kN/m²)
装修脚手架	2
混凝土、砌体结构脚手架	3
轻钢结构、空间网格结构脚手架	2
普通钢结构脚手架	2

作用于脚手架上的水平风荷载标准值，应按下式计算：

$$\omega_k = \mu_z \mu_s \omega_0 \qquad (3-1)$$

式中：ω_k——风荷载标准值，kN/m^2；

μ_z——风压高度变化系数，按现行国家标准《建筑结构荷载规范》规定采用；

μ_s——脚手架风荷载体型系数，按表 3-8 的规定采用；

ω_0——基本风压，kN/m^2，按现行国家标准《建筑结构荷载规范》的规定采用，即表 3-9。

表 3-8 脚手架的风荷载体型系数

背靠建筑物的状况		全封闭墙	敞开、框架和开洞墙
脚手架状况	全封闭、半封闭	1.0ψ	1.3ψ
	敞开		μ_{stw}

注：① μ_{stw} 值可将脚手架视为桁架，按现行国家标准《建筑结构荷载规范》的规定计算。
② ψ 为"挡风系数"，ψ=1.2 An/Aw，其中 An 为挡风面积；Aw 为迎风面积。
③ 密目式安全立网全封闭脚手架挡风系数 ψ 不宜小于0.8。

表 3-9 我国部分城市的基本风压

城市	海拔高度 /m	基本风压 / (kN·m⁻²)
北京	54.0	0.45
天津	3.3	0.50
上海	2.8	0.55
石家庄	80.5	0.35
张家口	724.2	0.55
济南	51.6	0.45
南京	8.9	0.40

续表

徐州	41.0	0.35
无锡	6.7	0.45
常州	4.9	0.40
杭州	41.7	0.45
合肥	27.9	0.35
南昌	46.7	0.45
福州	83.8	0.70
广州	6.6	0.50
海口	14.1	0.75

注：基本风压按50年一遇的风压采用。

2. 脚手架的荷载组合

设计脚手架的承重构件时，应根据使用过程中可能出现的荷载取其最不利组合进行计算，荷载效应组合宜按表3-10采用。

表3-10　脚手架的荷载效应组合

计算项目	荷载效应组合
纵向、横向水平杆强度与变形	永久荷载+施工荷载
脚手架立杆地基承载力 型钢悬挑梁的承载力、稳定与变形	①永久荷载+施工荷载 ②永久荷载+0.9（施工荷载+风荷载）
立杆稳定	①永久荷载+可变荷载（不含风荷载） ②永久荷载+0.9（可变荷载+风荷载）
连墙件承载力与稳定	单排架，风荷载+2.0 kN 双排架，风荷载+3.0 kN

3. 承载力验算

（1）基本设计规定

脚手架的承载能力应按概率极限状态设计法的要求，采用分项系数设计表达式进行设计。可只进行下列设计计算：①纵向、横向水平杆等受弯构件的强度和连接扣件的抗滑承载力计算；②立杆的稳定性计算；③连墙件的强度、稳定性和连接强度的计算；④立杆地基承载力计算。当纵向或横向水平杆的轴线对立杆轴线的偏心距不大于 55 mm 时，立杆稳定性计算中可不考虑此偏心距的影响。当采用规范规定的构造尺寸，杆件可不设计计算，但连墙件、立杆地基承载力应设计计算。

计算构件的强度、稳定性与连接强度时，应采用荷载效应基本组合的设计值。永久荷载分项系数应取 1.2，可变荷载分项系数应取 1.4。脚手架中的受弯构件，尚应根据正常使用极限状态的要求验算变形；验算构件变形时，应采用荷载效应标准组合的设计值。

（2）纵向水平杆、横向水平杆计算

纵向、横向水平杆的抗弯强度应按下式计算：

$$\sigma = \frac{M}{W} \leqslant f$$

（3-2）

式中：M——纵向、横向水平杆弯矩设计值；

$$M = 1.2M_{Gk} + 1.4M_{Qk}$$

（3-3）

M_{Gk}——脚手板自重荷载标准值产生的弯矩；

M_{Qk}——施工荷载标准值产生的弯矩；

W——截面模量，可查表；

f——钢材的抗弯强度设计值。

纵向、横向水平杆的挠度应符合下式规定：

$$v \leqslant [v]$$

（3-4）

式中：v——挠度；

$[v]$——容许挠度。

计算纵向、横向水平杆的内力与挠度时，不考虑扣件的弹性嵌固作用（偏于安全），纵向水平杆宜按三跨连续梁计算，计算跨度取纵距横向水平杆宜按简支梁计算，计算跨度 l_0 可按横向水平杆向立杆直接传递荷载的情况下，计算跨度取法；双排脚手架的横向水平杆的构造外伸长度 $a < 500$ mm，其计算外伸长度（即荷载分布范围）a_1 可取 300 mm。水平杆自重荷载与脚手板自重荷载相比甚小，可忽略不计。

纵向或横向水平杆与立杆连接时，其扣件的抗滑承载力应符合下式规定：

$$R \leqslant R_c$$

（3-5）

式中：R —— 纵向、横向水平杆传给立杆的竖向作用力设计值；

R_c —— 扣件抗滑承载力设计值。

（3）立杆计算

立杆的稳定性应按下列公式计算：

不组合风荷载时，

$$\frac{N}{\varphi A} \leqslant f$$

(3-6)

组合风荷载时，

$$\frac{N}{\varphi A} + \frac{M_W}{W} \leqslant f$$

(3-7)

式中：N —— 计算立杆段的轴向力设计值；

不组合风荷载时，$N = 1.2(N_{G_1k} + N_{G_2k}) + 1.4\sum N_{Qk}$

组合风荷载时，$N = 1.2(N_{G_1k} + N_{G_2k}) + 0.9 \times 1.4\sum N_{Qk}$

N_{G_1k} —— 脚手架结构自重荷载标准值产生的轴向力；

N_{G_2k} —— 构配件自重荷载标准值产生的轴向力；

$\sum N_{Qk}$ —— 施工荷载标准值产生的轴向力总和，内、外立杆可按一纵距（跨）内施工荷载总和的1/2取值；

φ —— 轴心受压构件的稳定系数，应根据长细比λ查取值；

λ —— 长细比，$\lambda = l_0/i$；

l_0 —— 计算长度；

$$l_0 = k\mu h$$

(3-8)

k —— 计算长度附加系数，$k = 1.155$；

μ —— 考虑脚手架整体稳因素的单杆计算长度系数；

h —— 立杆步距；

i —— 截面回转半径，可查表；

A —— 立杆的截面面积，可查表；

M_w —— 计算立杆段由风荷载设计值产生的弯矩；

$$M_W = 0.9 \times 1.4 M_{Wk} = \frac{0.9 \times 1.4 \omega_k l_a h^2}{10}$$

(3-9)

M_{wk} —— 风荷载标准值产生的弯矩；

ω_k —— 风荷载标准值；

l_a —— 立杆纵距；

f —— 钢材的抗压强度设计值。

在基本风压等于或小于 $0.35kN/m^2$ 的地区，对于仅有栏杆和挡脚板的敞开式脚手架，当每个连墙点覆盖的面积不大于 30 m^2，构造符合脚手架 01 规范关于连墙点等的构造规定时，验算立杆稳定可不考虑风荷载作用。

立杆稳定性计算部位的确定应符合下列规定：①当脚手架搭设尺寸采用相同的步距、立杆纵距、立杆横距和连墙件间距时，应计算底层立杆段；②当脚手架搭设尺寸中的步距、立杆纵距、立杆横距和连墙件间距有变化时，除计算底层立杆段外，还必须对出现最大步距或最大立杆纵距、立杆横距、连墙件间距等部位的立杆段进行验算。

以上立杆稳定性计算公式，虽然在表达形式上是对单根立杆的稳定计算，但实质上是对脚手架结构的整体稳定计算。因为公式中的 μ 值是根据脚手架的整体稳定试验结果确定的。

脚手架有两种可能的失稳形式：整体失稳和局部失稳。整体失稳时，内、外立杆与横向水平杆组成的横向框架，沿垂直主体结构方向大波鼓曲现象，波长均大于步距，并与连墙件的竖向间距有关。局部失稳是立杆在步距内发生小波鼓曲，波长与步距相近，内、外立杆变形方向可能一致，也可能不一致。

当脚手架以相等步距、纵距搭设，连墙件设置均匀时，在均布施工荷载作用下，立杆局部稳定的临界荷载高于整体稳定的临界荷载，脚手架破坏形式为整体失稳。当脚手架以不等步距、纵距搭设，或连墙件设置不均匀，或立杆负荷不均匀时，两种形式的失稳破坏均有可能。

由于整体失稳是脚手架的主要破坏形式，故以上计算只对整体稳定。为了防止局部立杆段失稳，脚手架规范除将底层步距限制在 2 m 以下外，尚规定对可能出现的薄弱的立杆段进行稳定性计算。

以上按轴心受压计算脚手架立杆稳定性，但稳定性计算公式中的计算长度系数产值，是反映脚手架各杆件对立杆的约束作用。

施工荷载一般是偏心地作用于脚手架上，作业层下面邻近的内、外排立杆所分担的施工荷载并不相同，而远离作业层的内、外排立杆则因连墙件的支承作用，使分担的施工荷载趋于均匀。由于在一般情况下，脚手架结构自重荷载产生的最大轴向力与由不均匀分配施工荷载产生的最大轴向力不会同时相遇，因此以上计算的轴向力 N 值计算可以忽略施工荷载的偏心作用，内、外立杆可按施工荷载平均分配计算。试验与理论计算表明，将 3.0 $kN/m2$ 的施工荷载分别按偏心与不偏心布置在脚手架上，得到的两种情况的临界荷载相差在 5.6% 以下，说明上述简化是可行的。

脚手架立杆计算长度附加系数 k，根据"概率极限状态设计法"保持与以往容许应力法具有相同的结构安全度的条件得到。详见脚手架规范的条文说明。

脚手架计算搭设高度需超过 50 m 时，可采用双管立杆、分段悬挑或分段卸荷等措施（需计算论证后采用）。规定脚手架高度不宜超过 50 m 的依据：①根据国内几十年的实践经验及对国内脚手架的调查，立杆采用单管的落地脚手架一般在 50 m 以下。当需要的搭设高度大于 50 m 时，一般都比较慎重地采用了加强措施，如采用双管立杆、分段卸荷、分段搭设等方法。②搭设高度超过 50 m 时，钢管、扣件的周转使用率降低，脚手架的地基基础处理费用也会增加。

二、其他种类脚手架

（一）碗扣式钢管脚手架

碗扣式钢管脚手架是我国有关单位参考国外经验自行研制的一种多功能脚手架，其杆件节点处采用碗扣连接，由于碗扣是固定在钢管上的，构件全部轴向连接，力学性能好，其连接可靠，组成的脚手架整体性好，不存在扣件丢失问题。

碗扣式钢管脚手架由钢管立杆、横杆、碗扣接头等组成。其基本构造和搭设要求与扣件式钢管脚手架类似，不同之处主要在于碗扣接头。

碗扣接头是该脚手架系统的核心部件，它由上碗扣、下碗扣、横杆接头和上碗扣的限位销等组成。

上碗扣、上碗扣和限位销按 60 cm 间距设置在钢管立杆之上，其中下碗扣和限位销则直接焊在立杆上。组装时，将上碗扣的缺口对准限位销后，把横杆接头插入下碗扣内，压紧和旋转上碗扣，利用限位销固定上碗扣。碗扣接头可同时连接 4 根横杆，可以互相垂直或偏转一定角度。

碗扣式脚手架的搭设要求：碗扣式钢管脚手架立柱横距为 1.2 m，纵距根据脚手架荷载可为 1.2 m、1.5 m、1.8 m、2.4 m，步距为 1.8 m、2.4 m。搭设时立杆的接长缝应错开，第一层立杆应用长 1.8 m 和 3.0 m 的立杆错开布置，往上均用 3.0 m 长杆，至顶层再用 1.8 m 和 3.0 m 两种长度找平。高 30 m 以下脚手架垂直度应在 1/200 以内，高 30 m 以上脚手架垂直度应控制在 1/600 ~ 1/400，总高垂直度偏差应不大于 100 mm。

（二）门式脚手架

门式脚手架又称门型架、门架、鹰架。门式脚手架由美国首先研制成功，至 20 世纪 60 年代初，欧洲、日本等家先后应用并发展这类脚手架。它具有装拆简单，承载性能好，使用安全可靠等特点，发展速度很快，门式脚手架在各种新型脚手架中，开发最早，使用量也最多，在欧美、日本等国家，其使用量约占各类脚手架的 50%。我国从 20 世纪 70 年代末开始，先后从日本、美国、英国等国家引进并使用这种脚手架。

1. 基本结构

这种脚手架主要有主框，横框，交叉斜撑，脚手板，可调底座等组成基本单元。将基本单元相互连接起来并增梯子，栏杆扶手等构件构成整片脚手架。

（1）门架

门架有多种不同型式。构成家售价基本单元的主要标准型门架，宽度1.219 m，高度1.7 m。门架之间连接在垂直方向使用连接棒及自锁的腕臂锁扣，在脚手架纵向采用十字剪刀撑，在脚手架顶部水平面使用水平架或脚手板。

（2）十字剪刀撑

十字剪刀撑的规格根据门架的间距来选择，一般多采用1.8 m。

（3）水平架

水平架是挂扣在门架横杆上的水平构件，其规格根据门架间距选择，一般为1.8 m。

（4）底座

底座有四种，分别为简易底座、可调U形和带脚轮底座。

（5）脚手板

脚手板一般是钢制的，两端带有挂扣，搁置在门架横梁上并扣紧。

（6）连墙件

连墙件是确保脚手架整体稳定的拉结件。常用的连墙件是花兰螺栓构造，一端用扣件与门架立柱扣紧，另一端固定在墙内。

2. 搭设要求

门型脚手架一般按以下程序搭设。

铺放垫木（板）→拉线、放底座→自一端起立门架并随即装剪刀撑→装水平梁架（或脚手板）→装梯子→需要时，装设通常的纵向水平杆→装设连墙杆→照上述步骤，逐层向上安装→装加强整体刚度的长剪刀撑→装设顶部栏杆。

搭设门形脚手架时，基底必须先平整夯实。

外墙脚手架必须通过扣墙管与墙体拉结，并用扣件把钢管和处于相交方向的门架连接起来。

整片脚手架必须适量放置水平加固杆（纵向水平杆），前三层要每层设置，三层以上则每隔三层设一道。

在架子外侧面设置长剪刀撑。使用连墙管或连墙器将脚手架与建筑物连接。高层脚手架应增加连墙点布设密度。

拆除架子时应自上而下进行，部件拆除顺序与安装顺序相。

门式脚手架架设超过10层，应加设辅助支撑，一般在高8～11层门式框架之间，宽在5个门式框架之间，加设一组，使部分荷载由墙体承受。

第三节　砌体工程施工安全与质量标准

一、砌体工程施工安全注意事项

①砌筑操作前必须检查操作环境是否符合安全要求，道路是否畅通，机具是否完好牢固，安全设施和防护用品是否齐全，经检查符合要求后方可施工。

②砌基础时，应检查和经常注意基槽（坑）土质的变化情况。

③堆放砖、石、材料离开坑边 1 m 以上。

④墙身砌体高度超过地坪 1.2 m 时，搭设操作脚手。在一层以上或高度超过 4 m 时，必须有上下马道，采用里脚手架必须支搭安全网；采用外脚手架设护身栏和挡脚板。不准在超过胸部的墙上进行砌筑，以免将墙体碰撞倒塌造成安全事故。

⑤不准站在墙顶上做画线、刮缝及清扫墙面或检查大角垂直等工作。

⑥架子上不能向外打砖；不得站在架子或墙顶上修凿石料；护身栏杆不得坐人；需用原架子作外沿勾缝时，重新对架子进行检查和加固。砍砖时应面向墙体，避免碎砖飞出伤人。

⑦不准在墙顶或架子上整修石材，以免震动墙体影响质量或石片掉下伤人。

⑧不准起吊有部分破裂和脱落危险的砌块。

⑨站在墙顶上进行弹线、括缝及清扫墙面，或检查大角垂直度等作业，也不得在刚砌好的墙上行走。

⑩架上运输，脚手板要钉牢固。

⑪堆料，严格控制堆重，以确保较大的安全储备。堆砖不得超过三层，同一块脚手板上的操作人员不得超过 2 人。

二、砌体工程施工常用质量标准

（一）基本规定

①砌体工程所用的材料应有产品的合格证书、产品性能检测报告。块材、水泥、钢筋、外加剂等应有材料的主要性能的进场复验报告。严禁使用国家明令淘汰的材料。

②砌筑基础前，应校核放线尺寸，允许偏差应符合表 3-11 的规定。

表 3-11　放线尺寸的允许偏差

长度 L、宽度 B/m	允许偏差 /mm	长度 L、宽度 B/m	允许偏差 /mm
L（或 B）≤ 30	±5	60 < L（或 B）≤ 90	±15
30 < L（或 B）≤ 60	±10	L（或 B）> 90	±20

注：基础砌筑放线是确定建筑平面的基础工作，砌筑基础前校核放线尺寸、控制放线精度，在建筑施工中具有重要意义。

③砌筑顺序应符合下列规定。

第一，基底标高不同时，应从低处砌起，并应由高处向低处搭砌。当设计无要求时，搭接长度不应小于基础扩大部分的高度。

第二，砌体的转角处和交接处应同时砌筑。当不能同时砌筑时，应按规定留槎、接槎。

④在墙上留置临时施工洞口，其侧边离交接处墙面不应小于 500 mm，洞口净宽度不应超过 1 m。抗震设防烈度为 9 度的地区建筑物的临时施工洞口位置，应会同设计单位确定。临时施工洞口应做好补砌。

⑤不得在下列墙体或部位设置脚手眼。

第一，120 mm 厚墙、料石清水墙和独立柱；

第二，过梁上与过梁成 60° 角的三角形范围及过梁净跨度 1/2 的高度范围内；

第三，宽度小于 1 m 的窗间墙；

第四，砌体门窗洞口两侧 200 mm（石砌体为 300 mm）和转角处 450 mm（石砌体为 600 mm）范围内；

第五，梁或梁垫下及其左右 500 mm 范围内；

第六，设计不允许设置脚手眼的部位。

⑥施工脚手眼补砌时，灰缝应填满砂浆，不得用干砖填塞。

⑦设计要求的洞口、管道、沟槽应于砌筑时正确留出或预埋，未经设计同意，不得打凿墙体和在墙体上开凿水平沟槽。宽度超过 300 mm 的洞口上部，应设置过梁。

⑧尚未施工楼板或屋面的墙或柱，当可能遇到大风时，其允许自由高度不得超过表 3-12 的规定。如超过表中限值时，必须采用临时支撑等有效措施。

表 3-12　墙和柱的允许自由高度　单位：m

墙（柱）厚/mm	砌体密度 > 1600kg/m³			砌体密度 1300 ~ 1600kg/m³		
^	风载 /（kN·m⁻²）			风载 /（kN·m⁻²）		
^	0.3(约7级风)	0.4(约8级风)	0.5(约9级风)	0.3(约7级风)	0.4(约8级风)	0.5(约9级风)

续表

190	—	—	—	1.4	1.1	0.7
240	2.8	2.1	1.4	2.2	1.7	1.1
370	5.2	3.9	2.6	4.2	3.2	2.1
490	8.6	6.5	4.3	7.0	5.2	3.5
620	14.0	10.5	7.0	11.4	8.6	5.7

注：①本表适用于施工处相对标高（H）在10 m范围内的情况。如10 m < H ≤ 15 m，15 m < H ≤ 20 m时，表中的允许自由高度应分别乘以0.9、0.8的系数；如H > 20 m时，应通过抗倾覆验算确定其允许自由高度。

②当所砌筑的墙有横墙或其他结构与其连接，而且间距小于表列限值的2倍时，砌筑高度可不受本表的限制。

⑨搁置预制梁、板的砌体顶面应找平，安装时应坐浆。当设计无具体要求时，应采用1∶2.5的水泥砂浆。

⑩砌体施工质量控制等级应分为三级，并应符合表3-13的规定。

表 3-13 砌体施工质量控制等级

项目	施工质量控制等级		
	A	B	C
现场质量管理	制度健全，并严格执行；非施工方质量监督人员经常到现场，或现场设有常驻代表；施工方有在岗专业技术管理人员，人员齐全，并持证上岗	制度基本健全，并能执行；非施工方质量监督人员间断地到现场进行质量控制；施工方有在岗专业技术管理人员，并持证上岗	有制度；非施工方质量监督人员很少作现场质量控制；施工方有在岗专业技术管理人员
砂浆、混凝土强度	试块按规定制作，强度满足验收规定，离散性小	试块按规定制作，强度满足验收规定，离散性较小	试块强度满足验收规定，离散性大
砂浆拌和方式	机械拌和；配合比计量控制严格	机械拌和；配合比计量控制一般	机械或人工拌和；配合比计量控制较差
砌筑工人	中级工以上，其中高级工不少于20%	高、中级工不少于70%	初级工以上

⑪设置在潮湿环境或有化学侵蚀性介质的环境中的砌体灰缝内的钢筋应采取防腐措施。

⑫砌体施工时，楼面和屋面堆载不得超过楼板的允许荷载值。施工层进料口楼板下，宜采取临时加撑措施。

⑬分项工程的验收应在检验批验收合格的基础上进行。检验批的确定可根据施工段划分。

⑭一般项目应有80%及以上的抽检处符合本规范的规定，或偏差值在允许偏差范围以内。

（二）砖砌体工程

1. 一般规定

①适用于烧结普通砖、烧结多孔砖、蒸压灰砂砖、粉煤灰砖等砌体工程。

②用于清水墙、柱表面的砖，应边角整齐，色泽均匀。

③有冻胀环境和条件的地区，地面以下或防潮层以下的砌体，不宜采用多孔砖。

④砌筑砖砌体时，砖应提前1～2d浇水湿润。

⑤砌砖工程当采用铺浆法砌筑时，铺浆长度不得超过750 mm；施工期间气温超过30℃时，铺浆长度不得超过500 mm。

⑥240 mm厚承重墙的每层墙的最上一皮砖，砖砌体的阶台水平面上及挑出层，应整砖丁砌。

⑦砖砌平拱过梁的灰缝应砌成楔形缝。灰缝的宽度，在过梁的底面不应小于5 mm；在过梁的顶面不应大于15 mm。

拱脚下面应伸入墙内不小于20 mm，拱底应有1%的超拱。

⑧砖过梁底部的模板，应在灰缝砂浆强度不低于设计强度的50%时，方可拆除。

⑨多孔砖的孔洞应垂直于受压面砌筑。

⑩施工时施砌的蒸压（养）砖的产品龄期不应小于28 d。

⑪竖向灰缝不得出现透明缝、瞎缝和假缝。

⑫砖砌体施工临时间断处补砌时，必须将接槎处表面清理干净，浇水湿润，并填实砂浆，保持灰缝平直。

2. 主控项目

①砖和砂浆的强度等级必须符合设计要求。

抽检数量：每一生产厂家的砖到现场后，按烧结砖15万块、多孔砖5万块、灰砂砖及粉煤灰砖10万块各为一验收批，抽检数量为1组。

检验方法：查砖和砂浆试块试验报告。

②砌体水平灰缝的砂浆饱满度不得小于80%。

抽检数量：每检验批抽查不应少于5处。

检验方法：用百格网检查砖底面与砂浆的黏结痕迹面积。每处检测3块砖，取其平均值。

③砖砌体的转角处和交接处应同时砌筑，严禁无可靠措施的内外墙分砌施工。对不能同时砌筑而又必须留置的临时间断处应砌成斜槎，斜槎水平投影长度不小高度的2/3。

抽检数量：每检验批抽20%接槎，且不应少于5处。

检验方法：观察检查。

④非抗震设防及抗震设防烈度为6度、7度地区的临时间断处,当不能留斜槎时,除转角处外,可留直槎,但直槎必须做成凸槎。留直槎处应加设拉结钢筋,拉结钢筋的数量为每120 mm墙厚放置1φ6拉结钢筋(120 mm厚墙放置2φ6拉结钢筋),间距沿墙高不应超过500 mm;埋入长度从留槎处算起每边均不应小于500 mm,对抗震设防烈度6度、7度的地区,不应小于1000 mm;末端应有90°弯钩。

抽检数量:每检验批抽20%接槎,且不应少于5。

检验方法:观察和尺量检查。

合格标准:留槎正确,拉结钢设置数量、直径正确,竖向间距偏差不超过100 mm,留置长度基本符合规定。

3. 一般项目

①砖砌体组砌方法应正确,上、下错缝,内外搭砌,砖柱不得采用包心砌法。

抽检数量:外墙每20 m抽查一处,每处3~5 m,且不应少于3处;内墙按有代表性的自然间抽10%,且不应少于3间。

检验方法:观察检查。

合格标准:除符合本条要求外,清水墙、窗间墙无通缝;混水墙中长度大于或等于300 mm的通缝每间不超过3处,且不得位于同一面墙体上。

②砖砌的灰缝应横平竖直,厚薄均匀。水平灰缝厚度宜为10 mm,但不应小于8 mm,也不应大于12 mm。

抽检数量:每步脚手架施工的砌体,每20 m抽查1处。

检验方法:用尺量10皮砖砌高度折算。

③砖砌体的一般尺寸允许偏差应符合表3-14的规定。

表3-14 砖砌体一般尺寸允许偏差

项次	项目		允许偏差/mm	检验方法	抽检数量
1	基础顶面和楼面标高		±15	用水平仪和尺检查	不应少于5处
2	表面平整度	清水墙、柱	5	用2m靠尺和楔形塞尺检查	有代表性自然间10%,但不应少于3间,每间不应少于2处
		混水墙、柱	8		
3	门窗洞口高、宽(后塞口)		±5	用尺检查	检验批洞口的10%,且不应少于5处
4	外墙上下窗口偏移		20	以底层窗口为准,用经纬仪或吊线检查	检验批的10%,且不应少于5处
5	水平灰缝平直度	清水墙	7	拉10m线和尺检查	有代表性自然间10%,但不应少于3间,每间不应少于2处
		混水墙	-10		
6	清水墙游丁走缝		20	吊线和尺检查,以每层第一皮砖为准	有代表性自然间10%,但不应少于3间,每间不应少于2处

(三)混凝土小型空心砌块砌体工程

1. 一般规定

①本部分内容适用于普通混凝土小型空心砌块和轻骨料混凝土小型空心砌块(以下简称小砌砖)工程的质量验收。

②施工时所用的小砌块的产品龄期不应小于 28 d。

③砌筑小砌块时,应清除表面污物和芯柱用小砌块孔洞底部的毛边,剔除外观质量不合格的小砌块。

④施工时所用的砂浆,宜选用专用的小砌块砌筑砂浆。

⑤底层室内地面以下或防潮层以下的砌体,应采用强度等级不低于 C20 的混凝土灌实小砌块的孔洞。

⑥小砌块砌筑时,在天气干燥炎热的情况下,可提前洒水湿润小砌块;对轻骨料混凝土小砌块,可提前浇水湿润。小砌块表面有浮水时,不得施工。

⑦承重墙体严禁使用断裂小砌块。

⑧小砌块墙体应对孔错缝搭砌,搭接长度不应小于 90 mm。墙体的个别部位不能满足上述要求时,应在灰缝中设置拉结钢筋或钢筋网片,但竖向通缝仍不得超过两皮小砌块。

⑨小砌块应底面朝上反砌于墙上。

⑩浇灌芯柱的混凝土,宜选用专用的小砌块灌孔混凝土,当采用普通混凝土时,其坍落度不应小于 90 mm。

⑪浇灌芯柱混凝土,应遵守下列规定。

第一,清除孔洞内的砂浆等杂物,并用水冲洗;

第二,砌筑砂浆强度大于 1 MPa 时,方可浇灌芯柱混凝土;

第三,在浇灌芯柱混凝土前应先注入适量与芯柱混凝土相同的碎石水泥砂浆,再浇灌混凝土。

⑫需要移动砌体中的砌块或小砌块被撞动时,应重新铺砌。

2. 主控项目

①小砌块和砂浆的强度等级必须符合设计要求。

抽检数量:每一生产厂家,每 1 万块小砌块至少应抽检一组。用于多层以上建筑基础和底层的小砌块抽检数量不应少于 2 组。

②砌体水平灰缝的砂浆饱满度,应按净面积计算不得低于 90%;竖向灰缝饱满度不得小于 80%,竖缝凹槽部位应用砌筑砂浆填实;不得出现瞎缝、透明缝。

抽检数量:每检验批不应少于 3 处。

检验方法:用专用百格网检测小砌块与砂浆黏结痕迹,每处检测 3 块小砌块,取其平均值。

③墙体转角处和纵横交接处应同时砌筑。临时间断处应砌成斜槎,斜槎水平投影长度不应小于高度的 2/3。

抽检数量：每检验批抽20%接槎，且不应少于5处。

检验方法：观察检查。

（四）石砌体工程

1. 一般规定

①石砌体采用的石材应质地坚实，无风化剥落和裂纹。用于清水墙、柱表面的石材，尚应色泽均匀。

②石材表面的泥垢、水锈等杂物，砌筑前应清除干净。

③石砌体的灰缝厚度毛料石和粗料石砌体不宜大于20 mm；细料石砌体不宜大于5 mm。

④砂浆初凝后，如移动已砌筑的石块，应将原砂浆清理干净，重新铺浆砌筑。

⑤砌筑毛石基础的第一皮石块应坐浆，并将大面向下；砌筑料石基础的第一皮石块应用丁砌层坐浆砌筑。

⑥毛石砌体的第一皮及转角处、交接处和洞口处，应用较大的平毛石砌筑。每个楼层（包括基础）砌体的最上一皮，宜选用较大的毛石砌筑。

⑦砌筑毛石挡土墙应符合下列规定。

第一，每砌3～4皮为一个分层高度，每个分层高度应找平一次；

第二，外露面的灰缝厚度不得大于40 mm，两个分层高度间分层处的错缝不得小于80 mm。

⑧料石挡土墙，当中间部分用毛石砌时，丁砌料石伸入毛石部分的长度不应小于200 mm。

⑨挡水墙的泄水孔当设计无规定时，施工应符合下列规定。

第一，泄水孔应均匀设置，在每米高度上间隔2 m左右设置一个泄水孔；

第二，泄水孔与土体间铺设长宽各为300 mm、厚200 mm的卵石或碎石作疏水层。

⑩挡土墙内侧回填土必须分层夯填，分层松土厚度应为300 mm。墙顶土面应有适当坡度使流水向挡土墙外侧面。

2. 主控项目

①石材及砂浆强度等级必须符合设计要求。

抽检数量同一产地的石材至少应抽检一组。

检验方法：料石检查产品质量证明书，石材、砂浆检查试导体试验报告。

②砂浆饱满度不应小于80%。

抽检数量：每步架抽查不应少于1处。

检验方法：观察检查。

③石砌体的轴线位置及垂直度允许偏差应符合表3-15的规定。

表 3-15　石砌体的轴线位置及垂直度允许偏差

项次	项目	允许偏差 /mm							检验方法
		毛石砌体		料石砌体					
		基础	墙	毛料石		粗料石		细料石	
				基础	墙	基础	墙	墙、柱	
1	细线位置	20	15	20	15	15	10	10	用经纬仪、吊线和尺检查或用其他测量仪器检查
2	墙面垂直度	每层	20		20		10	7	用经纬仪、吊线和尺检查或用其他测量仪器检查
		全高	30		30		25	20	

抽检数量：外墙，按楼层（或 4 m 高以内）每 20 m 抽查 1 处，每处 3 延长米，但不应少于 3 处；内墙，按有代表性的自然间抽查 10%，但不应少于 3 间，每间不应少于 2 处，柱子不应少于 5 根。

第四章 混凝土工程施工技术

第一节 模板工程

一、模板的基本技术要求

模板工程应编制专项施工方案。滑模、爬模等工具式模板工程及高大模板支架工程的专项施工方案还应进行技术论证,论证通过后才可实施。施工方案中,模板及支架应根据施工过程中的各种工况进行设计,应具有足够的承载力和刚度,并应保证其整体稳固性。概括起来,模板及支撑系统应满足的技术要求包括以下几个方面:
①要能保证结构和构件的形状、尺寸以及相互位置的准确;
②具有足够的承载能力、刚度和稳定性;
③构造力求简单,装拆方便,能多次周转使用;
④接缝要严密不漏浆。

二、模板类型

模板按照使用部位不同,可以分为基础模板、柱子模板、梁模板、楼板模板、楼梯模板、桥墩模板、桥梁模板等。

按模板构造不同,可以分为普通模板、定型模板、大模板、台模、隧道模、爬模、液压滑升模等。

模板所用材料不同，可以分为木模板、钢模板、胶合板模板、塑料模板、预应力混凝土薄板模板等。

其中，在施工中常用的模板类型有木模板、组合钢模板、胶合板模板等。

（一）组合钢模板

组合钢模板属于轻型模数化工具式模板，从20世纪70—80年代在我国大量推广使用，具有组装灵活、通用性强、安装效率高等优点。由于其强度较好，可以多次重复使用，当使用和维护良好的状态下，一般周转使用可达100次；但是其一次性购置费用较大，通常周转使用50次以上方能收回成本。但是，组合钢模板接缝较多，会在混凝土表面留下痕迹，观感要求高的需要进行装饰施工；模板上如果有开洞要求，组合钢模板不便于修补和使用。

组合钢模板由两部分组成，即模板和支承件。模板主要有平面模板、阴角模板、阳角模板、连接角模及用于模板连接固定的各类型卡具；支承件包括用于模板固定、支撑模板的支架、斜撑、柱箍、桁架等。其中，平面模板用于结构构件表面平展的部位；阴角模板和阳角模板则分别用于结构或构件的凹角部位和凸角部位，连接角模用于成角度对接的两块模板接缝的填补。

钢模板又由边框、面板和纵横肋组成。边框和面板常用2.5～2.8 mm厚的钢板轧制而成，纵横肋则采用3 mm厚扁钢与面板及边框焊接而成。钢模板的厚度（边框高、肋高）为55 mm。为了便于模板之间拼装连接，边框上都开有连接孔，且无论长短边上的孔距都为150 mm。

模板的模数尺寸与模板的适应性有关，是设计制作模板的基本要素之一。我国钢模板的尺寸：长度以150 mm为模数；宽度以50 mm为模数。平模板的长度尺寸有450～1800 mm共7个；宽度尺寸有100～600 mm共11个。平模板尺寸系列化共有70余种规格。进行配模设计时，如出现不足整块模板处，则用木板镶拼，用铁钉或螺栓将木板与钢模板间进行连接。

平面钢模、阴角模、阳角模及连接角模分别用字母P、E、Y、J表示，在代号后面用4位数表示模板规格，前两位是宽度的厘米数，后两位是长度的整分米数。如P3015就表示宽300 mm、长1500 mm的平模板。又如Y0507就表示肢宽均为50 mm、长度为750 mm的阳角模。

（二）木模板

木模板制作拼装灵活，适用于外形复杂、数量不多的混凝土结构构件。但是由于木材消耗量大，重复利用率低。木模板在现浇钢筋混凝土结构施工中的使用率已经大大降低，采用人工散装散拆的模板逐渐被由胶合板、木方和钢管组成的复合模板体系所取代。此类模板体系构造灵活性大，能适用于各种不同截面形式的构件，但是模板和支架需要根据具体施工条件和工况进行设计。

（三）胶合板模板

胶合板模板有木胶合板和竹胶合板两种。具有以下优点：

①板幅大，自重轻，板面平整。既可以减少安装工程量，节省现场人工费用，又可以减少混凝土外露表面的装饰及磨去接缝的费用；

③承载能力大，特别是经表面处理后耐磨性好，能多次重复使用；

④材质轻，运输、堆放、使用和维护等都比较方便；

⑤保温性能好，有助于冬期施工时混凝土的保温；

⑥加工方便，锯割容易；

⑦可以弯曲，适用于曲面模板。

胶合板通常作为混凝土模板中的面板使用，与组合钢模板相比，可以减少混凝土表面接缝痕迹，使混凝土表面更加平整光滑。胶合板可以用于柱、梁、板、墙等构件的模板，一般尽量整张使用，减少切割，避免浪费。为了增强其面外刚度，通常紧贴胶合板外侧设置次楞（立楞或者横楞），采用 50 mm×100 mm 的木方或小截面型钢，次楞的外侧再设置主楞（与次楞正交布置），一般采用脚手架钢管、100 mm×100 mm 截面的木方和大截面型钢。当用于楼板模板时，还需要设计排版图，以充分利用现有胶合板材料，减少浪费。

我国竹材资源丰富，且竹材具有生长快、生产周期短（一般 2~3 年成材）的特点。另外，一般竹材顺纹抗拉强度、横纹抗压强度以及静弯曲性能均优于常用木材。在木材资源短缺的情况下，竹胶合板具有收缩率小、膨胀率和吸水率低，以及承载能力大的特点，作为新型模板材料具有很好的发展前途。

三、模板安装施工

（一）基础模板

基础模板的特点是面积比较大，厚度相对较小。模板施工是在地面上作业，一般不需要安装支架，比较方便。基础模板没有底模，只是在构件的周边设置侧模，高度通常不高，因而不需要验算，一般通过加强构造措施即可满足强度和变形的要求。基础模板施工应当注意以下几个方面：

1. 施工流程

基础模板的施工工艺流程是：定位弹线→底阶模板安装→底阶支撑安装→上阶模板安装→上阶支撑安装→检验校正→最后固定。

2. 技术要点及控制措施

①主要包括模板中心定位、模板标高和上口尺寸控制；条形基础模板上口尺寸控制可采用马钉（U形卡）。

②保证上阶模板固定措施确保稳定。一般采用轿杠木固定，也可以采用焊接钢筋马凳支架固定，但是会增加钢筋用量。

③为了不妨碍施工，应在底阶钢筋施工完成后再安装上阶模板。

④当土质良好、没有地下水情况下，可以采用原槽浇筑。

⑤为了保证上阶模板定位准确，通常将这部分模板先组装完成后再安装到底阶模板上。

（二）柱模板

矩形柱模板有四个侧面模板组成。安装可以采用四片侧模拼装、两个折角模板对拼或者采用组拼成筒形整体模板然后吊装等多种形式。圆形柱通常采用两个半圆筒形侧模拼装。

1. 施工流程

柱模板施工工艺流程是：柱钢筋验收→定位弹线→柱脚限位安装→柱模板安装→柱箍支撑安装→检验与校正→最后固定。

2. 技术要点

①柱的放线定位应严格控制和校核，保证柱构件在上下层保持同一垂直轴线；

②柱模板底部基准面应找平，模板底端与基准面应顶紧垫平，防止跑浆；合模前对柱根部进行清理，保证混凝土界面洁净、没有杂物，并采取必要的保洁措施；

③柱子的高度尺寸远远大于截面尺寸，模板安装需要验算侧模强度、刚度和稳定性，沿柱子高度方向柱箍和支撑的设置应满足刚度和稳定性的要求；

④安装质量检验需要校核模板的定位、垂直度和平整度。

3. 控制措施

①柱子底部模板的侧向压力较大，固定方式应牢靠，接缝严密，最下面一道柱箍离地面的距离不应过大。同时为了防止模板根部内收而减小截面尺寸，应采取限位措施；当采用在柱钢筋上绑扎或焊接钢筋顶住模板防止其内收的方法时，必须在钢筋和模板之间设置混凝土垫块。

②为了保证柱模板的稳定性，当高度不小于 4 m 时，应在四面设置斜撑或用缆风绳拉紧，并校核其平面位置和垂直度是否符合要求。当高度超过 6 m 时，不宜单根柱支撑，宜多根柱连排支撑形成整体构架。先安装两端柱子的模板，校核找准后再依据其安装中间柱的模板。

（三）梁模板

梁模板由底模和两块侧模组成。由于其位于一定的空间高度上，底部需要配合空间支撑体系。梁模板的长度尺寸远远大于截面尺寸，有时梁侧模的高度也会较大，因此，梁模板应注意控制底模和侧模的位移和变形。

1. 施工流程

梁模板施工工艺流程示是：定位弹线→模板支架搭设→梁底模安装→梁钢筋绑扎→梁侧模安装→检验校正→最后固定。

2. 技术要点

①梁的长度尺寸远远大于截面尺寸，模板安装需要验算底模、侧模及支撑系统的强度、刚度和稳定性。尤其是认真进行底模和侧模的刚度验算和支撑系统的稳定性验算，防止变形、胀模和失稳。

②梁模板安装质量检验要重点校核模板的标高、平面定位和平整度。

③沿梁长度方向采取适当的支撑间距，一般不超过 1 m，以控制底模下垂。当梁跨度不小于 4 m 时，模板应按设计要求起拱；当设计无具体要求时，起拱高度宜为跨度的 1/3000～1/1000。

3. 控制措施

①当梁截面高度较大时，可采取沿梁高度方向增设对拉螺栓和加强横楞的措施控制侧模变形；特别是底模和侧模底端的构造应加强；

②当梁模板支撑体系达到高危施工项目的限定要求时，应编制专项施工方案，并经过专家论证通过后才能实施。

（四）楼板模板

楼板的厚度远远小于其平面尺寸，因此，楼板的侧模高度不大，因而侧向压力也很小，一般不需要验算。模板重点应验算和控制垂直荷载下底模的强度和变形。同时，与梁模板类似，楼板模板也处于一定的空间高度上，需要在下面设置空间支撑体系。支撑体系对模板有显著影响，因此应重视对其强度、刚度和稳定性验算和控制。最终的模板质量控制应重点校核模板的标高和平整度。

楼板模板铺设方式包括直接就位拼装和先预拼装再整体吊装两种方式。即楼板模板的安装可以在楼板标高处散拼，也可以地面拼装完成后整体吊装就位到楼面标高。前一种施工方式宜从楼板的四角开始，先完成与墙、梁模板的连接，然后再按照从四边向中央的顺序铺设。采用预拼装的组合钢模板应保证其整体刚度，模板的连接孔宜全部采用 U 形卡连接固定，并设置一定数量的 L 形插销。

1. 施工流程

楼板施工工艺流程是：楼面标高复核→模板支架搭设→主次格栅安装→楼板模板安装→柱梁接口安装→预埋件预留孔留设→检验校正→最后固定。

2. 技术要点

①当板跨度不小于 4 m 时，模板应按设计要求起拱；当设计无具体要求时，起拱高度宜为跨度的 1/3000～1/1000。

②支撑的弹性挠度或压缩变形不得超过结构跨度的 1/1000。

③支撑间应用水平和斜向拉杆拉牢，以增强整体稳定性。当层间高度大于 5 m 时，宜用桁架支模或多层支架支模。

3. 控制措施

①为了避免混凝土楼板早期承受荷载而产生裂缝，在多层建筑施工中，应使上、下

层的支撑在同一条竖向直线上，否则，要采取设置垫木或者托梁的措施保证上层支撑的荷载能传到下层支撑上。

②施工完成的模板应校核其标高和平整度，检查管线预埋、孔洞预留是否正确。高度和跨度较大的模板支撑体系，即搭设高度 8 m 及以上；搭设跨度 18 m 及以上；施工总荷载 15 kN/m^2 及以上；集中线荷载 20 kN/m 及以上，属于高危施工项目，必须编制专项施工方案；并经过专家论证同意后才能实施。

（五）墙板模板

首先完成施工墙体的钢筋绑扎施工，然后在墙体钢筋的两侧的混凝土楼面弹线，确定出模板的定位线（墙厚）。安装墙体模板；墙体模板可以用组合钢模板预先拼装，也可以采用整片大模板。最后进行斜撑和对拉螺栓安装。由于墙板的厚度相对于其高度和长度较小，因此模板设计应注意控制在水平荷载作用下模板及支撑的强度、刚度和稳定性。安装施工应校核其平面定位、垂直度和平整度。

1. 施工流程

墙板模板施工工艺流程是：墙钢筋验收→墙模定位弹线→模板就位→支撑就位→对拉螺栓就位→临时固定→校正与复验→最后固定。

2. 技术要点

①墙面模板通常成对安装，模板底端定位应准确，特别注意控制两片模板间的间距，与基准面应顶紧不留缝隙；

②安装完成的墙模板应检验垂直度和平整度是否符合质量要求；

③墙面模板对称放置时，两侧模板上预留的对拉螺栓孔洞应对准，确保安装的对拉螺栓与模板垂直；

④墙模板上口应在同一水平面上，防止墙顶标高不齐；

⑤门窗洞口的模板应与墙面牢固固定，避免变形和移位。

3. 控制措施

①采用组合钢模板预拼装墙模板时，模板的每个连接孔均装上 U 形卡；

②组拼的大片墙模板，其拼缝应错开设置，以增强模板的刚度；

③模板高度不大时，可在上口钉木拉条或者采用专用卡口装置来控制两片模板的间距，防止浇筑混凝土时胀模；当模板高度较大时，可沿水平方向和垂直方向等间距布置对拉螺栓，间距不超过 1 m；

④为了合理使用模板和提高模板利用率和周转率，组拼墙模板应预先绘制排版图。

四、模板拆除施工

（一）一般技术要求

1. 模板拆除的原则

"先支后拆；先非承重部位，后承重部位；自上而下"。必要时要进行结构验算，采用临时支撑。

为了加快模板周转的速度,减少模板的总用量,降低工程造价,模板应尽早拆除,提高模板的使用效率。但模板拆除时不得损伤混凝土结构构件,确保结构安全要求的强度。在进行模板设计时,要考虑模板的拆除顺序和拆除时间。

现浇结构的模板及其支架拆除时的混凝土强度,应符合设计要求。当设计无具体要求时,侧模拆除可依据"混凝土强度能保证其表面及棱角不因拆除模板而受损坏"为前提,即混凝土强度大于 1 N/mm²。

拆模时,尽量禁止撬砸等野蛮操作和模板高空坠落,拆下的模板、钢筋及连接件也不得抛扔。应及时将拆下的模板清理并运输到储存场地。储存的模板应加强维护和维修工作;模板拆除过程中应注意施工人员的安全,做好防护措施。

2. 拆模顺序及控制措施

(1) 支撑立柱拆除

①阳台模板应保留三层原模板支撑立柱,不宜拆除后再支撑;

②跨度 4~8 m 的梁下支撑立柱,宜先从跨中开始拆除,逐步对称地向两端依次拆除;严禁将梁下所有支撑立柱同时撤除;

③立柱水平杆超过 2 层时,保留最下面 2 层水平杆最后拆除;

④拆除立柱上部大型水平支撑件时,宜在下面搭设临时防护架和防护网。

(2) 模板拆除

①柱模板:首先拆除外部斜撑,然后卸掉柱箍,如果是组合钢模板则摘除扣件并卸掉模板,而胶合板模板直接拆卸 4 片单片模板即可。

②墙模板:先拆除外部斜撑,然后自上而下拆除外楞及对拉螺栓,如果是组拼的钢模板则摘除扣件并卸掉模板;而一般情况下,为了提高效率,无论是整块模板还是组拼模板,都是整体安装和整体拆卸。这时,应防止模板的倾覆,模板上部应采取悬吊和临时支撑措施,对拉螺栓不能一次性全部拆除,端部起到拉结作用的少量对拉螺栓最后拆除。

③梁板模板:先拆梁侧模,再拆板底模,最后拆梁底模;并按照"先中段后边缘"的顺序分段分片依次拆除。

第二节 钢筋工程

一、钢筋分类

混凝土结构所用钢筋的种类较多。施工过程中需要进行辨识并掌握其性能特征。

根据用途不同,混凝土结构用钢筋分为普通钢筋和预应力钢筋。

根据钢筋的直径大小分有钢筋、钢丝和钢绞线三类。细钢筋可以盘卷形式交货，每盘应是一根钢筋，直径为 6～10 mm，俗称"盘条"；粗钢筋通常是以直条形式交货，直径大于 12 mm 的钢筋较多采用，定尺长度一般为 3.5～12 m。钢绞线一般由 3 根或 7 根高强钢丝捻成。

根据钢筋的生产工艺不同，钢筋分为热轧钢筋、热处理钢筋、冷加工钢筋等。根据钢筋的化学成分不同，可以分为低碳钢钢筋和普通低合金钢钢筋。热轧钢筋按屈服强度（MPa）可分为 HPB300 级（Ⅰ级钢筋）、HRB335 级（Ⅱ级钢筋）、HRB400 级（Ⅲ级钢筋）和 HRB500 级（Ⅳ级钢筋）等；钢筋级别越高，强度及硬度越高，而塑性逐级降低。对有抗震设防要求的结构，其纵向受力钢筋的性能应满足设计要求；当设计无具体要求时，对按一、二、三级抗震等级设计的框架和斜撑构件（含梯段）中的纵向受力普通钢筋应采用牌号带"E"的钢筋，俗称"抗震钢筋"。

按轧制钢筋外形分为光圆钢筋和变形钢筋。

按钢筋加工方式分为普通钢筋和成型钢筋。成型钢筋是采用专用设备，按规定尺寸、形状预先加工成型的普通钢筋制品。

二、钢筋进场验收

钢筋进场后必须经过检验合格以后才能使用。

（一）质量文件及标识检查

钢筋出厂时，应在每捆（盘）钢筋上挂有两个标牌，注明生产厂家、生产日期、钢号、炉罐号、钢筋级别、直径等信息。特别是光圆钢筋没有轧制标志，应注意通过标牌进行区分。此外，进场钢筋还附带质量证明文件，包括质量证明书或试验报告单。钢筋运至工地后，应按照级别、直径、产地等指标信息分别存放。

（二）外观检查

钢筋的外观应通过观察对其进行全数检查。检查内容主要包括钢筋外观不得有损伤、裂缝、油污、颗粒状或片状老锈。按直条交货的钢筋每米的弯曲度不应大于 4 mm，总弯曲度不应大于钢筋总长度 0.4%。钢筋端部切口应平整并与钢筋轴线垂直，局部变形不影响使用。

（三）力学性能试验检查

钢筋进场时，应按国家现行相关标准的规定抽取试件作屈服强度、抗拉强度、伸长率、弯曲性能和重量偏差检验，检验结果必须符合相关标准的规定。

1. 检验批要求

检验批是工程质量验收的基本单元。普通钢筋和成型钢筋进场时，应按批进行检验。普通钢筋按照同一牌号、同一炉罐号、同一规格的钢筋组成一批，重量不超过 60 t；成型钢筋按照同一工程、同一类型、同一原材料来源、同一组生产设备生产的钢筋组成一批，重量不大于30 t。

2. 试件选取和检验项目

进场钢筋应该按照国家标准抽样检验其屈服强度、抗拉强度、伸长率、弯曲性能及单位长度重量偏差。

热轧钢筋和余热处理钢筋要求每批抽取5个试件，先进行重量偏差检验，再取其中2个试件进行拉伸试验和弯曲性能试验；冷轧带肋钢筋和冷轧扭钢筋要求每批抽取3个试件，先进行重量偏差检验，再取其中2个试件进行拉伸试验和弯曲性能试验。对于无法准确判断钢筋品种、牌号情况，应增加化学成分、晶粒度等检验项目。一般钢筋检验断后伸长率即可，牌号带E的钢筋应检验最大力下总伸长率。"抗震钢筋"的强度和最大力下总伸长率的实测值应符合下列规定：

钢筋的抗拉强度实测值与屈服强度实测值的比值不应小于1.25；

钢筋的屈服强度实测值与屈服强度标准值的比值不应大于1.30；

钢筋的最大力下总伸长率不应小于9%。

同样，成型钢筋应抽样检验其屈服强度、抗拉强度、伸长率、弯曲性能及单位长度重量偏差。

3. 力学性能试验评判标准

每批钢筋中任选的2个试件，从两个试件上取2个试样分别进行拉伸试验（包括屈服强度、抗拉强度和伸长率）和弯曲性能试验。如果有一项试验结果不符合要求，则从同一批钢筋中另外抽取双倍数量的试样重新进行试验。如果仍然有一个试样不合格，则该批钢筋为不合格。

三、钢筋加工

钢筋加工有场内加工和场外专业化成型钢筋加工两种方式。钢筋加工包括调直、除锈、截断下料、弯曲成型等工作。钢筋加工前应将表面清理干净。表面有颗粒状、片状老锈或有损伤的钢筋不得使用。钢筋加工宜在常温状态下进行，加工过程中不应对钢筋进行加热。钢筋弯曲成型应一次弯折到位。

（一）钢筋调直

钢筋宜采用机械设备进行调直，也可采用冷拉方法调直。当采用机械设备调直时，调直设备不应具有延伸功能。无延伸功能指调整机械设备的牵引力不大于钢筋的屈服力。钢筋调直过程中不应损伤带肋钢筋的横肋，以避免横肋损伤造成钢筋锚固性能降低。调直后的钢筋应平直，不应有局部弯折。钢筋无局部弯折，一般指钢筋中心线同直线的偏差不应超过全长的1‰。当采用冷拉方法调直时，采用冷拉应力控制比较困难时，可以采用冷拉率控制，以免影响钢筋的力学性能。由于机械调直有利于保证钢筋质量，控制钢筋强度，因而实际应用中推荐采用这种钢筋调直方式。

（二）钢筋除锈

钢筋加工前应清理表面的油污、漆污和铁锈。钢筋除锈分为机械除锈和人工除锈两种方式。清除钢筋表面油漆、油污、铁锈可采用调直机、除锈机、风砂枪等机械除锈方法；当钢筋数量较少时，也可使用钢丝刷、砂盘等工具进行人工除锈。除锈后的钢筋要尽快使用，长时间未使用的钢筋在使用前同样应进行除锈作业。有颗粒状、片状老锈或有损伤的钢筋，性能无法保证，不应在工程中使用。

（三）钢筋截断和下料

钢筋切断机具有断线钳、手压切断器、手动液压切断器、钢筋切断机等。钢筋截断应将同规格钢筋根据不同长度长短搭配，统一排料。一般应先断长料，后断短料，以减少钢筋损耗。并应注意以下质量控制措施：

①采用气压焊的钢筋应采用砂轮切割。

②断料应避免用短尺量长料，防止在量料中产生累计误差。

③钢筋的断口不得有马蹄形或起弯等现象，在切断过程中，如发现钢筋有劈裂、缩头或严重的弯头等状况，必须将此部分切除。

（四）钢筋弯曲

结构构件中的钢筋端部都有锚固的设计要求，当构件沿钢筋方向尺寸不足时，钢筋需要向其他方向弯折，以满足钢筋锚固的需要。钢筋弯折宜采用钢筋弯曲机等专用设备一次弯折到位。专用设备的工作效率高，加工质量好。当设备条件不能满足时，也可以采用手工工具进行弯折。

其技术要求是：

①位于框架结构顶层端节点处的梁上部纵向钢筋和柱外侧纵向钢筋，在节点角部弯折处，当钢筋直径为 28 mm 以下时，弯弧内直径不宜小于钢筋直径的 12 倍，当钢筋直径为 28 mm 及以上时不宜小于钢筋直径的 16 倍。

②箍筋弯折处尚不应小于纵向受力钢筋直径（指箍筋角部围绕的纵向受力钢筋直径）；箍筋弯折处纵向受力钢筋为搭接钢筋或并筋时，应按钢筋实际排布情况确定钢筋弯弧内直径。

③纵向受力钢筋的弯折后平直段长度应符合设计要求及现行国家标准的有关规定。光圆钢筋末端作 180° 弯钩时，弯钩的平直段长度不应小于钢筋直径的 3 倍。

④对一般结构构件，钢筋弯钩的弯折角度不应小于 90°，弯折后平直段长度不应小于钢筋直径的 5 倍；对有抗震设防要求或设计有专门要求的结构构件，锚筋弯钩的弯折角度不应小于 135°，弯折后平直段长度不应小于箍筋直径的 10 倍和 75 mm 两者之中的较大值；

⑤圆形箍筋的搭接长度不应小于其受拉锚固长度，且两末端均应作不小于 135° 的弯钩，弯折后平直段长度对于一般结构构件不小于箍筋直径的 5 倍，对于有抗震设防要求的结构构件不应小于箍筋直径的 10 倍和 75 mm 的较大者。

⑥拉筋用作梁、柱复合箍筋中单支箍筋或梁腰筋间拉结筋时，两端弯钩的弯折角度均不应小于135°，弯折后平直段长度应符合对箍筋的有关规定；拉筋用作剪力墙、楼板等构件中拉结筋时，当墙板或者楼板一侧模板已经安装到位，为了便于拉筋安装，两端弯钩可采用一端135°，另一端90°，安装就位后再将弯钩弯折到规定角度，弯折后平直段长度不应小于拉筋直径的5倍。

⑦对于弯折过度的钢筋，不得回弯。

四、钢筋的代换

施工过程中，结构构件中的钢筋应按照设计和相关规范的要求采用。但是，如果遇到供应困难的情况，而不能满足设计对钢筋级别和规格的要求，并影响到工程的正常进展，施工单位可对钢筋进行代换，但必须与设计单位协调办理设计变更文件。钢筋代换主要包括钢筋品种、级别、规格、数量等的改变。钢筋代换应按照国家现行相关标准的有关规定，考虑构件承载力、正常使用（裂缝宽度、挠度控制）及配筋构造等方面的要求，需要时可以采用"并筋"的代换形式。由于锚固效果差别较大，不宜用光圆钢筋代换带肋钢筋。

当进行钢筋代换时，除了应符合设计要求的构件承载力、最大力下的总伸长率、裂缝宽度验算以及抗震规定以外，尚应满足最小配筋率、钢筋间距、保护层厚度、钢筋锚固长度、接头面积百分率及搭接长度等构造要求。

（一）代换的一般原则

①抗拉要求高的构件，不宜用光面钢筋代换变形钢筋。

②梁的纵向受力钢筋和弯起钢筋应分别进行代换，分别对正截面和斜截面进行验算。

③偏心受力构件应区分钢筋不同的受力状态分别进行代换。

④承受动荷载的构件（如吊车梁），钢筋代换后应进行疲劳验算。

⑤当构件对裂缝宽度有要求时，钢筋在等强度代换后，还应进行裂缝宽度验算；当裂缝宽度满足要求，但略有增大时，宜对构件挠度进行验算。

⑥以小直径钢筋代换大直径钢筋，或以低强度等级钢筋代换高强度等级钢筋时，可以不进行裂缝宽度验算。

⑦同一截面代换不同直径和等级的钢筋时，每根钢筋受力差距不宜过大，一般钢筋直径差距不宜超过5 mm。

⑧钢筋代换的结果，除了要考虑力学性能外，还应兼顾用料的经济性和加工的可操作性。

⑨对有抗震要求的框架，不宜以强度等级较高的钢筋代替原设计的钢筋；当必须代换时，其代换钢筋的抗拉强度实测值与屈服强度实测值的比值不应小于1.25，且钢筋的屈服强度实测值与钢筋的强度标准值的比值，当按一级抗震设计时，不应大于1.25，当按二级抗震设计时，不应大于1.4。

⑩受力的预埋件和预制构件的吊环，采用未经冷拉的热轧钢筋制作，严禁以其他钢筋代换。

（二）代换方式

钢筋代换方法有等承载力代换、等面积代换和截面性能等效代换3种方式。

1. 等承载力代换

当构件受钢筋承载力控制时，代换后钢筋的承载力≥代换前钢筋的承载力，即：

$$A_{s2} f_{y2} n_2 \geqslant A_{s1} f_{y1} n_1$$

（4-1）

式中：f_{y1}——原设计钢筋抗拉强度设计值；

f_{y2}——代换钢筋抗拉强度设计值；

A_{s1}——原设计钢筋总截面面积；

A_{s2}——代换钢筋总截面面积；

n_2——代换钢筋根数；

n_1——原设计钢筋根数。

2. 等面积代换

当构件按最小配筋率配筋或者按照构造配置钢筋时，钢筋可按面积相等原则进行代换，即：

$$A_{s2} \geqslant A_{s1}$$

（4-2）

3. 截面性能等效代换

当构件受裂缝宽度或挠度控制时，代换后应进行裂缝宽度和挠度验算。

当钢筋代换后，由于受力钢筋直径加大或者根数增多，而需要增加排数时，构件的有效刚度%减小，使截面承载力降低。针对这种情况，通常适当增加钢筋的面积，然后再进行截面承载力校核，经过试算最后确定符合要求的钢筋直径、数量和位置。

五、钢筋连接

（一）钢筋连接的种类及基本要求

钢筋连接主要有3种方式：焊接连接、机械连接和绑扎连接。混凝土结构施工的钢筋连接方式应由设计单位确定，并应考虑施工现场的气温、作业条件、环保要求等条件。如设计没有规定，可由施工单位根据国家规范的有关规定和施工现场条件提出建议，并与设计单位协商确定。

钢筋连接应当遵循以下基本要求：

①连接接头设置在受力较小处；梁上部钢筋的连接范围为跨中1/3净跨范围内；梁下部钢筋的连接范围为两端距支座1/4净跨范围内，连续梁的端支座不宜设置接头；

②同一结构跨、结构层及原材料供货长度范围内的一个纵向受力钢筋不宜多次连接，以保证钢筋的承载、传力性能。但对于跨度较大的梁，接头数量可以适当放宽；

③有抗震设防要求的结构中，柱端、梁端箍筋加密区内不宜设置钢筋接头，且不应进行钢筋搭接；如需在箍筋加密区内设置接头，应采用性能较好的机械连接和焊接接头；

④接头末端至钢筋弯起点的距离，不应小于钢筋直径的10倍；

⑤同一构件内的接头宜根据接头面积百分率要求分批错开；

⑥为了便于施工操作，机械连接、焊接连接在柱和墙中不宜设置在每层构件底部500 mm范围内。

（二）机械连接

1. 种类和特点

钢筋机械连接是通过钢筋与连接件或其他介入材料的机械咬合作用或钢筋端面的承压作用，将一根钢筋中的力传递至另一根钢筋的连接方法。机械连接具有接头强度高、性能可靠、施工操作简单、施工速度快、施工质量受人为因素和环境因素影响小等优点，目前得到越来越广泛的应用。

机械连接常用的方式主要有直螺纹接头、套筒挤压接头、锥螺纹接头三种形式。其中直螺纹接头又包括镦粗直螺纹接头、滚轧直螺纹接头等形式。此外，还有两种新型的机械连接接头形式，即套筒灌浆接头和熔融金属充填接头。其中，套筒灌浆接头是在金属套筒中插入单根带肋钢筋并注入灌浆料拌和物，通过拌和物硬化而实现传力的钢筋对接接头。熔融金属充填接头则是由高热剂反应产生熔融金属充填在钢筋与连接件套筒间形成的接头。

2. 机械连接接头通用工艺技术要求

①套筒原材料采用45号钢冷拔或冷轧精密无缝钢管时，钢管应进行退火处理，并应满足现行行业标准《钢筋机械连接用套筒》对钢管强度限值和断后伸长率的要求。不锈钢钢筋连接套筒原材料宜采用与钢筋母材同材质的棒材或无缝钢管。

②机械连接接头的性能分为强度和变形两个方面的要求，包括单向拉伸、高应力反复拉压、大变形反复拉压和疲劳四种受力状态的性能。接头应根据极限抗拉强度、残余变形、最大力下总伸长率以及高应力和大变形条件下反复拉压性能，分为Ⅰ级、Ⅱ级、Ⅲ级三个等级。机械连接接头长度是影响试验结果的一个关键数据，其值主要与接头试件性能试验中变形测量标距的确定有关。其数值计算如下：

机械连接接头长度 = 连接件长度 + 连接件两端钢筋横截面变化区段的长度

钢筋截面变化区段长度 = 螺纹接头的外露丝头长度镦粗过渡段长度

③机械连接接头面积百分率为同一连接区段内有机械接头的纵向受力钢筋与全部纵向钢筋截面面积的比值，应符合下列规定：

第一，接头宜设置在结构构件受拉钢筋应力较小部位，高应力部位设置接头时，同一连接区段内Ⅲ级接头的接头面积百分率不应大于25%，Ⅱ级接头的接头面积百分率不应大于50%。

第二，接头宜避开有抗震设防要求的框架的梁端、柱端箍筋加密区；当无法避开时，应采用Ⅱ级接头或Ⅰ级接头，且接头面积百分率不应大于50‰。

第三，受拉钢筋应力较小部位或纵向受压钢筋，接头面积百分率可不受限制。

第四，对直接承受重复荷载的结构构件，接头面积百分率不应大于50%。

第五，当在同一连接区段内必须实施100%钢筋接头的连接时，应采用Ⅰ级接头。混凝土结构中要求充分发挥钢筋强度或对延性要求高的部位应优先选用Ⅱ级接头。混凝土结构中钢筋应力较高但对延性要求不高的部位可采用Ⅲ级接头。

④螺纹接头安装后应使用专用扭力扳手校核拧紧扭力矩。

3. 套筒挤压接头

（1）工艺原理及特点

套筒挤压接头是通过挤压力使连接件钢套筒塑性变形与带肋钢筋紧密咬合形成的接头。其工艺简单、可靠程度高、受人为操作因素影响小等特点，但是人工操作强度大，液压设备有时会使钢筋沾染油污，综合成本较高。

（2）工艺技术要求

①钢筋连接施工必须是专业工人持证上岗作业；

②挤压作业应当从套筒中央开始，依次向两端挤压；挤压后的压痕直径或套筒长度的波动范围应用专用量规检验；压痕处套筒外径应为原套筒外径的0.80～0.90倍，挤压后套筒长度应为原套筒长度的1.10～1.15倍；

③挤压接头压痕直径的波动范围应控制在允许波动范围内，并使用专用量规进行检验；

④钢筋端部不得有局部弯曲，不得有严重锈蚀和附着物；

⑤钢筋端部应有检查插入套筒深度的明显标记，钢筋端头离套筒长度中点不宜超过10 mm；

⑥挤压后的套筒不得有肉眼可见裂纹。

4. 直螺纹接头

（1）工艺原理及特点

直螺纹接头是将钢筋端头先进行镦粗或者剥削处理后，再对其采用套丝机切削或者滚丝机滚轧的方法生成螺纹，然后用带直螺纹的套筒将钢筋两端拧紧的接头形式。根据对钢筋端部的处理方式和螺纹的形成方式分为钢筋镦粗直螺纹接头和钢筋滚轧直螺纹接头。其中，镦粗直螺纹接头是通过钢筋端头镦粗后制作的直螺纹和连接件螺纹咬合形成的接头。滚轧直螺纹接头是通过钢筋端头直接滚轧或剥肋后滚轧制作的直螺纹和连接件螺纹咬合形成的接头。即滚轧直螺纹形成工艺又分为直接滚轧螺纹、剥肋滚轧螺纹两种。为了便于套筒的安装作业，直螺纹接头分为标准型、正反丝扣型、异径型、加长丝头型等多种形式。其接头质量稳定性好，操作简便，连接速度快，造价适中。

（2）工艺技术要求

①镦粗头不得有与钢筋轴线相垂直的横向表面裂纹；不合格的镦粗头应切去后重新镦粗；不得对镦粗头进行二次镦粗。如选用热镦工艺镦粗钢筋，则应在室内进行钢筋镦头加工。

②滚轧直螺纹连接钢筋时，钢筋规格与套筒规格必须一致。钢筋和套筒的丝扣应干净完好。直螺纹接头安装时可用管钳扳手拧紧，接头安装后应用扭力扳手校核拧紧扭矩，最小拧紧扭矩值应符合规定。校核用扭力扳手的准确度级别可选用10级。钢筋丝头应在套筒中央位置相互顶紧，标准型、正反丝型、异径型接头安装后的单侧外露螺纹不宜超过2P；对无法对顶的其他直螺纹接头，应附加锁紧螺母、顶紧凸台等措施紧固。

③连接水平钢筋时，必须将钢筋托平。钢筋的弯折点与接头套筒端部距离不宜小于200 mm。且带长套丝接头应设置在弯起钢筋平直段上。

④为了避免因丝头端面不平造成接触端面间相互卡位而消耗大部分拧紧扭矩和减少螺纹有效扣数，直螺纹钢筋接头应切平或锻平后再加工螺纹，使安装扭矩能有效形成丝头的相互对顶力，消除或减少钢筋受拉时因螺纹间隙造成的变形。

⑤丝头加工工人经专业技术培训后上岗以及人员的相对稳定是钢筋接头质量控制的重要环节。接头的工艺检验是检验施工现场的进场钢筋与接头加工工艺适应性的重要步骤，应在工艺检验合格后再开始加工，防止盲目大量加工造成损失。

⑥螺纹量规检验是施工现场控制丝头加工尺寸和螺纹质量的重要工序，产品供应商应提供合格螺纹量规，对加工丝头进行质量控制是负责丝头加工单位的责任。

⑦连接套筒内螺纹尺寸的检验用专用的螺纹塞规检验，塞通规应能顺利旋入，塞止规旋入长度不得超过3P。丝头尺寸的检验，用专用的螺纹环规检验，其环通规应当能顺利地旋入，环止规旋入长度不得超过3P。

（三）焊接连接

1. 种类和特点

钢筋的焊接质量受到钢材的可焊性和焊接工艺水平两个方面的因素影响。可焊性与钢筋所含碳、合金元素等的数量有关，含碳、硫、硅、锰数量增加，则可焊性差；而含适量的钛可改善可焊性。焊接工艺（焊接设备的技术参数和焊接工艺水平）对焊接质量的影响表现为，即使可焊性差的钢材，若焊接工艺选择恰当，亦可获得良好的焊接质量。因此，在注重设备选择的同时，还要求专业工人应持证上岗，并进行过必要的岗前技术培训。

2. 基本工艺技术要求

①细晶粒热轧钢筋及直径大于28 mm的普通热轧钢筋，其焊接参数应经试验确定；余热处理钢筋不宜焊接，需要焊接时，应选用RRB400W可焊接余热处理钢筋。

②当环境温度低于−5℃，应采取相应的钢筋低温焊接工艺。低于−20℃时不得进行焊接。

③风速超过规范规定值时，相应的焊接施工应有挡风措施。

④钢筋焊接施工之前，应清除钢筋、钢筋焊接部位的锈斑、油渍、杂物等；钢筋端部当有弯折、扭曲时，应予以矫正或切除。

⑤带肋钢筋宜将纵肋与纵肋对正后进行焊接。

⑥两根同直径、不同牌号的钢筋可进行闪光对焊、电弧焊、电渣压力焊或气压焊，焊条、焊丝和焊接工艺参数应按较高牌号钢筋选用，对接头强度的要求应按较低牌号钢筋强度计算。

⑦两根同牌号、不同直径的钢筋可进行闪光对焊、电渣压力焊或气压焊。闪光对焊时钢筋径差不得超过 4 mm，电渣压力焊或气压焊时，钢筋径差不得超过 7 mm。两根钢筋的轴线应在同一直线上，轴线偏移的允许值应按较小直径钢筋计算。对接头强度的要求，应按较小直径钢筋计算。

3. 质量检验

钢筋焊接接头或焊接制品（焊接骨架、焊接网）应按检验批进行质量检验与验收。质量检验与验收应包括外观质量检查和力学性能检验，并划分为主控项目和一般项目两类。焊接接头力学性能检验为主控项目，焊接接头的外观质量检查为一般项目。检验批的划分应区分不同焊接接头和焊接制品来确定。钢筋焊接接头力学性能检验，应在接头外观质量检查合格后随机切取试件进行试验。

4. 闪光对焊

（1）工艺原理及特点

闪光对焊是利用电热效应产生的高温熔化对接钢筋的端头，使两根钢筋端部融合为一体的连接方法。钢筋闪光对焊的原理是利用对焊机使两段钢筋接触，通过低电压的强电流，待钢筋被加热到熔化后，进行轴向加压顶锻，形成对焊接头。

钢筋闪光对焊常用的工艺有连续闪光焊、预热闪光焊和闪光-预热-闪光焊。

（2）作业技术要求

①三种焊接工艺的工艺流程、工艺特征及适用范围见表 4-1。

表 4-1 闪光对焊的工艺流程、工艺特征及适用范围对比

焊接工艺方法	工艺流程对比	工艺特征	适用范围
连续闪光焊	连续闪光→顶锻过程	①闭合电路，两个钢筋端面轻微接触；②顶锻过程（轴向顶压）	当钢筋直径较小、牌号较低时采用
预热闪光焊	预热过程→连续闪光→顶锻过程	在连续闪光焊过程之前增加预热过程	当钢筋直径较粗时采用
闪光-预热闪光焊	闪光→预热过程→连续闪光→顶锻过程	在预热闪光焊过程之前增加一次闪光过程	当钢筋直径较粗，且端面不平整时采用

②观感质量要求：

第一，对焊接头表面应呈圆滑、带毛刺状，不得有肉眼可见的裂纹；

第二，与电极接触处的钢筋表面不得有明显烧伤；

第三，接头处的弯折角度不得大于2°；

第四，接头处的轴线偏移不得大于钢筋直径的1/10，且不得大于1 mm。

5. 电阻点焊

（1）工艺原理及特点

电阻点焊是将两钢筋（丝）交叉叠放，压紧于两个电极之间，利用电阻热溶化接触点处母材金属，加压融和，冷却后形成焊点的一种压焊方法特别是在焊接钢筋骨架、网片方面具有工效高、节约劳动力、成品整体性好、节省焊料、成本较低等特点。

电阻点焊的工艺过程包括预压、通电、锻压三个阶段。

常用的点焊机有单点点焊机、多头点焊机（一次可焊数点，用于焊接宽大的钢筋网）、悬挂式点焊机（可焊钢筋骨架或钢筋网）、手提式点焊机（用于施工现场）。

（2）工艺技术要求

①混凝土结构中的钢筋焊接骨架和钢筋焊接网，宜采用电阻点焊制作；

②焊接骨架较小钢筋直径≤10 mm时，大、小钢筋直径之比不宜大于3倍；

③焊接骨架较小钢筋直径为12～16 mm时，大、小钢筋直径之比不宜大于2倍；

④焊接网较小钢筋直径不得小于较大钢筋直径的60%。

⑤焊点的压入深度应为较小钢筋直径的18%～25%。

（3）观感质量要求

①焊接骨架：

第一，焊点压入深度应符合规定；

第二，每件制品的焊点脱落、漏焊数量不得超过焊点总数的4%，且相邻两焊点不得有漏焊及脱落；

第三，量测焊接骨架的长度、宽度和高度时，应抽查纵、横方向3个～5个网格的尺寸，其允许偏差应符合规定；

第四，当外观质量检查结果不符合规定时，应逐件检查，并剔出不合格品。对不合格品经整修后，可提交二次验收。

②焊接网：

第一，焊点压入深度应符合规定。

第二，钢筋焊接网间距的允许偏差应取±10 mm和规定间距的±5%的较大值；网片长度和宽度的允许偏差应取±25 mm和规定长度的±0.5%的较大值；网格数量应符合设计规定。

第三，钢筋焊接网焊点开焊数量不应超过整张网片交叉点总数的1%，并且任一根钢筋上开焊点不得超过该支钢筋上交叉点总数的一半；焊接网最外边钢筋上的交叉点不得开焊。

第四，钢筋焊接网表面不应有影响使用的缺陷；当性能符合要求时；允许钢筋表面存在浮锈和因矫直造成的钢筋表面轻微损伤。

六、钢筋安装

（一）柱钢筋

1. 工艺流程

工艺流程包括以下内容：

①根据柱边线调整钢筋的位置，使其满足绑扎要求；

②计算好本层柱所需的箍筋数量，将所有箍筋套在柱的主筋上；

③将柱子的主筋接长，并把主筋顶部与脚手架做临时固定，保持柱主筋垂直；

④然后将箍筋从上至下依次绑扎。

2. 技术要求

①框架节点处，应优先保证柱纵向钢筋位置。梁柱宽度相同或梁柱侧面平齐时，梁纵向受力钢筋宜放在柱纵向受力钢筋内侧。此时应尽量保证柱纵向钢筋的位置和平直，而对梁钢筋进行少量的弯曲变位，倾斜度不大于 1：6。

②柱箍筋要与主筋相互垂直，矩形箍筋的端头应与模板面成 135° 角。柱角部主筋的弯曲平面与模板面的夹角：

第一，矩形柱时应为 45°，多边形柱时应为模板内角的平分角；

第二，圆形柱箍筋的弯钩平面与模板的切平面垂直；

第三，中间箍筋的弯钩平面应与模板面垂直；

第四，当采用插入式振捣器浇筑小型截面柱时，弯曲平面与模板面的夹角不得小于 15°。

③柱箍筋的弯曲叠合处，应沿受力钢筋方向错开布置，不得在同一位置。

④当柱中纵向受力钢筋直径大于 25 mm 时，应在搭接接头两个端面外 100 mm 范围内各设置两个箍筋，其间距宜为 50 mm。

⑤为了保证构造柱与主结构可靠连接，避免后插筋的现象，其纵向钢筋宜与承重结构同步绑扎。

3. 质量控制措施

①钢筋弯折处应设置构造钢筋，间距 100～150 mm，采用 $\phi 6$ 或 $\phi 8$ 钢筋；

②保护层垫块或塑料支架应固定在柱主筋上，间距 500～1000 mm。

（二）桩钢筋

1. 工艺流程

桩钢筋绑扎的工艺流程与柱绑扎基本相同。区别在于桩钢筋绑扎是在加工厂完成，然后运送到施工现场，吊放至桩孔内。当钢筋笼较长时，可采用分段绑扎、分段吊放的施工工艺，在吊放过程中将钢筋笼接长，也可以在施工现场将长桩钢筋笼一次绑扎制作，并吊放完成。因此，长桩钢筋笼的绑扎与安装，包括双机抬吊和分段绑扎两种方式。分段吊放钢筋笼时，钢筋笼吊放到顶端高于桩孔口标高500～1000 mm时，用钢管或者粗钢筋横担将其固定，然后起吊上段钢筋笼与下端钢筋笼对准，焊接或绑扎完成后撤除横担的钢管或粗钢筋，将钢筋笼继续下放至孔中。

2. 技术要求

由于桩是受压构件，桩箍筋的主要作用是对受力纵筋形成横向约束，因此，钢筋笼的加劲箍筋宜设在主筋外侧，可采用绑扎方式固定；当因施工工艺有特殊要求时也可设置于内侧，固定方式宜采用焊接连接。

3. 质量控制措施

桩深埋与土层中，经常受到地下水的侵蚀，钢筋保护层构造决定其耐久性。因此，下放钢筋笼时，应设置好保护层垫块，并控制好钢筋笼的定位，保证桩钢筋具有足够的保护层厚度。

（三）墙板钢筋

1. 工艺流程

墙板钢筋绑扎施工工艺流程包括如下步骤：

①根据墙边线调整墙插筋的位置，使其满足绑扎要求；

②每隔2～3 m绑扎一根竖向钢筋，在高度1.5 m左右的位置绑扎一根水平钢筋；

③然后把其余竖向钢筋与插筋连接，将竖向钢筋的上端与脚手架作临时固定并校正垂直；

④在竖向钢筋上画出水平钢筋的间距，从下往上绑扎水平钢筋。

2. 技术要求

①墙的钢筋网，除靠近外围两行钢筋的交叉点全部绑扎外，中间部分交叉点可间隔交错扎牢，但应保证受力钢筋不产生位置偏移。双向受力的钢筋，必须全部扎牢。

②应根据设计要求确定水平钢筋是在竖向钢筋的内侧还是外侧。当水平分布钢筋为主要受力钢筋或者设计无要求时，竖向钢筋一般布置在水平钢筋在外侧。地下结构的外围剪力墙兼做挡土墙时，承受较大的平面外弯矩，此时水平分布钢筋可放在内侧。

③水平钢筋应在墙端部弯折锚固，与端部边缘构件的箍筋紧贴布置。

3. 质量控制措施

①墙钢筋的拉结筋应勾在竖向钢筋和水平钢筋的交叉点上，并绑扎牢固；为方便拉筋固定，拉结筋通常做成一端135°弯曲，另一端90°弯钩。在绑扎完后再用钢筋扳手将90°的弯钩弯成135°。

②墙分布钢筋绑扎应采用八字扣，绑扎丝的多余部分应弯入墙内，防止其形成钢筋与外部环境的连接通道，造成受力钢筋的锈蚀，特别是有防水要求的构件。

③在钢筋外侧挂上保护层垫块或塑料卡环，保证足够的保护层厚度。

第三节　混凝土工程

一、混凝土的制备

(一) 混凝土制备方式的选用

目前我国混凝土制备主要有三种方式：搅拌站专业化生产、现场较大规模集中搅拌和施工单位在工地进行的零星少量混凝土搅拌。由于搅拌站是专业化生产单位，具有批准的生产资质，不仅生产工艺比较成熟，而且生产条件符合环保、节能等要求。其制备的混凝土质量比较稳定。因此，建筑结构混凝土应优先选用预拌混凝-土，即由搅拌站制备混凝土的方式。如果条件受到限制或者其他原因，比如混凝土运输距离的问题，不能选择预拌混凝土时，可以在施工现场搅拌混凝土，但是应尽量采用现场集中搅拌方式。

集中搅拌是指采用具有自动计量装置的搅拌设备在施工现场搅拌。由于采用的设备与搅拌站相同，因此施工现场大规模集中搅拌的混凝土拌和物质量基本等同于预拌混凝土。只有当采用上述两种制备方式的条件都不具备时，才允许在施工现场采用人工计量、机械搅拌的方式制备混凝土。显然这种方式所制备的混凝土质量稳定性和保值率不如前两种方式，但是考虑到我国幅员辽阔，区域差异大，从施工条件的客观情况出发，目前仍允许采用这种施工现场的混凝土制备方式，但强调应采用经过检定和校准的地磅、地中衡等计量设备，以及采用强制式搅拌机搅拌。

(二) 混凝土原材料的选用

混凝土是以水泥为胶凝材料，外加粗细骨料、水以及外加剂、掺合料（粉煤灰、矿渣粉末、硅粉等），按照一定配合比拌和而成的混合材料。混凝土原材料的选用应注意以下两点：一是应结合每个工程的具体特点，选用适用的材料。不能将规范给出的方法和原则当成教条；二是应注意各种原材料的选用和搭配方案并非只有唯一选择方案，应该通过试验进行多种可行方案的合理选择和必要调整。

1. 水泥的选用

水泥是混凝土的主要胶凝材料，对水泥的选择主要针对其品种和强度等级两个方面。水泥强度的选择应满足混凝土强度的配置要求。

一般情况下，水泥品种的选择主要由施工方和混凝土制备方（搅拌站）确定，应该根据设计要求、施工需要和结构工程所处的环境条件（指潮湿、冻融、高温等）来选择。

由于通用硅酸盐水泥（包括硅酸盐水泥、普通硅酸盐水泥、矿渣硅酸盐水泥、火山灰硅酸盐水泥、粉煤灰硅酸盐水泥和复合硅酸盐水泥）具有良好的通用性和广泛的适用性，对于普通混凝土结构宜选用通用硅酸盐水泥。有抗渗、抗冻融要求的混凝土，宜选用硅酸盐水泥或普通硅酸盐水泥；处于潮湿环境的混凝土结构，当使用碱活性骨料时，宜采用低碱水泥。

当在使用中对水泥质量有怀疑或水泥出厂超过3个月（快硬硅酸盐水泥超过1个月）时，应进行复验，并按复验结果使用。

2. 骨料的选用

石子和砂子分别是混凝土的粗、细骨料。粗骨料宜选用粒形良好、质地坚硬的洁净碎石或卵石，并应符合粒径、级配和含泥量的规定。砂子宜选取Ⅱ区中砂。

（1）粗骨料选用的要求

粗骨料有碎石、卵石两种。碎石是用天然岩石经破碎过筛而得的粒径大于5 mm的颗粒。由自然条件作用在河流、海滩、山谷而形成的粒径大于5 mm的颗粒，称为卵石。

粗骨料最大粒径不应超过构件截面最小尺寸的1/4，且不应超过钢筋最小净间距的3/4；对实心混凝土板，粗骨料的最大粒径不宜超过板厚的1/3，且不应超过40 mm；泵送混凝土用碎石的最大粒径不应大于输送管内径的1/3，卵石的最大粒径不应大于输送管内径的2/5。粗骨料宜采用连续粒级，也可用单粒级组合成满足要求的连续粒级。

（2）细骨料

细骨料（砂）按加工方式不同，分为天然砂、人工砂和混合砂。由自然条件作用形成的，公称粒径小于5.00 mm的岩石颗粒，称为天然砂。天然砂根据来源不同，又分为河砂、海砂、山砂。由岩石经除土开采、机械破碎、筛分而成的，公称粒径小于5.00 mm的岩石颗粒，称为人工砂。由天然砂与人工砂按一定比例组合而成的砂，称为混合砂。

海砂中氯离子对钢筋有腐蚀作用，预应力钢筋由于处于高应力状态对这种腐蚀更加敏感，因此，规范对混凝土骨料中的氯离子含量做出如下规定：混凝土细骨料中氯离子含量，对钢筋混凝土，按干砂的质量百分率计算不得大于0.06%；对预应力混凝土，按干砂的质量百分率计算不得大于0.02%。使用海砂时，应执行行业标准《海砂混凝土应用技术规范》的有关规定。

此外，强度等级为C60及以上的混凝土所用粗骨料最大粒径不宜超过25 mm，细骨料细度模数宜控制为2.6～3.0；有抗渗、抗冻融或其他特殊要求的混凝土，宜选用连续级配的粗骨料，最大粒径不宜大于40 mm，含泥量不应大于1.0%，泥块含量不应大于0.5%；所用细骨料含泥量不应大于3.0%，泥块含量不应大于1.0‰。

（3）拌合及养护用水的选用

混凝土拌合及养护用水包括饮用水、地表水、地下水、再生水、混凝土设备洗刷水和海水。混凝土拌合用水水质应满足对pH值、不溶物、可溶物、氯离子、硫酸盐、碱等成分含量指标的检测要求。混凝土拌和及养护用水一般可以直接使用饮用水，但不应有漂浮明显的油脂和泡沫，且不应有明显的颜色和气味。地表水、地下水和再生水的来源和环境比较复杂，应经过检测后符合要求才可使用。未经处理的海水严禁用于钢筋混凝土结构和预应力混凝土结构中混凝土的拌制和养护。混凝土设备洗刷用水不宜用于预应力混凝土、装饰混凝土、加气混凝土和暴露于腐蚀环境的混凝土，不得用于使用碱活性或者潜在碱活性骨料的混凝土。养护用水可不用检验不溶物和可溶物成分。

（4）外加剂

在混凝土拌合过程中掺入，并能按要求改善混凝土性能，一般不超过水泥质量的5%（特殊情况除外）的材料称为混凝土外加剂。按其功能分为以下几类：

①改善混凝土拌合料的流动性：减水剂、引气剂、泵送剂等；

②调节混凝土凝结时间、硬化性能：缓凝剂、早强剂、速凝剂等；

③改善混凝土耐久性：引气剂、防水剂、阻锈剂等；

④改善混凝土其他性能：加气剂、膨胀剂、防冻剂等。

⑤配置混凝土使用的外加剂应根据混凝土性能、施工工艺、结构所处环境等因素选择，并经过试验检验来确定。

3. 混凝土施工配制强度确定

混凝土的制备不仅要满足设计强度，还要满足对混凝土其他功能性的要求。混凝土施工配合比是控制混凝土质量的重要指标。混凝土配合比的设计应当符合以下基本原则：

①在满足混凝土强度、耐久性和工作性要求的前提下，减少水泥和水的用量；

②应考虑环境温度对施工及工程结构的影响；

③试配所用的原材料应与施工采用的原材料一致。

施工配合比是通过配合比设计计算和实验室试配试验确定的。混凝土的强度受混凝土组成材料的质量、施工技术水平影响，具有较大的离散性。为了保证结构使用的混凝土实际强度等级满足设计强度的保值率不低于95%，需要在其强度标准值的基础上提高一个数值。依据混凝土设计强度等级大小，混凝土配置强度的计算方法有两种。

（1）混凝土设计强度等级 < C60：

混凝土的施工配制强度按下式计算：

$$f_{cu,0} \geqslant f_{cu,k} + 1.645\sigma \tag{4-3}$$

式中：$f_{cu,0}$ —— 混凝土的施工配制强度（MPa）；

$f_{cu,k}$ —— 设计的混凝土强度标准值（MPa）；

σ —— 混凝土强度标准差（MPa）。

（2）混凝土设计强度等级 ≥ C60：

$f_{cu,0} \geqslant 1.15 f_{cu,k}$

标准差的 σ 计算：

当具有近期（前1个月或者3个月）的同一品种混凝土强度的统计资料时，混凝土强度标准差 σ 可按下式计算：

$$\sigma = \sqrt{\frac{\sum_{i=1}^{n} f_{cu,i}^2 - n \cdot m_{f_{cu}}^2}{n-1}}$$

(4-4)

式中:$f_{cu,i}$——第 i 组的试件强度(MPa);

$m_{f_{cu}}^2$——n 组试件的强度平均值(MPa);

n——试件组数,$n \geq 30$。

按上式得到的 σ 值还需要根据混凝土强度区间不同,按要求确定。

二、混凝土的浇筑

混凝土浇筑和振捣的目的就是要使在模板中凝结成形的混凝土既均匀又密实,以达到结构要求的强度、刚度和整体性;拆模后混凝土表面要平整,以满足实用功能的需要。

(一)普通混凝土结构的浇筑施工

1. 浇筑前的准备工作

(1) 技术复核和隐蔽验收

应对模板、支架(支撑系统)、钢筋和预埋件布置的正确性进行复核,验收合格后才能浇筑混凝土。由于混凝土工程属于隐蔽工程,因此对工程量大的混凝土工程、重要构件或关键部位的浇筑,均应做好施工记录和隐蔽验收工作。

(2) 施工条件和环境的检查

应保证模板和垫层洁净,其表面干燥的部位应洒水充分湿润并将积水清除干净;高温天气(气温高于35℃时)施工应对模板采取降温措施(特别是金属模板,一般采用洒水降温)。注意天气预报,把握施工时机,尽量避开雨雪天气。

(3) 其他技术保障措施

检查材料、机具准备情况;对施工班组做好施工组织、技术交底、安全教育等工作。

2. 混凝土浇筑的技术要点和控制措施

(1) 浇筑时间

混凝土浇筑应保证混凝土的均匀性和密实性。混凝土浇筑的密实性与浇筑完成后混凝土所具有的强度等级密切相关;均匀性可以理解为混凝土各个部分应该达到相同的强度等级。要满足这个要求,混凝土宜一次性连续浇筑完成,并应采用分层浇筑方式。此外,混凝土浇筑过程中,应对混凝土拌和物的入模时间进行控制。影响混凝土连续浇筑的因素较多,例如混凝土拌和物在运输过程中发生交通拥堵,施工现场狭窄或者浇筑作业转场造成等待,泵送混凝土过程中发生故障,停电和停水等意外事件等,都有可能造成混凝土浇筑过程出现间歇状态。但是,施工间歇不等于造成混凝土浇筑的不连续施工。只有当这些间歇时间连续累计达到一定数量,使上层混凝土在下层混凝土初凝前不能完成覆盖浇筑时,才能认定为混凝土浇筑是不连续的。尽管如此,混凝土浇筑过程中应当主动采取措施对混凝土浇筑的各个环节工作进行时间上的控制。

目前，混凝土不掺外加剂（起缓凝作用）的情况已经不多见了。通常按照掺外加剂情况来考虑，各个环节极限时间的控制按以下数值：

每车混凝土泵送时间一般不会超过 15 min，极限输送时间按 30 min；

（2）混凝土拌合料倾倒高度控制

混凝土在下料过程中，会碰撞模板中的钢筋、钢构件、预埋件等，为了保证混凝土浇筑工作中不产生离析现象，采取措施减少混凝土下料过程中的冲击是关键。特别是竖向构件柱、墙模板内的混凝土浇筑容易发生离析；倾倒高度是指所浇筑结构的高度加上混凝土布料点与该结构顶面之间的垂直距离。当不能满足要求时，应采取有效的控制措施，如溜槽、溜管、串筒等辅助装置。

（3）混凝土表面塑性收缩缝的控制

为了避免浇筑完成的混凝土裸露表面在凝固过程中产生塑性收缩裂缝，需要在混凝土初凝前和终凝前，分别对混凝土裸露表面进行抹面处理。每次抹面可采用"铁板压光磨平两遍"或"用木抹子抹平搓毛两面"的工艺方法。对于梁板结构以及易产生裂缝的结构部位应适当增加抹面次数。

（4）结构节点不同强度等级混凝土分界位置

随着建筑高度的增加，建筑结构底部竖向构件和水平构件的混凝土等级差别越来越大。混凝土浇筑时，高、低强度等级的混凝土分界面位置确定是一个重要的技术环节。由于竖向构件（如墙、柱）在与梁和板重合位置的混凝土受到其侧向约束，强度会有所提高，因而规范认可的提高幅度为 1 个等级，即强度等级差值为 C5，一个等级以上即为 C5 的整倍数。因此，当柱、墙混凝土设计强度比梁、板混凝土设计强度高一个等级时，柱、墙位置梁、板高度范围内的混凝土经设计单位确认，可采用与梁、板混凝土设计强度等级相同的混凝土进行浇筑；当柱、墙混凝土设计强度比梁、板混凝土设计强度高两个等级及以上时，应在交界区域采取分隔措施。分隔位置应在低强度等级的构件中，且距高强度等级构件边缘不应小于 500 mm；为了使混凝土交界面工整清晰，分隔可采用钢丝网板等措施。混凝土的浇筑宜先浇筑高强度等级的混凝土，后浇筑低强度等级的混凝土；应保证一侧混凝土浇筑后，在其初凝前完成另一侧混凝土的覆盖。因此，分隔位置不是施工缝，而是临时隔断。

（5）浇筑顺序

浇筑施工作业首先要在竖向上划分施工层，平面尺寸较大时还要在横向上划分施工段。施工层一般按结构层划分（即一个结构层为一个施工层），也可将每层的竖向结构和横向结构分别浇筑（即每个结构层又分为竖向构件和横向构件两个施工段）。而每一施工层如何划分施工段，则要考虑工序数量、技术要求、结构特点等，尽可能满足组织分层分段流水施工的需要。

施工层与施工段确定后，就可求出每班（或每小时）应完成的工程量，据此选择施工机具和设备并计算其数量，从而保证混凝土拌合料供应的连续性。每小时混凝土的浇筑数量 Q 按照下式计算。

$$Q = \frac{V}{t_1 - t_2}$$

（4-5）

式中：V——每个浇筑层中混凝土的体积（m^3）；
t_1——混凝土初凝时间（h）；
t_2——运输时间（h）。

梁和板一般同时浇筑，从一端开始向前推进；先分层、按阶梯形浇筑梁，当达到板底标高时再梁板一起浇筑。只有当梁≥1 m时才允许将梁单独浇筑，施工缝留置在板底以下50 mm范围。

剪力墙应划分施工段按顺序分层连续浇筑。相邻施工段应浇筑速度接近，依次均匀增加墙体浇筑高度。

浇筑柱子时，一个施工段内的每排柱子应由外向内对称地逐根浇筑，不要从一端向另一端推进，以防柱子模板受到混凝土拌合料的推压作用而逐渐倾斜，造成难以纠正的误差积累。

梁柱节点处，由于钢筋比较密集，混凝土粗骨料下落困难，可以考虑局部改用细石混凝土，并采用片式振捣棒和人工辅助振捣方式。

（二）新型组合结构的浇筑施工

1. 型钢混凝土结构

型钢混凝土结构即在钢筋混凝土结构中加入型钢部件。混凝土浇筑质量对型钢混凝土结构质量影响较大。由于型钢的存在，使构件空间变得紧密和狭小，给混凝土下料带来难度，特别是梁柱节点、主次梁交接处、梁内部型钢的凹角处等，混凝土的密实度和均匀性不易保证。型钢混凝土浇筑应符合下列要求：

①在型钢周边绑扎钢筋后，为了保证型钢和钢筋密集处混凝土拌合料填充密实，要求粗骨料最大粒径不应大于型钢外侧混凝土保护层厚度的1/3，且不宜大于25 mm。

②浇筑过程中应对施工图纸进行分析，并实地考察现场，认真确定混凝土拌合料的下料位置。选择有足够的下料空间的最佳位置，以保证混凝土拌合料充盈到构件模板的各个部位。

③为了避免模板内混凝土拌合料的堆积高差过大而产生的侧向力造成型钢整体偏移，使位置偏差超过规定要求，型钢周边混凝土浇筑宜同步上升，混凝土浇筑高差不应大于500 mm。型钢柱宜在型钢四角空隙同时浇筑混凝土，并同时进行振捣；梁混凝土浇筑应先完成型钢下部混凝土浇筑，可以从型钢一侧浇筑后通过振捣使混凝土均匀分布于型钢底部模板空间；型钢两侧混凝土需分别浇筑、同时振捣，从梁的中段向两端分层、分段依次完成，最后振捣应尽量使型钢翼缘下集聚的气泡从型钢端部留设的钢筋孔或排气孔排出，保证型钢内部较封闭空间的混凝土密实。型钢上部剩余部分的浇筑施工与普通钢筋混凝土施工相同。

2. 钢管混凝土结构

钢管混凝土构件安装一般采用2层或3层一节的方式。由于高度较高，混凝土振捣受到限制，所以多采用高抛混凝土的浇筑方式，通过其自身的冲击力来达到密实的效果。目前则普遍采用免震的自密实混凝土浇筑。自密实混凝土浇筑应符合下列规定：

①应根据结构部位、结构形状、结构配筋等确定合适的浇筑方案；特别是自密实混凝土流动性大，对模板板缝的严密性要求更加严格，模板的验算应充分考虑自密实混凝土的特点。

②自密实混凝土粗骨料最大粒径不宜大于20 mm。

③浇筑应能使混凝土充填到钢筋、预埋件、预埋钢构周边及模板内各部位；必要时可以采用小规格振捣棒进行辅助振捣，但是因为自密实混凝土振捣极易产生离析现象，因而不宜多振。

④自密实混凝土浇筑布料点应结合拌和物特性选择适宜的间距，必要时可通过试验确定混凝土布料点下料间距。

由于混凝土收缩不可避免造成钢管与混凝土之间的间隙，施工中可考虑采用减少混凝土收缩的外加剂（如聚羧酸）。

当钢管截面较小时，由于前期浇筑的混凝土拌合料下料过快而出现"活塞式"下落，往往会出现钢管底部空气无法排除的现象，并最终造成钢管底部混凝土不密实，甚至出现较大空隙。因此，应在钢管壁适当位置留有足够的排气孔，排气孔孔径不应小于20 mm；通常要求至少在钢管底部设置排气管。浇筑混凝土的过程中应加强排气孔观察，并应在确认浆体流出和浇筑密实后再封堵排气孔。

当采用粗骨料粒径不大于25 mm的高流态混凝土或粗骨料粒径不大于20 mm的自密实混凝土时，混凝土最大倾落高度不宜大于9 m；倾落高度大于9 m时，应采用串筒、溜槽、溜管等辅助装置进行浇筑。

钢管混凝土浇筑有两种方式：其一是从钢管上口倾倒拌合料；其二是从管底加压顶升混凝土拌合料。

当采用第一种方式时，应符合下列规定：

①浇筑应有足够的下料空间，并应使混凝土充盈整个钢管；

②输送管端内径或斗容器下料口内径应小于钢管内径，且周边应留有不小于100 mm的间隙；

③应控制浇筑速度和单次下料量，并应分层浇筑至设计标高；

④混凝土浇筑完毕后应对管口进行临时封闭。

当采用第二种方式时应符合下列规定：

①应在钢管底部设置进料输送管，进料输送管应设止流阀门，止流阀门可在顶升浇筑的混凝土达到终凝后拆除；

②应合理选择混凝土顶升浇筑设备；

③应配备上、下方通信联络工具，并应采取可有效控制混凝土顶升或停止的措施；

④应控制混凝土顶升速度,并均衡浇筑至设计标高。

(三)基础大体积混凝土浇筑

大体积混凝土指混凝土结构物实体最小几何尺寸不小于1m的大体量混凝土,或预计会因混凝土中胶凝材料水化引起的温度变化和收缩而导致有害裂缝产生的混凝土。由于柱、墙和梁板大体积混凝土浇筑与一般柱、墙和梁板混凝土浇筑并无本质区别,因此大体积混凝土通常是指基础大体积混凝土。

1. 大体积混凝土的特征

(1)承受较特殊的荷载

大体积混凝土多出现在工业建筑中的设备基础、高层建筑中的桩基承台或筏板基础等结构部位。由于其承受非常大的荷载或者振动荷载,整体性要求较高,往往不允许留施工缝,混凝土浇筑需要一次连续浇筑完毕。

(2)存在温度应力作用

一方面,由于体积大,水化热聚集在内部不易散发,混凝土内部温度显著升高;而表面散热较快,形成较大的内外温差,内部产生压应力,而表面产生拉应力。当混凝土强度不足或者变形性能不足时,如温差过大则易在混凝土表面产生裂纹。另一方面,在混凝土内部逐渐散热冷却(混凝土内部降温)产生收缩时,由于受到基底或已浇筑的混凝土(较早达到强度部分)的约束,混凝土内部将产生很大的拉应力,当拉应力超过混凝土的极限抗拉强度时,混凝土会产生裂缝,这些裂缝往往会导致贯穿缝,给结构带来更严重的危害。

2. 大体积混凝土拌和物的布料顺序

为了保证高差交接部位的混凝土浇筑密实,应先浇筑深坑部分再浇筑大面积基础部分,同时也便于进行平面上的均衡浇筑。

用汽车布料杆浇筑混凝土时,应合理确定布料点的位置和数量,汽车布料杆的工作半径应能覆盖这些部位。各布料点的浇筑量和速度应均衡,以保证各结构部位的混凝土均衡上升,减少相互之间的高差。

采用输送泵管浇筑基础大体积混凝土时,输送泵管前端通常不会接布料设备浇筑,而是采用输送泵管直接下料或在输送泵管前端增加弯管进行左右转向浇筑。弯管转向后的水平输送泵管长度一般为3~4m比较合适,故输送泵管间距不宜大于10m。如果输送泵管前端采用布料设备进行混凝土浇筑时,可根据混凝土输送量的要求将输送泵管间距适当增大,浇筑宜由远及近。

3. 大体积混凝土的浇筑方式

基础大体积混凝土浇筑包括斜面分层、全面分层、分块分层三种方式,最常采用是斜面分层。如果对混凝土流淌距离有特殊要求的工程,混凝土可采用全面分层或分块分层的浇筑方法。在各层混凝土连续浇筑的条件下,层与层之间的间歇时间应尽可能缩短,以保证整个混凝土浇筑过程的连续。当浇筑面积不大时,适于采用全面分层方式,浇筑时从短边开始，沿长边推进；当浇筑厚度较大而长度远大于宽度时，可采用分块分层方式；当浇筑厚度不大而浇筑面积较大时，可以采用斜面分层方式。

分层浇筑的每层混凝土通常采用自然流淌形成斜坡，根据分层厚度要求逐步沿高度均衡上升。不大于 500 mm 分层厚度要求，可用于斜面分层、全面分层、分块分层浇筑方法。大体积混凝土易产生表面收缩裂缝，抹面次数要求适当增加。

混凝土浇筑前，基坑可能因雨水或洒水产生积水，混凝土浇筑过程中也可能产生泌水，为了保证混凝土浇筑质量，可在垫层上设置集水井和排水沟。

4. 裂缝控制措施

大体积混凝土质量控制南关键是裂缝控制，而裂缝控制的关键在于控制混凝土的收缩变形或者变形差。大体积混凝土不仅包括厚大的基础底板，还涉及厚墙、大柱、宽梁、厚板等。其裂缝控制与边界条件、环境条件、原材料、配合比混凝土过程控制和养护等因素关系密切。

（1）配合比控制

大体积混凝土宜采用后期强度作为配合比、强度评定及验收的依据。基础混凝土，确定混凝土强度时的龄期可取为 60 d（56 d）、90 d；柱、墙混凝土强度等级不低于 C80 时，确定混凝土强度时的龄期可取为 60 d（56 d），56 d 龄期的混凝土强度是 28 d 龄期的 2 倍。这样可以通过提高矿物掺合料用量并降低水泥用量，从而降低混凝土水化温升、控制裂缝的目的；确定混凝土强度时采用大于 28 d 的龄期时，龄期应经设计单位确认。

（2）从降低水化热角度选用材料

包括三个方面：用低水化热水泥、减少水泥用量和减少拌合水用量。施工配合比设计在保证混凝土强度及工作性能要求的前提下，应控制水泥用量，宜选用中、低水化热水泥（如矿渣水泥、火山灰质水泥或粉煤灰水泥）；在混凝土中掺入适量的矿物掺和料（如粉煤灰矿渣粉）；采用高性能减水剂，不仅可减少拌合水及水泥的用量，也大幅度减少了混凝土的收缩；温度控制要求较高的大体积混凝土，其胶凝材料用量、品种等宜通过水化热和绝热温升试验确定。

（3）温度控制

温度控制的关键是控制混凝土的温差，最终目的是控制混凝土的差异变形。

①为了降低混凝土内部最高温度，混凝土入模温度不宜大于 30℃；必要时可以采取措施（骨料遮阴贮存、采用低温拌合水等）降低原材料的温度；同时，混凝土浇筑体最大温升值不宜大于 50℃。

②大体积混凝土应加强混凝土养护，在覆盖养护或带模养护阶段，混凝土浇筑体表面以内 40 ~ 100 mm 位置处的温度与混凝土浇筑体表面温度差值不应大于 25℃；结束覆盖养护或拆模后，混凝土浇筑体表面以内 40 ~ 100 mm 位置处的温度与环境温度差值不应大于 25 t。当温差有大于 25 t 趋势时，应恢复或者增加保温覆盖层。

③混凝土浇筑体内部相邻两测温点的温度差值不应大于 25℃。

④混凝土降温速率不宜大于 2.0℃/d；当有可靠经验时，降温速率要求可适当放宽。

（4）其他

尽量减小混凝土所受的外部约束力，如模板、地基面要平整，或在地基面设置可以滑动的附加层。

5. 大体积混凝土测温措施：

（1）测点的设置要求

测定布置应符合下列要求：

①宜选择具有代表性的两个交叉竖向剖面进行测温，竖向剖面交叉位置宜通过基础中部区域。

②每个竖向剖面的周边及以内部位应设置测温点，两个竖向剖面交叉点处应设置测温点；混凝土浇筑体表面测温点应设置在保温覆盖层底部或模板内侧表面，并应与两个剖面上的周边测温点位置及数量对应；环境测温点不应少于2处。

③每个剖面的周边测温点应设置在混凝土浇筑体表面以内40～100 mm位置处；每个剖面的测温点宜竖向、横向对齐；每个剖面竖向设置的测温点不应少于3处，间距不应小于0.4 m且不宜大于1.0 m；每个剖面横向设置的测温点不应少于4处，间距不应小于0.4 m且不应大于10 m。

④对基础厚度不大于1.6 m，裂缝控制技术措施完善的工程，可不进行测温。

（2）测点制度

宜根据每个测温点被混凝土初次覆盖时的温度确定各测点部位混凝土的入模温度；浇筑体周边表面以内测温点、浇筑体表面测温点、环境测温点的测温，应与混凝土浇筑、养护过程同步进行；应按测温频率要求及时提供测温报告，测温报告应包含各测温点的温度数据、温差数据、代表点位的温度变化曲线、温度变化趋势分析等内容；混凝土浇筑体表面以内40～100 mm位置的温度与环境温度的差值小于20℃时，可停止测温。

（3）测点频率

①第一天至第四天，每4 h不应少于一次；

②第五天至第七天，每8 h不应少于一次；

③第七天至测温结束，每12 h不应少于一次。

（四）混凝土水下浇筑

1. 方法

混凝土水下浇筑方法有开底容器法、倾注法、装袋叠置法、柔性管法、导管法和泵压法。倾注法类似于斜面分层浇筑法，施工技术比较简单，但只用于水深不超过2 m的浅水区使用。装袋叠置法虽然施工比较简单，但袋与袋之间有接缝，整体性较差，一般只用于对整体性要求不高的水下抢险、堵漏和防冲工程，或在水下立模困难的地方用作水下模板。柔性管法是较新的一种施工方法，能保证水下混凝土的整体性和强度，可以在水下浇筑较薄的板，并能得到规则的表面。

水下浇筑混凝土常见于灌注桩、地下连续墙、沉井、沉箱等的施工中，目前应用较多的是导管法和泵压法，可用于规模较大的水下混凝土工程，能保证混凝土的整体性和强度，可在深水中施工（泵压法水深不宜超过 15 m）。导管直径约 250～300 mm（至少为最大骨料粒径的 8 倍），每节长 3 m，用法兰盘连接，顶部有漏斗。导管必须用起重设备吊起，保证导管能够升降。与导管法相比，泵压法需要专门的混凝土输送设备，混凝土浇筑强度和搅拌能力都要求较高。

2. 导管法的技术要求

导管法能否顺利进行水下混凝土浇筑的关键在于进入导管的第一批混凝土能否顺利达到仓底，并使导管下端能够完全埋入混凝土，从而使导管内部处于与外部水环境完全隔绝的状态。为此，可以采用在导管上口内部和下口悬挂球塞来隔绝环境水。球塞可以用各种材料制成圆球形。上口悬挂球塞方式是在浇筑前，用吊丝把滑动球塞悬挂在料斗下面的导管内，随着浇筑的混凝土一起下滑，至接近管底时将吊丝剪断，在混凝土自重推动下滑落，混凝土冲出管口并向四周扩散，随即将导管底部埋入混凝土内。此外，也可以采用底塞达到相同效果。导管下口先用球塞（混凝土预制）堵塞，球塞用吊丝挂住。在导管内灌注一定数量的混凝土，将导管插入水下使其下口距基层的距离 H_1 约 300 mm，再切断吊住球塞的铁丝或钢丝，混凝土推出球塞沿导管连续向下流出并向外扩散。管内的混凝土量要使混凝土冲出后足以埋住导管下口，并保证有一定埋深，一般不得小于 0.8 m。浇筑过程应连续进行，直到一次浇筑所需高度或高出水面为止。

导管埋入已经浇筑混凝土内越深，混凝土向四周均匀扩散的效果越好，混凝土更密实，表面也更平坦。但是如果埋入过深，混凝土在导管内流动不畅，不仅对浇筑速度有影响，而且容易造成堵管事故。因此导管法的最大埋入深度一般不宜超过 5 m。

在整个浇筑过程中，一般应避免在水平方向移动导管，直到混凝土顶面达到或高于设计标高时，才可将导管提起，换插到另一浇筑点。一旦发生堵管，如半小时内不能排除，应立即换插备用导管。浇筑完毕，在混凝土凝固后，再清除顶面与水接触的厚约 200 mm 的一层松软部分。

三、混凝土振捣

（一）振捣工具及适用性

施工现场结构构件混凝土拌合料振捣工具主要有插入式振动棒、平板振动器或附着振动器三种，必要时可采用人工辅助振捣。插入式振动棒适用于高度较大的竖向构件和厚度较大的水平构件的混凝土振捣。混凝土振捣应分层进行，每层混凝土都应进行充分振捣。平板振动器通常适用于配合振动棒辅助振捣结构表面，对于厚度较小的水平结构（如板构件、垫层等）或薄壁板式结构可单独采用平板振动器。

（二）振捣要求

1. 工作原理

混凝土振动密实的过程是通过振动设备将一定频率、振幅和激振力的振动能量通过某种方式传递给混凝土拌和物，使其骨料颗粒在强迫振动作用下，原来的黏聚力和内摩擦力被削弱，相互的平衡状态被打破，使混凝土拌和物呈现出流动状态，混凝土拌和物中的骨料、水泥浆及空气在其自重作用发生流淌和位置变化，空总上升并排出，骨料下沉并稳定于新的平衡状态，以达到混凝土构件设计的要求。

2. 一般要求

混凝土振捣应能使模板内各个部位混凝土密实、均匀，不应漏振、欠振、过振。混凝土漏振、欠振都会造成混凝土不密实，从而影响混凝土结构强度等级。混凝土过振容易造成混凝土泌水以及粗骨料下沉，产生不均匀的混凝土结构。对于自密实混凝土应该采用免振的浇筑方法。对于模板的边角以及钢筋、埋件密集区域应采取适当延长振捣时间、加密振捣点等技术措施，必要时可采用微型振捣棒或人工辅助振捣。接触振动会产生很大的作用力，应避免碰撞模板、钢构、预埋件等，防止产生超出允许范围的位移。

3. 插入式振动棒使用要求

（1）深度要求

为了保证相邻两层混凝土之间能进行充分的结合，使其成为一个连续的整体，振捣棒的前端插入前一层混凝土，插入深度不应小于 50 mm。

（2）插入姿态

振捣棒应垂直于混凝土表面并快插慢拔均匀振捣，通过观察混凝土振捣过程中拌合料发生的变化，判断混凝土每一处振捣的延续时间。

（3）停振时机

通常情况下，当混凝土表面无明显塌陷、有水泥浆出现、不再冒出气泡时，可结束该部位振捣。

（4）插入点布置

振捣棒移动的距离根据振动棒作用半径确定。振动棒插入点布置形式有方格形排列和三角形排列两种。采用方格形排列方式振捣，其间距不应大于 1.4 倍的振动棒作用半径；采用三角形排列方式振捣，其间距不应大于 1.7 倍振动棒的作用半径；综合考虑，振捣插入点间距不应大于振动棒的作用半径的 1.4 倍。为了保证混凝土拌合料靠近模板面部分振捣密实，振动棒与模板的距离不应大于振动棒作用半径的 50%。

4. 平板振捣器使用要求

由于平板振动器作用范围相对较小，为了避免出现漏振区域，平板振动器移动应覆盖振捣平面各个边角。振动倾斜表面时，混凝土会沿坡面流动，为了保证后浇筑部分的密实，应由低处向高处进行振捣。

5.附着振动器振捣混凝土应符合下列规定

①附着振动器应与模板紧密连接，设置间距应通过试验确定；

②附着振动器应根据混凝土浇筑高度和浇筑速度，依次从下往上振捣；

③模板上同时使用多台附着振动器时，应使各振动器的频率一致，并应交错设置在相对面的模板上。

四、混凝土养护

混凝土养护的目的就是控制由于早期塑性收缩和干燥收缩造成的开裂,根本措施就是及时补充水分和降低失水速率。因此,混凝土养护,又称保湿养护或者自然养护,多指施工现场混凝土浇筑实体的养护,可采用洒水、覆盖、喷涂养护剂等方式。此外,还有两种养护方式,多用于混凝土试件养护,即同条件养护和标准条件养护。同条件养护试件的养护条件应与实体结构部位养护条件相同,并应妥善保管。标准试件养护多在施工现场配备的标准试件养护室或养护箱内进行。

(一)养护时间要求

混凝土养护时间包括混凝土未拆模时的带模养护时间和混凝土拆模后的养护时间。

①混凝土养护时间应根据水泥种类、外加剂类型、混凝土强度等级及结构部位进行确定;采用硅酸盐水泥、普通硅酸盐水泥或矿渣硅酸盐水泥配制的混凝土,不应少于 7 d;采用其他品种水泥时,养护时间根据水泥性能确定。

②采用缓凝型外加剂、大掺量矿物掺合料配制的混凝土,不应少于 14 d。粉煤灰或矿渣粉的数量占胶凝材料总量不小于 30%、粉煤灰+矿渣粉的总量占胶凝材料总量不小于 40% 的混凝土都可认为是大掺量矿物掺合料混凝土。

③抗渗混凝土、强度等级 C60 及以上的混凝土,不应少于 14 d。

④后浇带混凝土的养护时间不应少于 14 d。

⑤地下室底层墙、柱和上部结构首层墙、柱,宜适当增加养护时间。由于地下室基础底板与地下室底层墙柱以及地下室结构与上部结构首层墙柱施工间隔时间通常都会较长,在这个较长的时间内基础底板或地下室结构的收缩基本完成,对于刚度很大的基础底板或地下室结构会对与之相连的墙柱产生很大的约束,从而极易造成结构的竖向裂缝产生,因此,对这部分结构应增加养护时间。

⑥大体积混凝土养护时间应根据施工方案确定。

(二)洒水养护

①洒水养护宜在混凝土裸露表面覆盖麻袋或草帘后进行,也可采用直接洒水、蓄水等养护方式;洒水养护应保证混凝土处于湿润状态。

②洒水养护用水应符合拌合用水的规定。

③当日最低温度低于 5 ℃时,不应采用洒水养护。

(三)覆盖养护

①覆盖养护宜在混凝土裸露表面覆盖塑料薄膜、塑料薄膜加麻袋、塑料薄膜加草帘进行。

②塑料薄膜应紧贴混凝土裸露表面,塑料薄膜内应保持有凝结水。

③覆盖物应严密,覆盖物的层数应按施工方案确定。

（四）喷涂养护剂养护

①应在混凝土裸露表面喷涂覆盖致密的养护剂进行养护。

②养护剂应均匀喷涂在结构构件表面，不得漏喷；养护剂应具有可靠的保湿效果，保湿效果可通过试验检验。

③养护剂使用方法应符合产品说明书的有关要求。

（五）构件养护方式的选择

①基础大体积混凝土裸露表面应采用覆盖养护方式；当混凝土表面以内 40～100 mm 位置的温度与环境温度的差值小于 25℃时，可结束覆盖养护。覆盖养护结束但尚未到达养护时间要求时，可采用洒水养护方式直至养护结束。

②地下室底层和上部结构首层柱、墙混凝土带模养护时间，不应少于 3 d；带模养护结束后，可采用洒水养护方式继续养护，也可采用覆盖养护或喷涂养护剂养护方式继续养护。

③其他部位柱、墙混凝土可采用洒水养护，也可采用覆盖养护或喷涂养护剂养护。

五、季节性施工

施工技术中所涉及的冬期、高温、雨期均不是严格意义上的气候学定义，而是在工程施工过程中，可能会对工程质量带来不利影响，必须采取措施的一个气候条件。也就是说，不能按照时间来简单界定，例如在冬季进行施工并不是必然采取冬期施工措施，也并不排除雨期施工的可能性。

（一）冬期施工

根据当地多年气象资料统计，当室外日平均气温连续 5 日稳定低于 5℃时，应采取冬季施工措施；当室外日平均气温连续 5 日稳定高于 5℃时，应解除冬期施工措施。当混凝土未达到受冻临界强度而气温骤降至 0℃以下时，应按冬期施工的要求采取应急防护措施。工程越冬期间，应采取维护保温措施。

1. 冻害的机理

新浇筑混凝土的水可分为三部分。一部分是游离水，它充满在混凝土各种材料的颗粒空隙之间；第二部分是物理结合水，是吸附在各种颗粒的表面和毛细管中的薄膜水；第三部分是与水泥颗粒起水化作用的水化水。在混凝土冬期施工中，冬季低温条件下混凝土的冻害来自四个方面的原因：①混凝土的硬化和强度增长速度减慢，需要的设计强度难以达到；②水化作用所需要的水因冻结过程而减少甚至丧失，水化作用减缓或停止，混凝土生成强度较低；③混凝土中的游离水结冰后体积会膨胀，混凝土因冻胀应力会产生内部微裂缝；④冻结水会在混凝土内部产生空隙，使混凝土内部结构松散。防止混凝土发生冻害需要从两个方面入手：一是防止混凝土内部的水冻结，减弱冻胀应力，保证水化作用正常进行；二是在发生冻结之前使混凝土尽早达到较高的强度。

2. 临界强度的概念

试验证明，混凝土是否受冻害影响与受冻的龄期、水灰比有关。冻害发生的龄期越早，水灰比越大，后期混凝土强度损失越多。当混凝土的强度达到其受冻临界强度后，在受冻条件下，混凝土的后期强度不再受到影响。混凝土的受冻临界强度是指为了避免冻害发生，冬期浇筑的混凝土在受冻以前必须达到的最低强度。这是因为，如果混凝土早期受冻，内部水的冻结，不仅阻碍强度增长，而且此时混凝土的强度不足以抵抗冻胀应力，从而使混凝土内部结构受到损伤，造成后期强度降低甚至丧失；而混凝土达到受冻临界强度后，具备了抵御能力而不受损伤。

3. 材料使用措施

①冬期施工混凝土宜采用硅酸盐水泥或普通硅酸盐水泥；采用蒸汽养护时，宜选用矿渣硅酸盐水泥。

②用于冬期施工混凝土的粗、细骨料中，不得含有冰、雪冻块及其他易冻裂物质。

③冬期施工混凝土用外加剂，采用非加热养护方法时，混凝土中宜掺入引气剂、引气型减水剂或含有引气组分的外加剂，混凝土含气量宜控制在 3.0% ~ 5.0%。

4. 混凝土制备措施

①冬期施工混凝土配合比，应根据施工期间环境气温、原材料、养护方法、混凝土性能要求等经试验确定，并宜选择较小的水胶比和坍落度。

②冬期施工混凝土搅拌前，原材料的预热应符合下列规定：

宜加热拌合水，当仅加热拌合水不能满足热工计算要求时，可加热骨料；拌合水与骨料的加热温度可通过热工计算确定；水泥、外加剂、矿物掺合料不得直接加热，应置于暖棚内预热。

5. 混凝土搅拌措施

①液体防冻剂使用前应搅拌均匀，由防冻剂溶液带入的水分应从混凝土拌合水中扣除；

②蒸汽法加热骨料时，应加大对骨料含水率测试频率，并应将由骨料带入的水分从混凝土拌合水中扣除；

③混凝土搅拌前应对搅拌机械进行保温或采用蒸汽进行加温，搅拌时间应比常温搅拌时间延长 30 s ~ 60 s；

④混凝土搅拌时应先投入骨料与拌合水，预拌后再投入胶凝材料与外加剂。胶凝材料、引气剂或含引气组分外加剂不得与 60℃ 以上热水直接接触。

6. 混凝土运输措施

①混凝土拌和物的出机温度不宜低于 10℃，入模温度不应低于 5℃；对预拌混凝土或需远距离输送的混凝土，混凝土拌和物的出机温度可根据距离经热工计算确定，但不宜低于 15℃。大体积混凝土的入模温度可根据实际情况适当降低。

②混凝土运输、输送机具及泵管应采取保温措施。当采用泵送工艺浇筑时，应采用

水泥浆或水泥砂浆对泵和泵管进行润滑、预热。混凝土运输、输送与浇筑过程中应进行测温,其温度应满足热工计算的要求。

7. 混凝土浇筑措施

①混凝土浇筑前,应清除地基、模板和钢筋上的冰雪和污垢,并应进行覆盖保温。

②混凝土分层浇筑时,分层厚度不应小于400 mm。在被上一层混凝土覆盖前,已浇筑层的温度应满足热工计算要求,且不得低于2℃。

8. 临界强度控制要求

①当采用蓄热法、暖棚法、加热法施工时,采用硅酸盐水泥、普通硅酸盐水泥配制的混凝土,不应低于设计混凝土强度等级值的30%;采用矿渣硅酸盐水泥、粉煤灰硅酸盐水泥、火山灰质硅酸盐水泥、复合硅酸盐水泥配制的混凝土时,不应低于设计混凝土强度等级值的40%。

②当室外最低气温不低于-15℃时,采用综合蓄热法、负温养护法施工的混凝土受冻临界强度不应低于4.0 MPa;当室外最低气温不低于-30℃时,采用负温养护法施工的混凝土受冻临界强度不应低于5.0 MPa。

③强度等级等于或高于C50的混凝土,不宜低于设计混凝土强度等级值的30%。

④有抗渗要求的混凝土,不宜小于设计混凝土强度等级值的50‰。

⑤有抗冻耐久性要求的混凝土,不宜低于设计混凝土强度等级值的70%。

⑥当采用暖棚法施工的混凝土中掺入早强剂时,可按综合蓄热法受冻临界强度取值。

⑦当施工需要提高混凝土强度等级时,应按提高后的强度等级确定受冻临界强度。

9. 混凝土养护措施

①采用加热方法养护现浇混凝土时,应根据加热产生的温度应力对结构的影响采取措施,并应合理安排混凝土浇筑顺序与施工缝留置位置。

②当室外最低气温不低于-15℃时,对地面以下的工程或表面系数不大于5 m-1的结构,宜采用蓄热法养护,并应对结构易受冻部位加强保温措施;对表面系数为5 m-1 ~ 15 m-1的结构,宜采用综合蓄热法养护。采用综合蓄热法养护时,混凝土中应掺加具有减水、引气性能的早强剂或早强型外加剂。

③对不易保温养护且对强度增长无具体要求的一般混凝土结构,可采用掺防冻剂的负温养护法进行养护。

④当第②、③条不能满足施工要求时,可采用暖棚法、蒸汽加热法、电加热法等方法进行养护,但应采取降低能耗的措施。

⑤混凝土浇筑后,对裸露表面应采取防风、保湿、保温措施,对边、棱角及易受冻部位应加强保温。在混凝土养护和越冬期间,不得直接对负温混凝土表面浇水养护。

⑥模板和保温层的拆除应符合规范及设计要求,尚应符合下列规定:第一,混凝土达到受冻临界强度,且混凝土表面温度不应高于5℃后;第二,对墙、板等薄壁结构构件,

宜推迟拆模。

10. 混凝土质量检验措施

①混凝土强度未达到受冻临界强度和设计要求时，应继续进行养护。工程越冬期间，应编制越冬维护方案并进行保温维护。

②混凝土工程冬期施工应加强对骨料含水率、防冻剂掺量的检查，以及原材料、入模温度、实体温度和强度的监测；应依据气温的变化，检查防冻剂掺量是否符合配合比与防冻剂说明书的规定，并应根据需要调整配合比。

③混凝土冬期施工期间，应按国家现行有关标准的规定对混凝土拌合水温度、外加剂溶液温度、骨料温度、混凝土出机温度、浇筑温度、入模温度，以及养护期间混凝土内部和大气温度进行测量。

（二）高温施工

高温施工指日平均气温达到30℃时应采取的相应施工措施。高温条件下拌合、浇筑和养护的混凝土早期强度高，但后期强度低。因而高温施工条件下应采取以下措施：

1. 材料使用措施

高温施工时，对露天堆放的粗、细骨料应采取遮阳防晒等措施。必要时，可对粗骨料进行喷雾降温。

2. 配合比措施

高温施工的配合比应符合下列规定：

①应分析原材料温度、环境温度、混凝土运输方式与时间对混凝土初凝时间、坍落度损失等性能指标的影响，根据环境温度、湿度、风力和采取温控措施的实际情况，对混凝土配合比进行调整；

②宜在近似现场运输条件、时间和预计混凝土浇筑作业最高气温的天气条件下，通过混凝土试拌、试运输的工况试验，确定适合高温天气条件下施工的混凝土配合比；

③宜采降低水泥用量，并可采用矿物掺合料替代部分水泥，宜选用水化热较低的水泥；

④混凝土坍落度不宜小于70 mm。

3. 混凝土制备措施

①应对搅拌站料斗、储水器、皮带运输机、搅拌楼采取遮阳防晒措施。

②对原材料进行直接降温时，宜采用对水、粗骨料进行降温的方法。当对水直接降温时，可采用冷却装置冷却拌合用水，并应对水管及水箱加设遮阳和隔热设施，也可在水中加碎冰作为拌合用水的一部分。混凝土拌合时掺加的固体冰应确保在搅拌结束前融化，且在拌合用水中应扣除其重量。

③当需要时，可采取掺加干冰等附加控温措施。

4. 混凝土运输措施

①混凝土宜采用白色涂装的混凝土搅拌运输车运输；混凝土输送管应进行遮阳覆盖，并应洒水降温。

②混凝土拌和物入模温度不应低于5℃，且不应高于35℃。

5. 混凝土浇筑措施

①混凝土浇筑宜在早间或晚间进行，且应连续浇筑。当混凝土水分蒸发较快时，应在施工作业面采取挡风、遮阳、喷雾等措施。

②混凝土浇筑前，施工作业面宜采取遮阳措施，并应对模板、钢筋和施工机具采用洒水等降温措施，但浇筑时模板内不得积水。

③混凝土浇筑完成后，应及时进行保湿养护。侧模拆除前宜采用带模湿润养护。

（三）雨季施工

雨期并不完全是指气候概念上的雨季，而是指必须采取措施保证混凝土施工质量的下雨时间段，包括雨季和雨天两种情况。雨季施工应采取以下措施：

①水泥和掺合料应采取防水和防潮措施，并应对粗、细骨料的含水率进行监测，及时调整混凝土配合比。

②应选用具有防雨水冲刷性能的模板脱模剂。

③混凝土搅拌、运输设备和浇筑作业面应采取防雨措施，并应加强施工机械检查维修及接地接零检测工作。

④除应采用防护措施外，小雨、中雨天气不宜进行混凝土露天浇筑，且不应进行大面积作业的混凝土露天浇筑；大雨、暴雨天气不应进行混凝土露天浇筑。

⑤雨后应检查地基面的沉降，并应对模板及支架进行检查。

⑥应采取防止模板内积水的措施。模板内和混凝土浇筑分层面出现积水时，应在排水后再浇筑混凝土。

⑦混凝土浇筑过程中，因雨水冲刷致使水泥浆流失严重的部位，应采取补救措施后再继续施工。

⑧在雨天进行钢筋焊接时，应采取挡雨等安全措施。

⑨混凝土浇筑完毕后，应及时采取覆盖塑料薄膜等防雨措施。

⑩台风来临前，应对尚未浇筑混凝土的模板及支架采取临时加固措施；台风结束后，应检查模板及支架，已验收合格的模板及支架应重新办理验收手续。

第五章 结构安装工程

第一节 建筑起重机械

结构安装工程中常用的起重机械有：自行杆式起重机、塔式起重机杆。

一、自行杆式起重机

自行杆式起重机分为履带式起重机和轮胎式起重机两种，轮胎式起重机又分为汽车起重机和轮胎起重机。自行杆式起重机的优点是灵活性大，移动方便；缺点是稳定性较差。

（一）履带式起重机

履带式起重机是一种具有履带行走装置、可 360° 回转的起重机。由于其起重量和起重高度较大、操作灵活、行驶方便、臂杆可接长或更换；又由于其履带接地面积大，起重机能在较差的地面上行驶和工作，又可负荷行走，并可原地回转；其工作装置改装后，可成挖土机或打桩架。故在单层工业厂房结构安装中，使用较为广泛。但其自重大，行走对路面破坏较大，故转移时需要其他车辆搬运。另外，它的稳定性较差，不宜超载吊装。

1. 履带式起重机的构造与性能

履带式起重机主要由底盘、机身和起重臂三部分组成。底盘承受机身全部重量，底盘上有转盘，使机身可作360°回转。机身内部有动力装置、传动机构、工作机构，包括卷扬机、滑轮组等；起重臂多为多节桁架，下端铰装在机身前面，可随机身回转。其上连有起重、变幅两套滑轮组，并与卷扬机相连。

建筑工程中常用的国产履带式起重机主要有W1-50型、W1-100型W1-200型。

W1-50型履带式起重机的最大起重量为10 t，起重杆长度有10 m及18 m两种，适用于吊装跨度在18 m以下，高度在10 m以内的小型单层工业厂房结构及装卸作业。

W1-100型履带式起重机的最大起重量为15 t，起重杆长度为13 m及23 m两种，适用于吊装跨度为18~24 m、高度为15 m左右的单层工业厂房结构。

W1-200型履带式起重机的最大起重量为40 t，起重杆长度可达40 m，适用于吊装

履带式起重机的起重能力常用三个工作参数表示，即起重量Q、起重高度H和起重半径R。W1-50、W1-100型起重机的工作性能曲线，可见其起重量、起重高度和起重半径的大小取决于起重臂长度和仰角α。当起重臂长度一定时，随着仰角的增大，起重量和起重高度增加，而起重半径减小；当仰角α不变，起重臂长度增加，起重半径和起重高度增加，而起重量减小。

2. 履带式起重机的稳定性验算

起重机稳定性是指整个机身在起重作业时的稳定程度。起重机在正常条件下工作，一般可以保持机身稳定，但在超负荷吊装或由于施工需要接长起重臂时，需进行稳定性验算，以保证在吊装作业中不发生倾覆事故。履带式起重机在如图5-1所示的情况下（即车身与行驶方向垂直）稳定性最差，此时，应以履带中心A为倾覆中心验算起重机的稳定性。

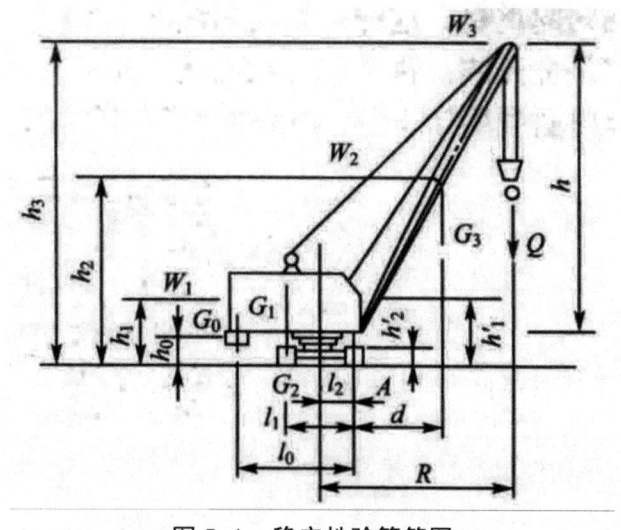

图5-1 稳定性验算简图

①当考虑吊装荷载及附加荷载（风荷载、刹车惯性力和回转离心力等）时，稳定性

安全系数：

$$K_1 = M_稳 / M_倾 \geq 1.15 \tag{5-1}$$

②当仅考虑吊装荷载时，稳定性安全系数：

$$K_2 = M_稳 / M_倾 \geq 1.40 \tag{5-2}$$

倾覆力矩取吊重所产生的力矩；稳定力矩取全部稳定力矩与其他倾覆力矩之差。

按 K_1 验算较复杂，施工现场一般用 K_2 简化验算，由图 5-1 可得：

$$K_2 = M_稳 / M_倾 = \frac{G_1 l_1 + G_2 l_2 + G_0 l_0 - G_3 d}{Q(R - l_2)} \geq 1.40 \tag{5-3}$$

式中：G_0——起重机平衡重量；

G_1——起重机可转动部分的重量；

G_2——起重机机身不转动部分的重量；

G_3——起重臂重量（起重臂接长时，为接长后的重量）为起重机重量的 4%～7%；

l_0、l_1、l_2、d——以上各部分的重心至倾覆中心 A 点的相应距离。

验算后如不满足要求，应采取增加配重等措施。

3. 起重臂接长验算

当起重机的起重高度或起重半径不足时，可将起重臂接长，此时起重机的最大起重量 Q' 可根据力矩等量换算的原则求得。

由 $\sum M_A = 0$ 可得：

$$Q'\left(R' - \frac{M}{2}\right) + G'\left(\frac{R' + R}{2} - \frac{M}{2}\right) = Q\left(R - \frac{M}{2}\right)$$

整理后得：

$$Q' = \frac{1}{2R' - M}\left[Q(2R - M) - G'(R' + R - M)\right] \tag{5-4}$$

式中：R'——起重臂接长后的起重半径；

G'——起重臂接长部分的重量。

当 Q' 值小于所吊构件重量时，须用式

$$K_2 = M_稳 / M_倾 = \frac{G_1 l_1 + G_2 l_2 + G_0 l_0 - G_3 d}{Q(R - l_2)} \geq 1.40 \tag{5-5}$$

进行稳定性验算，并采取相应措施，如在起重臂顶端拉设缆风绳等，以加强起重机稳定性。

（二）轮胎式起重机

1. 汽车起重机

汽车起重机是将起重机构安装在普通载重汽车或专用汽车底盘上的一种自行式全回转起重机。这种起重机的起重臂构造有桁架臂和伸缩臂两种，其汽车驾驶室与起重机操纵室是分开的。这种起重机的优点是运行速度快，能迅速转移，对路面破坏性很小。但吊装作业时必须使用支腿，因而不能负荷行驶，且不适合在松软或泥泞地面作业。

2. 轮胎起重机

轮胎起重机是把起重机构安装在加重型轮胎和轮轴组成的特制底盘上的自行式全回转起重机械。它的构造基本上与履带式起重机相同，只是底盘上装有可伸缩的支腿，一般吊重时都用4个支腿支撑，以增加机身的稳定性并保护轮胎。

轮胎起重机的特点是行驶时对路面的破坏性较小，行驶速度比汽车起重机慢，但比履带式起重机快，稳定性较好，起重量较大。

常用的轮胎起重机有 QL1-8 型、QL2-16 型、QL3-25 型及 QL3-40 型等，其中。QL3-40 型轮胎起重机最大起重量 400 kN，最大臂长 42 m，可用于一般单层工业厂房的结构吊装。

二、塔式起重机

塔式起重机是塔身竖直、起重臂安装在塔身顶部并能全回转的起重机，具有较大的起重高度和工作幅度，工作速度快，生产效率高，使用和装拆方便等优点，被广泛应用于多层及高层装配式结构安装工程。塔式起重机类型较多，一般分为轨道式、爬升式和附着式三类。

（一）轨道式塔式起重机

轨道式塔式起重机是目前应用较广泛的一种起重机械，它能负荷行走，能同时完成垂直和水平运输，且能在直线和曲线轨道上运行，使用安全、生产效率高。但需铺设轨道，装拆及转移耗费工时多，因而台班费较高。

轨道式塔式起重机常用的型号有：QT1-2 型、QT1-6 型、QT60/80 型、QT20 型等。

1. QT1-2 型塔式起重机

QT1-2 型塔式起重机为塔身下回转式轻型起重机，由塔身、起重臂、底盘组成。由于是下回转，重心低，故稳定性好，塔身可折叠，能整体运输。缺点是回转平台较大，起升高度小。适用于五层以下民用建筑和中小型多层工业厂房的结构吊装。

QT1-2 型塔式起重机的起重量为 1~2 t，起重力矩为 160 kN·m，轨距为 2.8 m，起升速度 14.1 m/min，自重 13 t。

2. QT1-6 型塔式起重机

QT1-6 型塔式起重机是轨道式上旋转塔式起重机，最大起重力矩为 400～450 kN·m，起重量为 2～6 t，起重半径为 8.5～20 m，起重高度为 16.2～40.6 m，轨距为 3.8 m，适用于工业、民用建筑的结构吊装或材料仓库装卸等工作。其特点为：起重机借本身机构能够转弯行驶；起重高度可按需要增减塔身、互换节架。

3. QT60/80 型塔式起重机

QT60/80 型塔式起重机是塔顶旋转式起重机，起重力矩为 600～800 kN·m，起重量为 10 t。适用于多层房屋结构的安装。

（二）爬升式塔式起重机

爬升式塔式起重机是一种安装在建筑物内部（电梯井或特设开间）结构上，依靠套架托梁和爬升系统，随着建筑物的建高而爬升的起重机械。一般每隔 1～2 层楼便要爬升一次，适用于框架结构的高层建筑施工。

爬升式塔式起重机的特点是不需铺设轨道，机身体积小，重量轻、安装简便、不占用施工场地，宜用于施工现场狭窄的高层建筑结构安装。

爬升式塔式起重机由底座、套架、塔身、塔顶、行车式起重臂、平衡臂等部分组成。目前使用的主要型号有：QT5-4/40 型，QT3-4 型。

爬升式塔式起重机的爬升过程即：固定下支座→提升套架→固定套架→下支座脱空→提升塔身→固定下支座。

（三）附着式塔式起重机

附着式塔式起重机是一种能适应多种工作情况的起重机。它直接固定在建筑物近旁的混凝土基础上，可随建筑物的施工进度，借助顶升系统将塔身自行向上接高。为了减少塔身的计算长度，每隔 20 m 左右将塔身与建筑物用锚固装置连接。它适用于高层建筑施工。附着式塔式起重机还可装在建筑物内部作爬升式塔式起重机使用，或作轨道式塔式起重机使用。

附着式塔式起重机的动臂形式分水平式和压杆式两种。动臂为水平式时，载重小车沿水平动臂运行变幅，变幅运动平衡，其动臂较长，但动臂自重较大。动臂为压杆式时，变幅机构曳引动臂仰俯变幅，变幅运动不如水平式平稳，但其自重较小。

塔式起重机的起重量随幅度而变化。起重量与幅度的乘积称为载荷力矩，是这种起重机的主要技术参数。通过回转机构和回转支承，塔式起重机的起升高度大，回转和行走的惯性质量大，故需要有良好的调速性能。

特别起升机构要求能轻载快速、重载速、安装就位微动。一般除采用电阻调速外，还常采用涡流制动器、调频、变极、可控硅和机电联合等方式调速。

塔吊在平面布置的时候要绘制平面图，尤其是房地产开发小区，住宅楼多，塔吊散如林，更要考虑相邻塔吊的安全距离，在水平和垂直两个方向上都要保证不少于 2 m 的安全距离，相邻塔机的塔身和起重臂不能发生干涉，尽量保证塔机在风力过大时能自由旋转。

塔机后臂与相邻建筑物之间的安全距离不少于 50 cm。塔机与输电线之间的安全距离符合要求。

塔机与输电线的安全距离不达规定要求的要搭设防护架，防护架搭设原则上要停电搭设，不得使用金属材料，可使用竹竿等材料。竹竿与输电线的距离不得小于 1 m 还要有一定的稳定性的强度，防止大风吹倒。

第二节　钢筋混凝土单层工业厂房结构安装

单层工业厂房一般面积较大、构件类型较少，但数量较多。结构构件有基础、柱、吊车梁、天窗架、屋面板及支撑系统等。除基础为现浇外，其余构件多为预制构件，柱和屋架等大型构件一般均在施工现场就地预制，其他构件则多集中在预制构件厂生产，然后运到现场进行吊装。因此，制定一个切实可行的结构吊装方案是单层工业厂房施工的关键。

一、构件吊装前的准备工作

预制构件吊装的施工过程包括：绑扎、吊升、就位、临时固定、校正、最后固定等工序。

构件吊装前要做好各项准备工作，其内容包括：清理及平整场地；修建临时道路；构件的运输和堆放；构件的检查与应力核算；构件的弹线与编号以及基础准备、吊具准备等。

（一）基础准备

基础准备系指柱吊装前对杯底抄平和对杯口顶面弹线。装配式钢筋混凝土柱基础一般为杯形基础。在浇筑时应保证基础定位轴线及杯口尺寸准确。同时，为便于调整柱子牛腿面的标高，杯底浇筑后的标高应较设计标高低 50 mm。柱吊装前需要对杯底标高进行调整（或称抄平）。调整的方法是：先测出杯底的实际标高，量出柱底至牛腿顶面的实际长度，然后根据牛腿顶面的设计标高与杯底实际标高之差，计算柱底至牛腿顶面的应有长度。将其与柱量得的实际长度相比，得到杯底标高应有的调整值 Δh，并在杯口内标出，用 1∶2 水泥砂浆或细石混凝土将杯底抹平至标志处。

基础杯口顶面应根据厂房的定位轴线与柱的安装中心线，弹出建筑物的纵、横定位轴线及柱的吊装准线，以作为柱安装、对位和校正时的依据。

(二)构件运输和堆放

运输时构件的混凝土强度应满足设计规定,如设计无规定,则不应小于75%的设计强度等级;装卸时的吊装绑扎点位置、堆放时垫木位置,应符合设计规定要求;运输过程中必须保证构件不变形、不倾倒、不损坏。

构件应按施工平面图堆放,避免二次搬运。堆放构件的地面应平整坚实,排水良好,以免构件因地面下沉而倾倒。构件叠放时,构件之间的垫木要在同一条垂直线上,以免构件折断。构件叠放的高度,按构件混凝土强度、地面的耐压力和构件叠放的稳定性确定。

(三)构件的检查与应力核算

构件在吊装前应进行全面的检查:混凝土强度、外形尺寸、构件型号与数量、预埋件的数量和尺寸以及位置是否符合设计的要求;还要检查构件有无损伤、裂缝、变形等缺陷。

另外,由于构件吊装与使用时的受力状态不同,可能导致构件吊装损坏,因而构件在吊装前须进行吊装应力的验算,若不满足要求,应增加吊点或采取临时加固措施。

(四)构件弹线与编号

构件吊装前应在其表面弹出吊装中心线,作为构件吊装对位、校正的依据。对形状复杂的构件,还要标出它的重心及绑扎点的位置。

柱子应在柱身三个面上弹出吊装中心线,所弹中心线位置应与柱基杯口面上所弹中心线相吻合。此外,在柱顶和牛腿面上还要弹出屋架及吊车梁的吊装中心线。吊车梁在两端及顶面分别弹出吊装中心线;屋架在上弦顶面弹出几何中心线,并从跨度中央向两端分别弹出天窗架、屋面板或檩条的吊装中心线,两端应弹出纵、横吊装中心线。

在对构件弹线的同时,应按设计图纸将构件进行编号,编号要写在明显易见的部位。

二、构件吊装工艺

(一)柱的吊装

1. 柱的绑扎

柱一般均在施工现场预制,用砖或土做底模平卧生产。在制作底模和浇筑混凝土前,应确定绑扎方法,并在绑扎点预埋吊环或预留孔洞,以便在绑扎时穿钢丝绳。

柱的绑扎方法、绑扎位置和绑扎点数目,要根据柱的形状、断面、长度、配筋以及起重机的性能确定。根据柱的绑扎位置和绑扎点数,以及柱起吊后是否垂直,柱的绑扎方法分为:一点绑扎斜吊法、一点绑扎直吊法、两点绑扎法。

(1)一点绑扎斜吊法

当柱平卧起吊的抗弯承载力满足要求时,可采用该种方法。

斜吊绑扎法时起重钩可低于柱顶,当所吊的柱身较长,而选用的起重机起重高度不足时,可采用此法绑扎。斜吊绑扎法可用两端带环的吊索及活络卡环绑扎,也可在柱吊点处预留孔洞，采用柱销来绑扎。

（2）一点绑扎直吊法

当柱平卧起吊的抗弯承载力不足，需将柱在吊装前先翻身再绑扎起吊，这时应采取抗弯能力增强的直吊绑扎法。由于此法起吊后，铁扁担跨于柱顶上方，故须有较大的起吊高度。但柱起吊后呈直立状态，便于垂直插入杯口和对正底线，利于校正。

（3）两点绑扎法

当柱身较长，一点绑扎抗弯承载力不足时，可用两点绑扎法。

2. 柱的吊升

柱的起吊方法，应根据柱的重量、长度、起重机性能和现场条件而定，可采用单机吊装，对重型柱有时也可采用两台起重机抬吊。

根据柱在吊升过程中运动的特点，柱的吊升可分为旋转法和滑行法两种。

（1）旋转法

用旋转法吊升柱时，起重机的起重臂边升钩、边回转，使柱身绕柱脚旋转起吊，然后插入基础杯口。

为了操作方便和起重臂不变幅，柱在预制或排放时，应尽量使柱脚靠近基础，使柱基中心、柱脚中线和柱绑扎点均位于起重机的同一起重半径的圆弧上，该圆弧的圆心为起重机的回转中心，半径为圆心到绑扎点的距离。这种布置方法称为"三点共弧"。

若受施工现场条件限制，柱的绑扎点、柱脚与柱基中心不能同时布置在起重机的同一起重半径的圆弧上时，可采用绑扎点与基础中心或柱脚与基础中心两点共弧来布置，但采用这种布置方法时，柱在吊升过程中起重机要变幅，影响工效。

用旋转法吊升柱子，柱子在吊升过程中所受震动较小，生产率较高，但对起重机的机动性要求高。当采用履带式、轮胎式起重机时，宜采用此法。

（2）滑行法

用滑行法吊升柱子时，起重机只需升钩，起重臂不需转动，使柱脚沿地面滑行逐渐直立，然后插入杯口。

采用滑行法布置柱的预制或排放位置时，应使绑扎点靠近基础，绑扎点与杯口中心均位于起重机的同一起重半径的圆弧上（两点共弧）。

滑行法吊升柱时，柱在滑行过程中受振动较大；但在起吊过程中，起重机只需转动吊杆即可将柱吊装就位，比较安全，对起重机的机动性要求较低。

为减少柱脚滑行时与地面的摩擦力和免受震动，可在柱脚下设置托木、滚筒及滑行小车。滑行法一般用于柱较重、较长，而起重机在安全荷载下的回转半径不够时；或现场狭窄，柱无法按旋转法排放布置等情况。

如果用双机抬吊重型柱时，仍可采用旋转法（两点抬吊）和滑行法（一点抬吊）。

3. 柱的对位与临时固定

柱脚插入杯口后应悬离杯底适当距离（30～50 mm）进行对位，使柱的吊装中心线对准杯口上的吊装准线，并使柱基本保持垂直。柱对位后，从柱四周向杯口放入8个钢（混凝土）楔块，略微打紧，再放松吊钩，检查柱沉至杯底后的对位情况，若符合要求，即可将楔块打紧作柱的临时固定，然后起重钩便可脱钩。

吊装重型柱或细长柱时，还须增设缆风绳拉锚。

4. 柱的校正与最后固定

柱的校正包括平面位置、垂直度和标高的校正，标高的校正已在杯底抄平时完成；平面位置在临时固定时已校正好。故此时仅需校正垂直度。

垂直度的检查要用两台经纬仪从柱的相邻两面观察柱的中心线是否垂直。若垂直度偏差大于规定值，应进行校正。

校正方法有千斤顶校正法、钢管撑杆斜顶法、钢钎法、缆风绳校正法等。

当垂直偏差值较小时，可用敲打楔块纠正；当垂直偏差值较大时，可用千斤顶校正法、钢管撑杆斜顶法等其他方法进行校正。

柱校正后应立即进行最后固定，其方法是在柱脚与杯口的空隙中浇筑比柱混凝土强度等级高一级的细石混凝土。混凝土浇筑应分两次进行，第一次浇至楔块底面，待混凝土强度达到设计强度的 25% 后，拔掉楔块，将混凝土灌满杯口。第二次浇筑的混凝土强度达到 75% 设计强度后，方能吊装上部构件。

（二）吊车梁的吊装

吊车梁吊装时应两点绑扎、对称起吊，吊钩应对准重心使其起吊后保持水平。对位时不宜用撬棍在纵轴方向撬动吊车梁，过分撬动会使柱身弯曲产生偏差。一般吊车梁就位时用铁块垫平，不需采取临时固定措施。但当吊车梁的高宽比大于 4 时，宜用铁丝将吊车梁临时绑在柱上，以防倾倒。

吊车梁的校正主要是对垂直度和平面位置校正，两者应同时进行。吊车梁的标高主要取决于柱牛腿标高，这在柱吊装前已进行过调整。吊车梁的垂直度用靠尺、锤球检查，吊车梁垂直度的允许偏差为 5 mm，若偏差超过规定值，可在支座处加铁片垫平，但每处垫铁不得超过三块。

平面位置的校正，主要检查吊车梁纵轴线和跨距是否符合要求。吊车梁平面位置的校正方法通常用通线法和平移轴线法。

通线法是根据柱的定位轴线，用经纬仪和钢尺先校正厂房两端的四根吊车梁位置（即纵轴线和轨距），再依据校正好的端部吊车梁沿其轴线拉上钢丝通线，逐根拨正。平移轴线法是根据柱和吊车梁的定位轴线间的距离（一般为 750 mm），逐根拨正吊车梁的安装中心线。

吊车梁校正后应立即焊接固定，并在吊车梁与柱的空隙处浇筑细石混凝土。

（三）屋架的吊装

屋架的吊装一般均按节间进行综合安装，即每安好一根屋架随即将这一节间的全部构件安装上去，包括屋面板、天窗架、支撑、天窗侧板及天沟板等。钢筋混凝土屋架一般在施工现场平卧叠浇，吊装前应将屋架扶直（翻身）、就位（排放）。屋架吊装的施工顺序为：绑扎，扶直与就位，吊升、对位与临时固定，校正和最后固定。

1. 屋架的绑扎

屋架的绑扎点应选在上弦节点处，左右对称于屋架的重心。吊点数目和位置与屋架的形式和跨度有关，一般由设计确定。如施工图未注明或需改变吊点数目和位置时，应事先对吊装应力进行验算。一般当屋架跨度 $l ≤ 18$ m 时两点绑扎；$l > 18$ m 时四点绑扎；$l > 30$ m 时，应考虑采用横吊梁，以减少绑扎高度；对刚度较差的组合屋架，因下弦不能承受压力，也宜采用横吊梁四点绑扎；$l > 30$ m 且刚度很差的钢屋架，应先加固再绑扎起吊。

屋架绑扎的吊索与水平面夹角 α 不宜小于 45°，以免屋架承受过大的压力。为了减少屋架的起重高度（当吊车的起重高度不够时）或减少屋架所承受的压力，必要时也可采用横吊梁。

2. 屋架的扶直与就位

钢筋混凝土屋架是平面受力构件，侧向刚度较差，扶直时，由于自重作用使屋架产生平面外弯曲，部分杆件将改变应力情况，特别是上弦杆极易扭曲开裂，因此必须进行吊装应力验算，如果截面强度不够，应采取加固措施；翻身时，吊索与水平面夹角 α 不宜小于 60°。

按照起重机与屋架预制时相对位置的不同，屋架扶直有正向扶直和反向扶直两种方式。

3. 屋架的吊升、对位与临时固定

屋架一般采用单机悬吊法吊升，屋架跨度大（跨度大于 24 m）或重量很大时，可考虑采用双机抬吊。屋架起吊后旋转至设计位置上方，超过柱顶约 300 mm，然后缓缓下落在柱顶上，力求对准安装准线。

屋架对位后应立即进行临时固定。对第一榀屋架的临时固定必须十分重视，因为它是单片结构，侧向稳定性较差，而且它还是第二榀屋架的支撑。第一榀屋架的临时固定，可用四根缆风绳从两边拉牢；当先吊装抗风柱时，可将屋架与抗风柱连接。

第二榀屋架以及以后各榀屋架可用工具式支撑临时固定在前一榀屋架上。

4. 屋架的校正与最后固定

屋架校正可用垂球或经纬仪检查屋架的垂直度，并用工具式撑杆或屋架校正器校正屋架的垂直偏差。

屋架校正完毕应立即按设计规定用螺母或焊接固定，屋架固定后，起重机才可松钩。

（四）屋面板的吊装

屋面板四角一般都预埋有吊环，用四根等长的带吊钩的吊索吊装。屋面板就位后，应立即焊接固定，每块屋面板至少有 3 点与屋架或天窗架焊接。吊装顺序自两边檐口左右对称地逐块吊向屋脊，以避免屋架受荷不均。

三、结构吊装方案

在拟定单层工业厂房结构吊装方案时,应根据厂房结构形式、跨度、构件重量、安装高度、吊装工程量及工期要求,并结合施工现场条件及现有起重机械设备等因素综合考虑后,着重解决起重机的选择、结构吊装方法、起重机开行路线及构件平面布置等问题。

起重机的选择包括对起重机类型和型号的选择。

(一)起重机类型的选择

起重机的类型应根据厂房结构特点、跨度、高度、柱距、构件重量、吊装高度、吊装方法外形尺寸及现场施工条件等确定。

对于一般中小型厂房,由于平面尺寸较大,构件较轻,安装高度不大,厂房内设备安装多在厂房结构安装完成后进行,故采用自行式(履带式)起重机进行结构安装较为合理。当高度、跨度及长度都很大时,可选择塔式起重机。当缺乏自行式起重机或塔式起重机时,可选用桅杆式起重机。大跨度重型厂房还可将几种起重机械配合使用。

(二)起重机型号的选择

起重机型号的选择应满足结构安装的需要,它的选择取决于三个参数:起重量、起重半径和起重高度。同一型号的起重机,一般均有几种不同长度的起重臂。如果构件的重量、安装高度相差较大时,可用同一型号的起重机,以两种不同长度的起重臂进行吊装。例如柱的重量大于屋架的重量,而屋架的安装高度大于柱,则可用短臂安装柱,长臂(或接长起重臂)安装屋架,以充分发挥起重机效能。

1. 起重量

起重机的起重量必须满足下式:

$$Q \geqslant Q_1 + Q_2 \tag{5-6}$$

式中:Q——起重机的起重量(kN);
Q_1——构件的重量(kN);
Q_2——索具的重量(kN)(一般 $\geqslant 2$ kN)。

2. 起重高度

起重机的起重高度必须满足构件的吊装高度要求。

$$H \geqslant h_1 + h_2 + h_3 + h_4 \tag{5-7}$$

式中:H——起重机的起重高度(m)(停机面至吊钩的距离);
h_1——安装支座表面的高度(m)(从停机面算起);
h_2——安装空隙,不小于 0.3 m;
h_3——绑扎点至构件底面的距离(m);
h_4——索具高度,自绑扎点至吊钩中心的距离(m)。

3. 起重半径（工作幅度）

当起重机可以开到构件附近去吊装时，对起重半径没什么要求，在计算起重量及起重高度后，便可通过查阅起重机性能表或性能曲线来选择起重机型号及起重臂长度，并可查得在此起重量和起重高度下相应的起重半径，并可以此为依据确定吊装该类构件时起重机开行路线及停机点。

当起重机不能开到构件附近去吊装时，应根据要求的最小起重半径、起重量和起重高度查起重机性能表或性能曲线来选择起重机型号及起重臂长。

当起重机的起重臂需要跨过已安装好的结构去吊装构件时（如跨过屋架或天窗架吊装屋面板），为了不使起重臂与安装好的结构相碰，或当所吊构件宽度较大，为使构件不碰起重臂，均需求出起重机起吊该构件的最小臂长及相应的起重半径。它们可用数解法或图解法求得。

（1）数解法

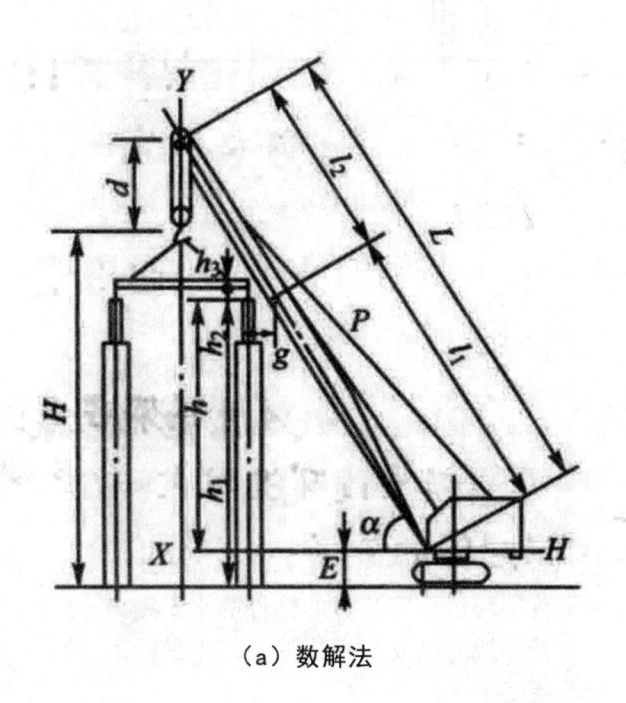

(a) 数解法

(b）图解法

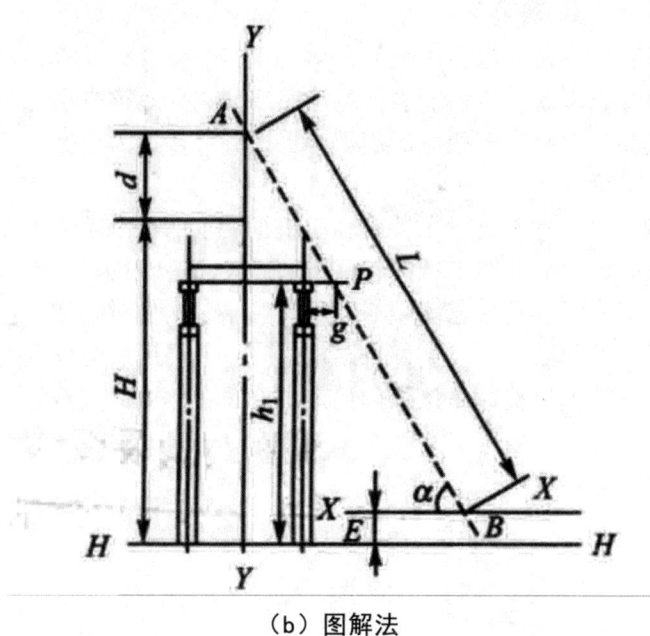

图 5-2　起重机最小起重臂长计算简图

构造如图 5-2（a）所示，最小起重臂长：

$$L = l_1 + l_2 = \frac{h}{\sin\alpha} + \frac{a+g}{\cos\alpha}$$

（5-8）

式中：L——最小起重臂长度（m）；

　　　h——起重臂下铰点至吊装构件支座顶面的高度（m），$h = h_1 - E$；

　　　h_1——支座高度（从停机面算起）（m）；

　　　E——起重臂下铰点中心距地面高度（m）；

　　　a——起重钩须跨过已安装好的构件的水平距离（m）；

　　　g——起重臂轴线与已安装好构件间的水平距离，至少取 1 m；

　　　H——起重高度（m）；

　　　d——吊钩中心至定滑轮中心的最小距离，视起重机型号而定，一般为 2.5 ~ 3.5 m；

　　　a——起重臂的仰角。

为了求得最小臂长，对式 $L = l_1 + l_2 = \dfrac{h}{\sin\alpha} + \dfrac{a+g}{\cos\alpha}$ 进行微分，并令 $\dfrac{dL}{da} = 0$，

$$\frac{dL}{da} = \frac{-h\cos\alpha}{\sin^2\alpha} + \frac{(a+g)\sin\alpha}{\cos^2\alpha} = 0$$

（5-9）

得：

$$\alpha = \arctan \sqrt[3]{\frac{h}{a+g}}$$

(5-10)

将已求得的 a 值代入式 $L = l_1 + l_2 = \dfrac{h}{\sin\alpha} + \dfrac{a+g}{\cos\alpha}$，即算得所需最小起重臂长度 L 的理论值。

据此可选用适当起重机的起重臂长度，然后根据实际选用的起重臂长度 L 及相应的 a 值计算出起重半径 R。

$$R = F + L\cos\alpha$$

(5-11)

式中：F——起重臂下铰点中心至回转中心距离（m）。

根据起重机的性能曲线，复核起重量及起重高度，如能满足构件吊装要求，即可根据 R 值确定起重机吊装屋面板时的停机位置。

（2）图解法

首先按一定比例（不小于 1∶200）绘出厂房的一个节间的纵剖面图，并画出起重机吊装屋面板时，吊钩需伸到处的垂线 Y-Y（图5-2（b））。

根据初步选用的起重机型号，起重臂下铰点至停机面的距离 E，画出水平线 H-H。

自屋架顶向起重机方向量水平距离 g（$g \geqslant 1$ m）得 p 点；根据起重机停机面计算吊钩需要的提升高度 $H+d$，在垂线 Y-Y 上定出 A 点，连接 A、P 两点，其延长线与 H-H 相交于 B，B 点即为起重臂的臂根铰心。

AB 的长度即为所求的起重臂的最小长度 $L_{\min}$。

$L_{\min}$ 的水平投影长度加上 F，即为起重半径 R。

根据图解法所求得的最小起重臂长度为理论值 $L_{\min}$，查起重机的性能表或性能曲线，从规定的几种臂长中选择一种臂长 $L \geqslant L_{\min}$，即为吊装屋面板时所选的起重臂长度。

4. 起重机数量的确定

所需起重机数量，根据厂房的工程量、工期和起重机的台班产量定额按下式计算：

$$N = \frac{1}{TCK} \sum \frac{Q_i}{P_i}$$

(5-12)

式中：N——起重机台数（台）；

T——工期（d）；

C——每天工作班数（班）；

K——时间利用系数，取 0.8~0.9（每天所吊件数）；

Q_i——每种构件的吊装工程量（件或T）；

P_i——起重机相应的台班产量定额 [件/（台·班）或T/（台·班）]。

此外，在决定起重机数量时，还应考虑构件装卸、拼装和排放的工作量。

（三）结构吊装方法

单层工业厂房结构的吊装方法，有分件吊装法、节间吊装法和综合吊装法。

1. 分件吊装法

分件吊装法是起重机在车间内每开行一次，仅吊装一种或两种构件。通常分几次开行吊完全部构件。第一次开行吊装全部柱子，并进行校正和最后固定；第二次开行吊装全部吊车梁、连系梁及柱间支撑；第三次开行进行屋架扶直与就位；第四次开行分节间吊装屋架、天窗架、屋面板及屋面支撑等。

分件吊装法的优点是每次吊装同类构件，索具不需经常更换，且操作程序基本相同，吊装速度快，能充分发挥起重机效率，也能给构件校正、接头焊接、灌筑混凝土、养护提供充分的时间；且构件可分批进场，供应单一，平面布置比较容易，现场不致拥挤。但起重机开行路线较长，停机点多，不能为后续工程及早提供工作面。

2. 节间吊装法

节间吊装法是指厂房结构吊装时，起重机在车间内一次开行中，分节间吊装完各种类型的构件。吊装顺序是首先吊装四根柱子，立即加以校正和最后固定；然后吊装吊车梁、连系梁、屋架及屋面板等构件。如此，一个节间一个节间地进行，直到吊完全部构件为止。

节间吊装法起重机开行路线短，停机次数少，能为后续工程及早提供工作面。但由于同时要吊装各种不同类型的构件，起重机性能不能充分发挥，吊装速度慢，构件供应和平面布置复杂，构件校正和最后固定的时间短，给校正工作带来困难。

3. 综合吊装法

综合吊装法是将分件吊装法与节间吊装法结合使用。一般先用分件吊装法吊装柱、吊车梁、连系梁，然后，一个节间一个节间地吊装屋架、屋面板等其他构件，直到把整个厂房结构构件全部吊装完为止。

（四）起重机开行路线及停机位置

起重机开行路线和停机位置与起重机的性能、构件尺寸、重量、构件平面布置、构件供应方式以及吊装方法等因素有关。

起重机的开行路线一般可分为跨中开行和跨边开行两种。当吊装屋架、屋面板等屋盖构件时，起重机大多沿跨中开行；当吊装柱（或吊车梁）时，则视跨度大小、柱的尺寸、柱的重量及起重机性能，可沿跨中开行或沿跨边开行。图5-3所示为履带式起重机吊装柱子时的开行路线和停机位置的几种不同方案。

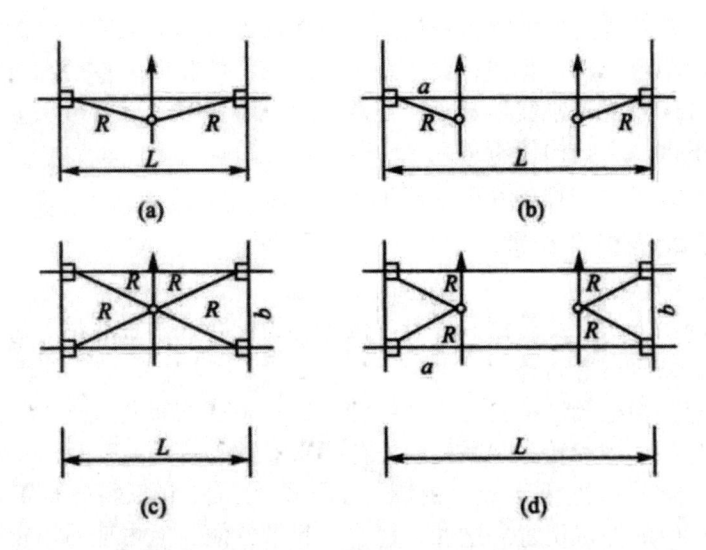

图 5-3 履带式起重机吊装柱子时的开行路线和停机位置

图 5-3（a）及（b）方案为起重机沿跨中开行，起重机停机一次，吊装 2 根或 4 根柱子。当车间跨度小，构件尺寸和重量均较小，能满足起重机三个参数（起重量、起重高度、起重半径）的吊装要求时，此方案是合理的。因起重机停机位置少，可减少停机所花费的时间，能提高吊装速度。该方案适用于轻型车间柱的吊装。

图 5-3（c）、（d）方案为起重机沿跨边开行，起重机停机一次，吊装 1 根或 2 根柱子。当车间跨度较大，构件尺寸和重量均较大，起重机性能受到限制时，往往采用此方案。该方案适用于中、重型车间柱的吊装。

屋架扶直、就位及屋盖结构吊装时，起重机在空中开行。

当建筑物具有纵向多跨并列，且有横向跨时，可先吊装各纵向跨，然后吊装横向跨，以确保在各纵向跨吊装时，起重机械及运输车辆畅通。如各纵向跨有高低跨时，则应先吊装高跨。

当单层厂房面积较大或具有多跨结构时，为加速吊装工程速度，可将建筑物划分为若干段，选用多台起重机同时进行施工。每台起重机可以独立作业，负责完成一个区段的全部吊装工作，也可以选用不同性能的起重机协同作业，有的专门吊装柱子和吊车梁，有的专门吊装屋盖结构，组织流水施工。

（五）构件平面布置

当起重机型号及结构吊装方案确定之后，即可根据起重机性能、构件制作及吊装方法，结合施工现场情况确定构件平面布置。

布置构件时应注意：各跨构件应尽可能布置在本跨内，如确有困难，也可布置在跨外便于安装的地方；要满足吊装工艺要求，尽可能在起重机的起重半径内，以减少起重机"跑吊"（负荷行走）及起重臂起伏次数；应便于支模及浇筑混凝土，对预应力构件尚应考虑抽管、穿筋的操作场地；应首先考虑重型构件（如柱等）的布置，尽量靠近安装地点；各种构件布置均应力求占地最少，以保证起重机、运输车辆的道路畅通，在起重机回转时尾部不致与构件相碰；要注意吊装时构件的朝向，以免在空中调向，影响进度和安全；构件应布置在坚实地基上，在新填土上布置时，土要分层夯实，并采取一定措施防止地基下沉，影响构件质量。

构件平面布置可分为预制和吊装两个阶段。

1. 预制阶段的构件布置

（1）柱的布置

由于柱的起吊方法有旋转法和滑行法两种。为配合这两种起吊方法，柱布置的方式采用斜向布置和纵向布置两种。

①斜向布置是指柱预制位置与厂房纵轴线成一角度的布置。这种布置方式主要是为了配合旋转法起吊。按旋转法起吊柱的工艺要求，柱的绑扎点、柱脚中心点及杯形基础中心点应在起重机同一起重半径 R 的圆弧上，称为三点共弧斜向布置。圆弧中心即为起重机吊装该柱时的停机位置。这种布置方式起吊方便，但占地面积较大。

在布置柱子时，有时由于柱子过长或受场地限制，很难按三点共弧斜向布置，这时可按两点共弧斜向布置。两点共弧斜向布置方法亦有两种：一种是将柱脚与柱基放在半径 R 的圆弧上，吊点放在起重半径 R 之外（图5-4（a）），吊装时先用较大的起重半径 R' 起吊，并抬升起重臂，当起重半径变为 R 后，停升起重臂，随后用旋转法吊装。

另一种是将绑扎点与柱基共弧（图5-4（b）），柱脚可斜向任意方向，吊装时，可先用滑行法吊升，待柱直立后再用旋转法吊装。

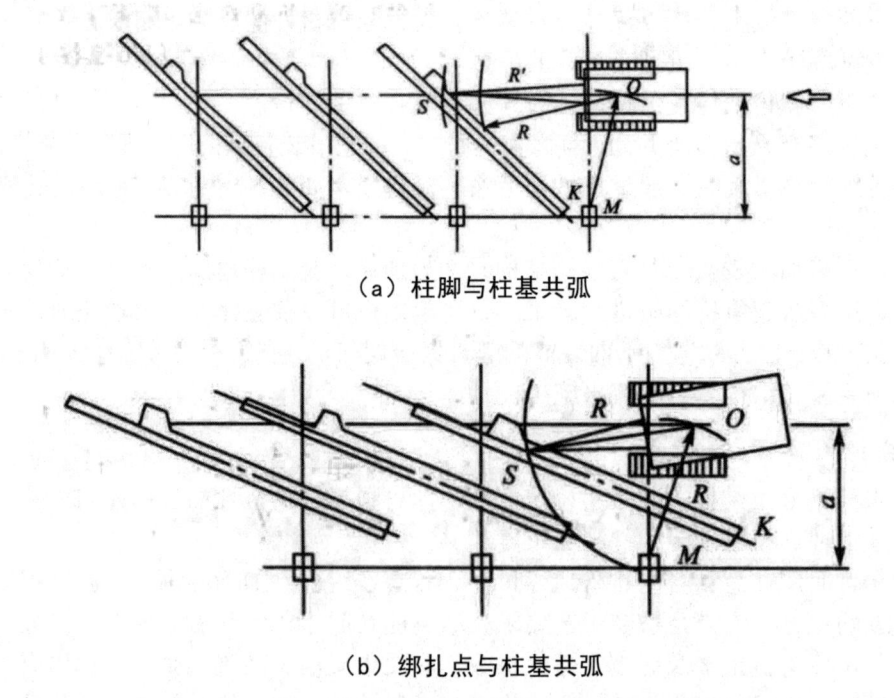

（a）柱脚与柱基共弧

（b）绑扎点与柱基共弧

图5-4 柱子的斜向布置（两点共弧）

②纵向布置是指柱预制位置与厂房纵轴线平行。这种布置方式主要是为了配合用滑行法起吊。

按滑行法起吊柱的工艺要求,柱的绑扎点、杯形基础中心应在起重机同一工作幅度 R 的圆弧上,称为二点共弧纵向布置,预制时与厂房纵轴平行排列。若柱长小于 12 m,为节约模板及场地,两柱可以叠浇,排成一行;若柱长大于 12 m,也可叠浇排成两行。布置时,可将起重机停在两柱之间,每停一点吊两根柱。柱的吊点应安排在起重机吊装该柱时的起重半径上。这种布置方式虽然占地少,但起吊不便。

布置柱时,尚需注意牛腿的朝向问题。当柱布置在跨内时,牛腿应朝向起重机,使柱吊装后牛腿的朝向符合设计要求。

（2）屋架的布置

屋架一般布置在跨内平卧叠浇预制处,每叠3~4根。布置的方式有正面斜向布置、正反斜向布置和正反纵向布置三种。其中以正面斜向布置采用较多。为便于屋架的扶直和排放,对于预应力屋架,应在屋架一端或两端留出抽管及穿筋所必需的长度。采用钢管抽芯法预留孔道时,当一端抽管,其预留长度为屋架全长（L）+3 m；当两端抽管,其预留长度为1/2屋架全长+3 m。若采用胶管抽芯法预留孔道,则屋架两端的预留长度可适当减少。每两跨屋架之间的间隙应≥1.0 m,以便支模及浇筑混凝土。

屋架的布置还要考虑屋架的扶直、排放要求及屋架扶直的先后次序,先扶直者应放在上层。由于屋架较长,不易转动,因此对屋架的两端朝向及预埋铁件的位置也要注意方向。

（3）吊车梁的布置

吊车梁可以布置在柱与屋架之间的空地处,一般可靠近柱基顺纵向轴线或略作倾斜布置,也可插在柱之间混合布置。

2. 吊装阶段的构件就位布置和运输堆放

各种构件在吊装前应按吊装要求进行就位布置和运输堆放。柱在预制阶段一般已按吊装要求进行布置就位,在柱混凝土强度达到吊装要求后,可先吊好所有柱子,以便空出场地就位和堆放其他构件。所以吊装阶段构件的就位和堆放主要是指屋架的扶直就位及吊车梁和屋面板的运输堆放。

（1）屋架的扶直就位

屋架现场预制在本跨内进行,以3~4榀叠浇混凝土,在吊装屋架前需要用起重机将屋架由平卧转为直立,这一工作称为屋架扶直。

屋架扶直后应立即进行就位排放,屋架扶直就位排放时,可分为屋架斜向就位排放和纵向就位排放两种。排放时,屋架与屋架之间应保持不小于 200 mm 的净距,相互之间用铁丝及支撑拉紧撑牢,以防倾倒。

（2）吊车梁、连系梁、屋面板的运输、就位堆放

单层工业厂房除了柱和屋架一般在施工现场制作外,其他构件如吊车梁、连系梁、屋面板等,均在预制厂或工地附近的露天预制场制作,然后运至工地就位吊装。构件运

到现场后，应按施工组织设计所规定的位置，按编号及构件吊装顺序进行就位或集中堆放。

吊车梁、连系梁的就位位置，一般在其吊装位置的柱列附近，跨内跨外均可。条件允许的话，也可不就位，而从运输车上直接吊至设计位置。

屋面板的就位位置，跨内跨外均可。屋面板叠放，不宜超过8层。

第三节　钢结构安装与大跨度屋盖结构安装

一、钢结构安装

（一）构件吊装前的准备工作

钢结构构件包括柱、梁、吊车梁、桁架、天窗架、檩条及墙架等，吊装前要做好各项准备工作。吊装前的准备包括：钢柱基础准备、构件检查、构件弹线及验算构件的吊装稳定性。

1. 构件检查

钢结构构件进场前，应对所有构件的品种、规格、性能进行全检，应符合现行国家产品标准及设计要求；尤其是焊接材料及连接用的紧固标准件必须符合现行国家规范及设计要求。对构件的质量证明书等技术资料亦应认真仔细核查。

2. 钢柱基础准备

钢柱基础的准备包括：对基础进行检查验收，并对基础支承面进行抄平及基础顶面弹线。

基础的检查验收包括：基础混凝土的强度；预埋件的位置、尺寸、数量；预埋螺栓（地脚螺栓）的位置、尺寸、数量等是否符合设计及规范的要求。

钢柱基础顶面常设计为平面，通过覆盖固定于基础面上的锚栓钢板，将钢柱与基础连成整体；也有不备盖板，只有几个地脚螺栓用混凝土事先固定于基础面上的情况。为保证锚栓位置准确，施工中采用角钢做固定架，将锚栓（地脚螺栓）安置在与基础模板分开的固定架上，然后浇筑混凝土。为确保基础顶面标高符合设计要求，钢柱安装前，应对柱脚基础支承面的标高进行调整（抄平），根据柱脚的类型，施工中常采用以下两种方法：

①柱脚基础面用混凝土浇筑到低于设计标高 40～60 mm，再用混凝土抄平，达到设计安装标高。

②预垫钢板后灌浆，即将基础混凝土先浇到低于设计标高 40～60 mm 处，吊装时在上面垫钢板，校正后用细石混凝土灌满间隙。

基础顶面直接由柱的支承面和基础顶面预埋钢板或支座作为柱的支承面时，其支承面、地脚螺栓（锚栓）和坐浆垫板的位置、标高等的偏差值应符合表5-1的规定。

表5-1　支承面、地脚螺栓和坐浆垫板的允许偏差

项次	项	目	允许偏差/mm
1	支承面	标高	±3.0
		水平度	l/1000
2	地脚螺栓（锚栓）	螺栓中心位移	5.0
3	预留孔中心位移		10.0
4	坐浆垫板（钢板）	顶面标高	0.00 -3.0
5		水平度	l/1000
6		位置	20.0
7	地脚螺栓露出长度		+30.0 0.00
8	地脚螺栓的螺纹长度		+30.0 0.00

3. 构件弹线

构件吊装前应在其表面弹出吊装中心线，作为构件吊装对位、校正的依据。对形状复杂的构件，还要标出它的重心及绑扎点的位置。

4. 验算构件的吊装稳定性

对稳定性较差的构件，起吊前应进行稳定性验算，必要时应进行临时加固。

（二）构件吊装工艺

构件的吊装工作包括钢柱的吊装、吊车梁及钢桁架的吊装与校正。

1. 钢柱的吊装与校正

钢柱安装前应设置标高观测点和中心线标志，并且与土建工程相一致。钢柱安装包括绑扎、吊装、校正、固定等工序。

（1）钢柱的绑扎与吊装

柱子的绑扎点需根据柱子的类型和高度确定。当截面变化不大时，绑扎位置可设在柱全高的2/3处；如柱有足够刚度，也可把吊索挂在柱顶安装屋架的螺栓孔处。

吊装钢柱通常用自行式起重机或塔式起重机，吊装方法与装配式钢筋混凝土柱相似，可采用旋转吊装法及滑行吊装法。对重型钢柱可采用双机抬吊的方法进行吊装。

吊装的准备工作就绪后，首先进行试吊，吊起100～200 mm高度时，先检查索具和吊车情况，一切正常后，再进行正式吊装。调整柱底板位于安装基础上方时，吊车应缓慢下降，当柱底距离基础位置40～100 mm时，调整柱底与基础两基准线经调整达到准确位置后再下降就位，并拧紧全部基础螺栓螺母。

2. 钢柱的校正与固定

钢柱的校正包括中心线校正、垂直度校正和标高校正。中心线校正时如发现中心线不重合时，对钢柱应首先松开地脚螺栓，采用撬杠拨动，大锤锤击，或用葫芦、千斤顶等工具使柱底平移；对于重型钢柱可用螺旋千斤顶加链条套环托座，沿水平方向校正钢柱。

钢柱垂直度的检测同装配式钢筋混凝土柱，采用经纬仪和线锤测定偏差值的大小，如有偏差，用螺旋千斤顶或油压千斤顶进行校正，并在柱底增减垫板，然后拧紧地脚螺栓进行固定。

标高校正常以测肩梁或牛腿的标高为准，亦可通过增减柱底垫板的方法调整。

（三）吊车梁吊装与校正

在钢柱吊装完成经调整固定于基础之后，即可吊装吊车梁。

钢吊车梁均为简支梁。梁端之间留有 10 mm 左右的空隙。梁的搁置处与牛腿面之间应留设钢垫板的空隙，以便调整标高。

梁与牛腿用螺栓连接，梁与制动架之间用高强螺栓连接。

吊车梁吊装的起重机械，常采用自行杆式起重机，以履带式起重机应用最多，有时也可采用塔式起重机；对重量很大的吊车梁可用双机抬吊。

吊车梁的校正内容及方法同装配式钢筋混凝土吊车梁。

（四）钢桁架的吊装与校正

钢结构厂房屋（桁）架的吊装与钢筋混凝土结构单层厂房的屋架吊装工艺一致。钢桁架可用自行杆式起重机（尤其是履带式起重机）、塔式起重机等进行吊装。

钢桁架的侧向稳定性较差，绑扎点要保证桁架的吊装稳定，一般应在吊装前进行临时加固。若起重机的起重量和起重臂长度允许时，最好经扩大拼装后进行组合吊装，即在地面上将两榀桁架及其上的天窗架、檩条、支撑等拼装成整体，一次进行吊装，这样不但提高了吊装效率，也有利于保证吊装的稳定性。

钢桁架的校正内容及方法同装配式钢筋混凝土结构屋架。

钢桁架校正后，即可进行最后固定。固定方法可用焊接或高强螺栓固定。用焊接固定时，应避免在屋架的两端同一侧同时施焊，以免因焊缝收缩造成屋架倾斜。当焊缝全部焊完后，起重机才可松钩，只有等屋架校正完毕、最后固定并安装上若干块屋面板（或安装完上弦支撑）后，才可将校正器取下。

二、大跨度屋盖结构安装

大跨度屋盖结构的特点是跨度大、构件重、安装位置高，因而，如何针对大跨度结构的工程特点与具体条件，选择合理的吊装方案，对设计方案的确定、工程造价、施工进度等都有一定的影响。

工程中常用的安装方法有整体吊装法、高空滑移法、高空散装法、分条分块安装法、整体提升法和整体顶升法几种。

(一) 高空散装法

钢网架采用高空散装法进行安装，是先在设计位置处搭设拼装支架，然后用起重机把网架构件分件（或分块）吊至空中的设计位置，在支架上进行拼装。其优点是可以采用简易的运输设备，有时不需大型起重设备；其缺点是拼装支架用量大，高空作业多。

高空散装法适用于非焊接连接（螺栓球节点或高强螺栓连接）的网架。拼装支架是在拼装网架时作为支撑网架、控制标高和操作平台。支架的数量和布置方式，取决于安装单元的尺寸和刚度。

高空散装法分全支架法（即架设满堂脚手架）和悬挑法两种。全支架法可以将一根杆件、一个节点的散件在支架上总拼或以一个网格为小拼单元在设计标高上进行总拼。为了节省支架，总拼时可以对部分网架悬挑拼装。预先拼成小拼单元（小拼单元为可承受自重的结构体系），然后在支架上悬挑拼装。采用小拼单元或杆件直接在高空拼装时，其顺序应能保证拼装的精度，减少积累误差。网架在拼装过程中应随时检查基准轴线位置、标高及垂直偏差，并应及时纠正。

搭设拼装支架时，支架上支撑点的位置应设在下弦节点处。支架应验算其承载力和稳定性，必要时应进行试压，以确保安全可靠。支架支柱下应采取措施，防止支座下沉。

高空拼装应采用高强螺栓连接。

(二) 高空滑移法

高空滑移法是利用一般起重设备将屋盖结构组合单元从建筑物的一端吊升到设计标高，然后利用卷扬机等设备将组合单元沿柱顶滑道平移到设计位置。采用这种方法可以使屋盖结构吊装与室内施工同时进行，从而加快施工速度，特别是在场地狭窄、起重机械无法出入时更为有效。

根据平移方式的不同，高空滑移法可分为滚动平移和滑动平移两种。滚动平移时，网架支座搁置在滚轮上，摩擦力小，但装置和操作较复杂；滑动平移时，网架支座直接搁置在轨道上，摩擦力大，但装置简单。

滑动平移又分单条滑移法和逐条积累滑移法两种。单条滑移法是将分条的网架单元在事先设置的滑轨上单条滑移到设计位置后拼接；逐条积累滑移法是将分条的网架单元在滑轨上逐条积累拼接后滑移到设计位置。

高空滑移法可利用已建结构物作为高空拼装平台。如无建筑物可供利用时，可在滑移开始端设置宽度约大于两个节间的拼装平台，有条件时，可以在地面拼成条或块状单元，将其吊至拼装平台上进行拼装。滑轨一般固定在钢筋混凝土梁顶面的预埋件上，轨面标高应高于或等于网架支座设计标高。滑轨接头处应垫实，若用电焊连接应锉平高出轨面的焊缝。当支座板直接在滑轨上滑移时，其两端应做成圆导角，滑轨两侧应无障碍。

当网架跨度较大时，宜在跨中增设滑轨。滑轨下支承架同高空散装法支承架的要求一样。当滑轨设置水平导向轮时，可将导向轮设在滑轨内侧，导向轮与滑轨的间隙应为

10～20 mm。

网架滑移一般可用卷扬机或手扳葫芦牵引。根据牵引力大小及网架支座之间的系杆承载力，可采用一点或多点牵引。牵引速度不宜大于 1.0 m/min，牵引力应按规范规定进行验算。

（三）整体吊装法

整体吊装法就是先将屋盖结构在地面拼装成整体，然后用起重设备吊到设计标高进行固定。这种施工方法不需要高大的拼装支架，高空作业少，易保证焊接质量，但需要起重量大的起重设备，技术较复杂。

起重设备可用自行式起重机或桅杆式起重机。相对应的吊装方法有多机抬吊法和桅杆吊升法两种。整体安装法对球节点的钢管网架（尤其是三向网架等构件较多的网架）较适宜。

根据所用设备的不同，整体安装法又分为多机抬吊法、拔杆吊升法、千斤顶提升法与千斤顶顶升法等。

1. 多机抬吊法

多机抬吊法是先将屋盖结构在地面与设计位置错开一个距离进行拼装，然后用两台以上的起重机将屋盖结构吊过柱顶，空中移位，落位固定。因受起重机的起重量和起吊高度限制，一般适用于重量不大和高度较低的屋盖结构，特别是中小型网架结构。

2. 拔杆吊升法

球节点的大型钢管网架的安装多采用拔杆吊升法，用此法施工时，网架先在地面错位拼装，然后由多根独脚拔杆将网架整体吊升到柱顶以上，空中移位，落位安装。网架拼装的关键是控制好网架框架轴线支座的尺寸和起拱要求。

网架整体吊装时，还应注意：应保证各吊点起升及下降的同步性。否则有的起重机会超负荷致使网架受扭，焊缝开裂。为此，起吊前要测量各台起重机的起吊速度。

提升高差（是指相邻两拔杆间或相邻两吊点组的合力点间的相对高差）不应超过吊点间距离的 1/400，且不宜大于 100 mm，或通过验算确定。当采用多根拔杆或多台起重机吊装网架时，宜将额定负荷能力乘以折减系数 0.75。

当采用四台起重机将吊点连通成两组或用三根拔杆吊装时，折减系数可适当放宽。在制订网架就位总拼方案时，还应符合下列要求：

①网架在任何部位与支撑杆或拔杆的净距不应小于 100 mm；
②如支撑杆上设有凸出构造（如牛腿等），应防止网架在起升过程中被凸出物卡住；
③由于网架错位需要，对个别杆件暂不组装时，应取得设计单位同意。

拔杆、缆风绳、索具、地锚、基础及起重滑轮组的穿法等，均应进行验算，必要时可进行试验检验。

第六章 防水工程

第一节 防水工程概述

一、防水工程定义

防水工程是保证建筑结构和内部空间不受水的侵蚀和水危害的专项工程，其施工质量不仅关系到建筑物的使用寿命，而且也直接影响到生活和生产活动。因此，防水工程必须严格按照设计要求和有关规范进行施工。

（一）防水原则

建筑物防水工程涉及建筑物的地下室、楼地面、墙体、屋面等诸多部位，其功能就是要使建筑物在设计防水耐久年限内，防止各类水的侵蚀，确保结构及内部空间不受污损，提供舒适、安全的生活、工作环境。对于不同部位的防水要求有所不同。屋面防水功能是防止雨水或人为因素产生的水从屋面渗入建筑物内部所采取的一系列结构、构造和建筑措施；对于屋面有综合利用要求的，如用作活动场所、屋顶花园，则对其防水要求更高。地下防水是对于全地下或半地下结构采用防水措施，以确保地下工程的正常使用。

防水工程在设计、防水材料选用、细部节点处理、施工工艺等方面必须系统考虑。

我国防水工程设计和施工原则："刚柔相济，多道设防，综合治理"。不同部位防水侧重都有所不同。屋面防水采用"以排为主，加强防水"。地下防水采用"以防为主，加强排水"。另外，在制订方案中还应做到定级标准准确、方法简便、经济合理、技术先进、减少环境污染。总之，防水工程质量要求是不渗不漏，排水畅通，使建筑物具有良好的防水和使用功能。

（二）构造做法分类

建筑防水工程分类可依据设防部位、设防方法和所采用的材料性能、品种进行分类。

①按设防部位分类防水工程按建（构）筑物设防部位可划分为地上防水工程和地下防水工程。地上防水工程包括屋面防水工程、墙体防水工程和楼（地）面防水工程。地下防水是指地下室、地下管沟、地下铁道、隧道、地下建（构）筑物等处的防水。

②按设防方法分类按设防方法防水工程可分为防水层防水和构造自防水。防水层防水是指采用各种防水材料进行防水的防水做法。在设防中采用多种不同性能的防水材料，利用各自具有的特性，在防水工程中复合使用，发挥各种防水材料的优势，以提高防水工程的整体性能。

构造自防水是依靠建筑物构件材料本身的厚度和密实性及构造措施做法，使结构既可起到承重围护作用，又可起到防水作用。如地下室外墙、底板等防水混凝土构件。

③按设防材料品种分类防水工程按设防材料品种可分为卷材防水、涂膜防水、密封材料防水、混凝土和水泥砂浆防水、塑料板防水、金属板防水等。

④按设防材料性能分类防水工程按设防材料性能进行分类可分为刚性防水和柔性防水。刚性防水是指采用强度较高、无延伸性的材料做防水层，如防水混凝土和防水砂浆等。柔性防水则是采用延伸性大、柔性好的材料做防水层，如卷材防水、涂膜防水、密封材料防水等。

（三）防水等级和设防要求

工业与民用建筑中，根据建筑物的性质、重要程度、使用功能要求等，将建筑屋面防水等级分为Ⅰ、Ⅱ、Ⅲ、Ⅳ级，防水层合理使用年限分别规定为25年、15年、10年、5年，并根据不同防水等级规定防水层的材料选用及设防要求。

所谓一道防水设防是具有单独防水能力的一个防水层次。混凝土结构层、保温层、装饰瓦、隔气层、卷材或涂膜厚度不符合规范规定的防水层均不得作为屋面的一道防水设防。

地下工程防水设防要求应根据使用功能、结构形式、环境条件、施工方法，合理确定，制订防水方案时必须结合地质、地形、地下工程结构、防水材料等因素全面分析研究，使其满足设计要求。地下工程的防水等级分为4级，各级标准应符合表6-1的规定。

表 6-1　地下工程防水等级标准及适用范围

防水等级	标准	适用范围
一级	不允许渗水，结构表面无湿渍	人员长期停留的场所；因有少量湿渍会使物品变质、失效的贮物场所及严重影响设备正常运转和危及工程安全运营的部位；极重要的战备工程
二级	不允许漏水，结构表面可有少量湿渍 工业与民用建筑：总湿渍面积不应大于总防水面积（包括顶板、墙面、地面）的 1/1000；任意 100 m² 防水面积上的湿渍不超过 1 处，单个湿渍的最大面积不大于 0.1 m² 其他地下工程：总湿渍面积不应大于总防水面积的 6/1000；任意 100 m² 防水面积上的湿渍不超过 4 处，单个湿渍的最大面积不大于 0.2 m²	人员经常活动的场所；在有少量湿渍不会使物品变质、失效的贮物场所及基本不影响设备正常运转和工程安全运营的部位；重要的战备工程
三级	有少量漏水点，不得有线流和漏泥砂，任意 100 m² 防水面积上的湿渍不超过 7 处，单个漏水点的最大漏水量不大于 2.5 L/m²·d，单个湿渍的最大面积不大于 0.3 m²	人员临时活动的场所；一般战备工程
四级	有漏水点，不得有线流和漏泥砂 整个工程平均漏水量不大于 2 L/m²·d；任意 100 m² 的防水面积的平均漏水量不大于 4 L/m·d	对漏水无严格要求的工程

为保证施工质量在施工安排上，防水工程应尽量避免在雨季或冬期进行。屋面防水工程和地下防水工程的施工质量应分别符合《屋面工程质量验收规范》和《地下防水工程质量验收规范》的规定。

二、防水工程安全技术

（一）卷材防水屋面施工安全技术

卷材防水屋面施工是在高空、高温环境下进行，大部分材料易燃并含有毒性，所以必须采取措施防止发生火灾、中毒、烫伤、高空坠落等工伤事故。

施工前应进行安全技术交底工作，施工操作过程应符合以下安全技术规定：

①患有皮肤病、支气管炎病、结核病、眼病以及对沥青、橡胶过敏人员不得参加，施工中如发现恶心、头晕、过敏等情况应立即停止，并做必要的检查治疗。

②按有关规定配备劳保用品并合理使用，接触有毒性材料者须穿戴工作服、安全帽、口罩、手套等劳保用品，并加强通风。沥青操作人员不得穿短袖衣服或赤脚作业，应将裤脚袖口扎紧，手不得直接接触沥青。

③操作时注意风向，防止下风人员中毒、受伤，熬制玛碲脂和配制冷底子油时，应注意控制加热温度，装入容器内的沥青不应超过容器容量的2/3，铁桶和油壶要用咬口，不得用锡焊接，桶宜加盖，不准两人抬热沥青，运送要安全可靠，油桶应放平稳，防止溢出烫伤。熬制沥青地点必须离建筑物10 m以上，离易燃品仓库25 m以上，上空不得有电线，地下5 m以内不得有电缆，应选择在建筑物的下风向；防水卷材和黏结剂存放仓库及施工现场应要严禁烟火。如需明火必须有防火措施。

④运输线路应畅通，各项运输设施应牢固可靠，屋面空洞及檐口应设有防护栏杆等安全措施，必要时应用安全带，高空作业人员不得过分集中。

⑤屋面施工时，不允许穿戴钉子鞋的人员进入，在大风和雨天应停止施工。

（二）地下防水工程安全技术

①现场施工负责人和施工员必须十分重视安全生产，牢固树立安全促进生产、生产必(安全的思想，切实做好预防工作。所有施工人员必须经安全培训，考核合格方可上岗。

②施工员在下达施工计划的同时，应下达具体的安全措施。每天出工前，施工员要针对当天的施工情况，布置施工安全工作，并说明安全注意事项。

③落实安全施工责任制度、安全施工教育制度、安全施工交底制度、施工机具设备安管理制度等，并落实到岗位，责任到人。

④防水混凝土施工期间应以漏电保护、防机械事故和保护为安全工作重点，切实做好护措施。

⑤遵章守纪、杜绝违章指挥和违章作业，现场设立安全措施及有针对性的安全宣传牌、标语和安全警示标志。

⑥进入施工现场必须佩戴安全帽，作业人员衣着灵活紧身，禁止穿硬底鞋、高跟鞋作业，高空作业人员应系好安全带，禁止酒后操作、吸烟和打架斗殴。

⑦特殊工种必须持证上岗。

⑧由于卷材中某些组成材料和胶黏剂具有一定的毒性和易燃性。因此，在材料保管运输、施工过程中，要注意防火和预防职业中毒、烫伤事故发生。

⑨涂料配料和施工现场应有安全及防火措施，所有施工人员都必须严格遵守操作要求。

⑩涂料在贮存、使用全过程应注意防火。

⑪清扫及砂浆拌和过程要避免灰尘飞扬。

⑫现场焊接时，在焊接下方应设防火斗。

⑬施工过程中做好基坑和地下结构的临边防护，防止抛物、滑坡和出现坠落事故。

⑭高温天气施工，要有防暑降温措施。

⑮施工中废弃物质要及时清理，外运至指定地点，避免污染环境。

第二节 屋面防水工程

屋面工程是建筑工程的一个分部工程,它包括屋面结构层、找平层、隔气层、保温隔热层、防水层、保护层或饰面层等构造层的施工。其中屋面防水层主要采用卷材防水、涂膜防水、刚性防水等形式。防水是屋面工程中一项主要内容,质量的优劣直接关系到建筑物的质量和使用寿命,施工中应予以重视。

一、卷材防水

(一)卷材防水屋面构造

卷材防水屋面是以柔性卷材做防水层的屋面。这种防水层是利用胶结材料采用不同施工方法将防水卷材粘成一整片能防水的屋面覆盖层。卷材防水层具有重量轻、防水性能好,具有一定的柔韧性等特点,它可以适应一定程度的结构振动和伸缩变形,故属于柔性防水屋面。适用于防水等级为Ⅰ~Ⅳ级的建筑。

卷材防水层常用材料有高聚物改性沥青防水卷材、合成高分子防水卷材和沥青防水卷材。铺贴卷材所选用的基层处理剂、接缝胶黏剂、密封材料等配套材料应与铺贴的卷材材型相容。

(二)卷材防水屋面材料

1. 沥青

沥青是一种有机胶结材料,在常温下呈固体、半固体或液体的形态,颜色是辉亮褐色至黑色。沥青主要技术标准以针入度、延伸度、软化点等指标表示。我国是以针入度指标确定沥青牌号。目前常用石油沥青和焦油沥青(主要指煤沥青)。石油沥青按用途可分为道路石油沥青、建筑石油沥青和普通石油沥青三种。对同品种的石油沥青,其牌号减小,则针入度减小,延度减小,而软化点增高。

2. 防水材料

①高聚物改性沥青卷材是以合成高分子聚合物改性沥青为涂盖层,纤维织物或纤维毡为胎体,粉状、粒状、片状或薄膜材料为覆面材料制成的可卷曲的片状防水材料。

高聚物改性沥青卷材与传统纸胎沥青相比主要有两方面大的改进:一是胎体采用高分子薄膜、聚酯纤维等,增强了卷材的强度、延性和耐水防腐性;二是在沥青中加入了高分子聚合物,改变了沥青在夏季易流淌,冬季易冷脆,延伸率低,易老化等性质,从而改善了油毡的性能。常用的高聚物改性沥青卷材主要有 SBS 改性沥青卷材、APP 改性沥青卷材、PVC 改性煤焦油卷材、再生胶改性沥青卷材、废胶粉改性沥青卷材等。

高聚物改性沥青卷材的宽度要求 ≥ 1000 mm，厚度分别为 2.0 mm、3.0 mm、4.0 mm 和 5.0 mm 四种规格，第一种规格的每卷长度为 15～20 m，后三种规格的每卷长度分别为 10 m、7.5 m 和 5 m。

②合成高分子防水卷材是以合成橡胶、合成树脂或它们两者的共混体为基料，加入适量的化学助剂和填充料等，经不同工序加工而成的可卷曲的片状防水材料；或把上述材料与合成纤维等复合形成两层或两层以上可卷曲的片状防水材料。

合成高分子防水卷材具有高弹性、高延伸性、良好的耐老化性、耐高温性和耐低温性等优点。目前常用的合成高分子卷材主要有三元乙丙橡胶卷材、丁基橡胶卷材、再生橡胶卷材、氯化聚乙烯卷材、聚氯乙烯卷材、氯磺化聚乙烯卷材、氯化聚乙烯－橡胶共混卷材等。

合成高分子防水卷材的宽度要求 ml 000 mm，厚度分别为 1.0 mm、1.2 mm、1.5 mm 和 2.0 mm 四种规格，前 3 种规格每卷长度为 20 m，第 4 种规格每卷长度为 10 m。

③其他新型防水卷材：聚乙烯丙纶/涤纶复合卷材具有材料厚度薄，适于湿作业，采用掺有专用胶的水泥浆粘贴。自粘型防水卷材是在改性沥青防水卷材，下表面覆以可剥离的涂硅隔离膜，上表面覆以聚乙烯膜或细砂（页岩）或金属膜或可剥离膜而制成，施工时可不用涂刷黏结剂黏结、表面省去保护层施工的防水卷材。耐根穿刺防水卷材是在卷材中增加金属膜或阻根剂，防止植物根系穿透，适用于种植屋面的防水层施工。

3. 基层处理剂

基层处理剂是为了增强防水材料与基层之间的黏结力，在防水层施工前，预先涂刷在基层上的涂料，沥青卷材的基层处理剂主要是冷底子油。高聚物改性沥青卷材和合成高分子卷材的基层处理剂一般由卷材生产厂家配套供应。

冷底子油由 10 号或 30 号石油沥青加入挥发性溶剂配制而成。冷底子油配制方法有热配法和冷配法两种。采用轻柴油或煤油为溶剂配制的为慢挥发性冷底子油，沥青与溶剂重量配合比为 4∶6；采用汽油为溶剂配制的为快挥发性冷底子油，沥青与溶剂重量配合比为 3∶7。冷底子油具有较强的憎水性和渗透性，并能使防水材料与找平层之间的黏结力增强。

4. 沥青胶结材料（玛碲脂）

用一种或两种标号的沥青按一定配合量熔合，经熬制脱水后作为胶结材料，为了提高沥青的耐热度、韧性、黏结力和抗老化性能，可在熔融后掺入适当的填充材料。

沥青玛碲脂（简称沥青胶）作为沥青类防水卷材的胶结材料。可在使用时现场配制，也可采用已配好的冷玛晞脂。热玛碲脂加热温度不应高于 240 使用温度不宜低于 190 并应经常检查。冷玛碲脂使用时应搅匀，稠度太大时可加少量溶剂稀释。

5. 胶黏剂

胶黏剂可分为高聚物改性沥青胶黏剂和合成高分子胶黏剂。高聚物改性沥青胶黏剂的黏结剥离强度不应小于 8 N/10 mm；合成高分子胶黏剂的黏结剥离强度不应小于 15

N/10 mm，浸水 168 h 后黏结剥离强度保持率不应小于 70%。

（三）结构层处理

卷材防水材料铺贴前必须先对结构层和找平层进行处理，达到要求后方才可施工。现浇结构屋面板施工时混凝土宜连续浇筑，不留施工缝，并振捣密实，表面平整；吊装结构的屋面板应注意：坐浆要平，搁置稳妥，相邻屋面板高低差不大于 10 mm，缝隙大小近似；若上口宽不小于 20 mm 的缝隙，用 C20 以上细石混凝土嵌缝并捣实；灌缝细石混凝土宜掺微膨胀剂；当缝宽大于 40 mm 或上窄下宽时，应在板下吊装模板，并补放钢筋，再浇筑细石混凝土；如板下有隔墙，隔墙顶部与板底之间应有 20 mm 左右空隙，在抹灰时用疏松材料填充，避免隔墙处硬顶而使屋面板反翘。在找平层施工前屋面结构层表面应清理干净。

（四）找平层施工

在结构层或保温层上面起到找平作用并作为防水层的依附层，称为找平层。应具有较好的结构整体性和刚度，使卷材铺贴平整，粘贴牢固，并具有一定的强度，以承受上部荷载。找平层一般分为水泥砂浆找平层、细石混凝土找平层和沥青砂浆找平层。找平层厚度应符合规范要求。沥青砂浆找平层适合于冬季、雨季施工，或用水泥砂浆施工有困难和抢工期时采用。细石混凝土找平层较适用于松散保温层上，可增强找平层的刚度和强度。

找平层会影响防水层质量，如有缺陷会影响防水层，造成渗漏，所以找平层必须做到以下几点。

①铺设防水层前，找平层必须平整、坚固、干净、干燥。混凝土或砂浆的配比要准确，采用水泥砂浆找平层时，水泥砂浆抹平收水后表面应二次压光，充分养护，表面不得有酥松、起砂、开裂、起皮现象，否则，必须进行修补。

②坡度准确，排水流畅，排水坡度必须符合规范规定，平屋面防水技术以防为主，以排为辅，但要求将屋面雨水在一定时间内迅速排走，不得积水，这是减少渗漏的有效方法，所以要求屋面有一定排水坡度。

③为避免或减少找平层开裂，找平层宜留设分格缝，缝宽 5～20 mm，并嵌填密封材料或空铺卷材条。分格缝应留设在板端接缝处，其纵横缝最大间距：找平层采用水泥砂浆或细石混凝土时，不宜大于 6 m；找平层采用沥青砂浆时，不宜大于 4 m。分格缝施工可预先埋入木条或聚乙烯泡沫条，后用切割机锯出。如基层施工时难以达到要求的干燥程度，则需做排气屋面，分格缝可兼作排气屋面的排气道，缝可适当加宽，并应与保温层连通。另外，为避免找平层开裂可在找平层水泥砂浆或细石混凝土中掺入减水剂或微膨胀剂或抗裂纤维等。

④屋面基层与女儿墙、立墙、天窗壁、烟囱、变形缝、伸出屋面的管道等突出屋面结构连接处，以及基层转角处（各水落口、檐口、天沟、檐沟、屋脊等）是变形频繁、应力集中的部位，易引起防水层被拉裂。因此，根据不同防水材料，找平层均应做成圆

弧形，合成高分子卷材薄且柔软，弧度可小，沥青卷材厚且硬，弧度要求大。

（五）卷材防水层施工

卷材铺贴方法应符合下列规定：卷材铺设时，通常采用满粘法，在卷材防水层上有重物覆盖或基层变形较大时，应优先采用空铺法、点粘法、条粘法或机械固定法，但距屋面周边800 mm内，以及叠层铺贴的各层卷材之间应满粘。防水层采取满粘法施工时，找平层的分隔缝处宜空铺，空铺的宽度宜为100 mm。

1. 高聚物沥青卷材防水层施工

铺贴卷材防水层操作工艺要求，主要有卷材的铺贴顺序、铺贴方向和卷材间的搭接方向等因素。卷材防水层的施工工艺流程：基层表面清理、修补→喷涂基层处理剂→节点附加增强处理→测量定线→铺贴附加层→铺贴卷材→收头处理、节点密封→淋（蓄）水试验、修整→铺设保护层。

（1）卷材铺贴顺序

卷材大面积屋面施工时，可划分流水段施工，分界线宜设在屋脊、天沟、变形缝等处。施工前应先做好节点和屋面排水比较集中部位，如屋面与水落口、檐口、天沟、变形缝、管道根部等处的增强处理。通常采用的方法有附加卷材和防水材料密封，以及分格缝处空铺。

铺贴卷材应采用搭接法。铺贴天沟、檐沟卷材时，宜顺其方向并减少搭接。铺贴多跨和有高低跨的屋面时，应按先高后低、先远后近的顺序进行。

（2）铺设方向

卷材铺设方向应根据屋面坡度和屋面是否有振动来确定。当屋面坡度小于3%时，宜平行于屋脊铺贴；屋面坡度在3%～15%时，卷材可平行或垂直于屋脊铺贴；屋面坡度大于15%或受震动时，宜垂直于屋脊铺贴，高聚物改性沥青卷材和合成高分子卷材可根据防水层的黏结方式、黏结强度、是否机械固定等因素综合考虑采用平行或垂直屋脊铺贴。上下层卷材不得相互垂直铺贴，并应采取固定措施，固定点还应密封。

（3）搭接方法及宽度要求

铺贴卷材采用搭接法，上下层及相邻两幅卷材的接缝应错开。平行于屋脊的搭接缝应顺流水方向搭接；垂直于屋脊的搭接缝应顺着每年最大频率风向（主导风向）搭接。

叠层铺设的各层卷材在天沟与屋面的连接处应采用叉接法搭接，搭接缝应错开；接缝宜留在屋面或天沟侧面，不宜留在沟底。坡度超过25%的坡面上，应尽量避免短边搭接，如必须搭接时，应采取下滑固定措施。固定点应密封严密。相邻两幅卷材的接头应相互错开300 mm以上，以免多层接头重叠而使得卷材粘贴不平。

两层卷材铺设时，应使上下两层的长边搭接缝错开1/2幅宽。三层卷材铺设时，应使上下层的长边搭接缝错开1/3幅宽。

高聚物改性沥青卷材和合成高分子卷材的搭接缝宜用与其材性相容的密封材料封严。施工时注意不得污染檐口外侧墙面。

（4）卷材保护层

卷材防水层铺设完毕经检查合格后，应立即进行绿豆砂（石）保护层的施工，以减少阳光辐射，降低屋面表层的温度，这样可防止沥青流淌、卷材磨损，增加防水层的使用年限，如为上人屋面，则应做砂浆、细石混凝土或地砖保护层。

（5）施工方法

高聚物改性沥青防水卷材的施工方法一般有热熔法、冷粘法和自粘法、热风焊接法。最常用的是热熔法。立面或大坡面铺贴高聚物改性沥青防水卷材时，应满粘铺贴，并宜减少短边搭接。

①热熔法：将热熔型防水卷材底层加热熔化后，进行卷材与基层或卷材之间黏结的施工方法。高聚物改性沥青卷材，由于底面涂有改性沥青热熔胶，所以可采用热熔法施工。铺贴时用火焰烘烤卷材后直接与基层粘贴。这种施工方法受气候影响小，对基层表面干燥程度要求相对宽松。铺贴流程：热源烘烤→滚铺防水卷材→排气压实→接缝热熔焊实压牢→接缝密封。热熔法铺贴卷材施工要点：第一，火焰加热器加热卷材应均匀，不得过分加热或烧穿卷材。小于3 mm的高聚物改性沥青防水卷材严禁采用热熔法施工。第二，卷材表面热熔后应立即滚铺卷材，卷材下部空气应排尽，并相压黏结牢固，不得空鼓。第三，卷材接缝部位以溢出热熔改性沥青胶为度。溢出改性沥青宽度以2 mm左右，并均匀顺直。缝处的卷材有铝箔或矿物粒（片）料时，应清除干净后再进行热熔和接缝处理。第四，热熔法施工环境气温不宜低于–10℃。

②冷粘法：在常温下采用胶黏剂（带）将卷材与基层或卷材之间黏结的施工方法。铺贴流程：基面涂刷黏结胶→卷材反面涂胶→卷材粘贴→滚压排气→搭接缝涂胶黏合、压实→搭接缝密封。冷粘法铺贴卷材施工要点：第一，胶黏剂涂刷应均匀，不露底，不堆积。根据胶黏剂性能，应控制胶黏剂涂刷与卷材铺贴的间隔时间。一般用手触及表面似粘非粘为最佳。第二，铺贴的卷材下部空气应排尽，并碾压黏结牢固，黏合时不得用力拉伸卷材，避免卷材铺贴后处于受拉状态。

③自黏法：采用带有自黏胶的防水卷材进行黏结的施工方法。铺贴流程：卷材就位并撕去隔离纸 - 自粘卷材铺贴 - 滚压排气黏合牢固 -> 搭接缝热压黏合 - 黏合密封胶条。自粘法铺贴卷材施工要点：第一，铺贴卷材前基层表面应均匀涂刷基层处理剂，干燥后及时铺贴卷材。铺贴卷材时，应将自粘胶底面的隔离纸全部撕净。否则不能实现完全粘贴。第二，在铺贴立面或大坡面卷材时，立面和大坡面处卷材容易下滑，可采用加热方法使自粘卷材与基层黏结牢固，必要时还应采用钉压固定等措施。

④热风焊接法：采用热风或热焊接进行热塑性卷材黏合搭接的施工方法。热风焊接法铺贴卷材施工要点：第一，卷材的焊接面应清扫干净，无水滴、油污及附着物，才能进行焊接施工，焊接时应先焊长边搭接缝，后焊短边搭接缝；第二，控制热风加热温度和时间，焊接处不得有漏焊、跳焊、焊焦或焊接不牢现象；第三，焊接时不得损害非焊接部位的卷材。

2. 合成高分子卷材施工

合成高分子卷材与高聚物改性沥青卷材相比具有厚度薄，重量轻，延伸率大，低温柔性好，施工简便（胶粘冷施工）等特点，近几年得到很大发展。施工方法主要是冷粘法、自粘法和机械固定，不得采用热熔法。施工前对水落口、天沟、檐沟、檐口的处理以及立面卷材收头、立面或大坡面处等施工方法均与高沥青防水卷材的施工相同。

在冷粘法施工时应采用与卷材配套的接缝专用胶黏剂，在搭接缝黏合面上涂刷均匀，不露底，不堆积。根据专用胶黏剂性能，应控制胶黏剂涂刷与黏合间隔时间，并排除缝间空气，相压粘贴牢固。卷材采用机械固定时，固定件应与结构层固定牢固，固定件间距应根据当地的使用环境与条件确定，并不宜大于600 mm，距周边800 mm范围内的卷材应满黏。在合成高分子防水卷材铺贴完成，质量验收合格后，即可在表面涂刷着色剂，起到保护卷材和美化环境的作用。另外，防水卷材严禁在雨天、雪天施工；五级风及以上风时不得施工；特别是合成高分子卷材环境气温低于5℃时不宜施工。施工中途下雨、下雪，应做好已铺卷材周边的防护工作。

二、涂膜防水

涂膜防水屋面是在屋面基层上涂布液态防水涂料，经固化后形成一层有一定厚度和弹性的整体涂膜，从而起到防水作用的一种防水形式。这种屋面具有施工操作简单，无污染、冷操作、无接缝，能适应复杂基层，且防水性能好、温度适应性强，容易修补等特点。防水涂料应采用高聚物改性沥青防水涂料和合成高分子防水涂料，无机盐类防水涂料不适合于屋面防水工程。

涂膜防水层用于防水等级为Ⅲ级、Ⅳ级的防水层面时均可单独作为一道设防，也可用于Ⅰ、Ⅱ级屋面多道防水设防中的一道防水层。二道以上设防时，如涂膜防水层与刚性防水层之间（如刚性防水层在其上）应设隔离层。

（一）基层要求

涂膜防水层依附于基层，基层质量直接影响防水涂膜的质量。与卷材防水层相比，涂膜防水对基层要求更为严格，基层必须坚实、平整、清洁、干燥，无严重的漏水，同时表面不得有大于0.3 mm的裂缝。因此，涂膜施工前必须对基层进行严格检查，使之达到涂膜施工的要求。基层质量主要包括结构层刚度和整体性，找平层刚度、强度、平整度、表面完善程度以及基层含水率等。

涂膜防水屋面如果屋面坡度过于平缓，容易造成积水，使涂膜长期浸泡在水中，对一些水乳型涂膜就可能出现"再乳化"现象，降低防水层功能。屋面防水只有在不积水的情况下，屋面才具有可靠性和耐久性。采用涂膜防水屋面坡度一般规定为：上人屋面在1%以上，不上人屋面在2%以上。采用基层处理剂处理时，应涂刷均匀，覆盖完全，为保证涂膜层质量，施工后不产生与基层剥离、起鼓等现象，在涂膜层施工前还要求基层含水率不能过高。干燥后方可进行涂膜施工。

（二）涂膜防水层施工

涂膜防水施工一般工艺流程：基层表面清理、修理→喷涂基层处理剂（底涂料）→特殊部位附加增强处理→涂布防水涂料及铺贴胎体增强材→清理与检查修理→保护层施工。

1. 涂膜防水层厚度

防水涂膜应由两层以上涂层组成，其总厚度必须符合设计要求和规范规定。高聚物改性沥青防水涂膜在防水等级为Ⅱ、Ⅲ级屋面上使用时，其厚度不应小于3 mm；在防水等级为Ⅳ级屋面上使用时，其厚度不应小于2 mm，可通过薄涂多次来达到厚度要求。合成高分子防水涂料性能优越，价格较贵，涂膜厚度在一道设防时不应小于2 mm；与其他防水材料复合使用时，由于综合防水效果好，涂膜本身厚度可薄一些，但不应小1.5 mm。

2. 涂膜防水层施工方法

涂膜防水操作方法有抹压法、涂刷法、涂刮法、机械喷涂法。在施工过程中可根据涂料品种、性能、稠度以及施工的不同部位来选择施工方法，其适应范围见表6-2。

表6-2　涂膜防水的操作方法和适用范围

操作方法	具体做法	适用范围
抹压法	涂料用刮板刮平，待平面收水但未结膜时用铁抹子压实抹光	用于固体含量较高，流动性较差的涂料
涂刷法	用扁油刷、圆滚刷蘸防水涂料进行涂刷	用于立面防水层，节点的细部处理
涂刮法	先将防水涂料倒在基面上，用刮板来回涂刮，使其厚度均匀	用于黏度较大的高聚物改性沥青防水涂料和合成高分子防水涂料的大面积施工
机械喷涂法	将防水涂料倒在设备内，通过压力喷枪将防水涂料均匀喷出	用于各种涂料及各部位施工

防水涂料可用长柄滚刷、油漆刷、高浓度喷涂机等工具涂布。涂布后一遍涂料应在先涂涂层干燥成膜后进行，分层分遍涂布逐渐达到规定厚度，不得一次涂成，否则涂料上下涂膜的收缩和干燥时间不一致，易使涂膜开裂，并且防水涂料容易造成流淌，使高部位越淌越薄，低部位则堆积，造成厚薄不匀。厚质涂料采用铁抹子或胶皮刮板涂刷，薄质涂料可采用棕刷、长柄刷等人工涂刷，也可用机械喷涂。分块涂布施工时，块与块之间应采用搭接涂刷，涂刷搭接宽度宜为80～100 mm。每遍及相邻两遍间涂刷的方向应相互垂直。

3. 涂膜防水层施工工艺

涂膜防水层应按"先高后低，先远后近"的原则进行施工。先涂布节点、附加层，然后再大面积涂布。屋面转角及立面的涂层应薄涂多遍，不得有流淌。防水涂膜在满足厚度要求的前提下，涂刷遍数越多对成膜密实度越好。

①涂膜防水层胎体增强材料涂层中夹铺胎体增强材料时，宜边涂边铺胎体，胎体应刮平并排出气泡，胎体与涂料应黏合良好。在胎体上涂布涂料时，应使涂料浸透胎体，覆盖完全，不得有胎体外露现象。铺设胎体增强材料时，铺贴方向与搭接要求与卷材施工要求相同。天沟、檐沟、檐口、泛水和立面涂膜防水层收头等部位，均应用防水涂料多遍涂刷并用密封材料封严。

②高聚物改性沥青防水涂膜高聚物改性沥青防水涂料分为溶剂型和水乳型两类，根据屋面工程防水等级的要求，可采用一布三~四涂、二布四~六涂、三布五~六涂、多布多涂或纯涂膜施工工艺。

③合成高分子防水涂膜可采用人工刮涂或机械喷涂的方法施工，当刮涂施工时，每遍刮涂的推进方向宜与前一遍相垂直。多组分涂料必须按配合比准确计量，搅拌均匀，已配成的多组分涂料必须及时使用。配料时允许加入适量的缓凝剂量或促凝剂量来调节固化时间，但不得混入已固化的涂料。另需注意，涂膜施工应先做好节点处理，铺设带有胎体增强材料的附加层，然后再进行大面施工；上层的涂层厚度不应小于 1.0 mm，在屋面转角及立面的涂膜应薄涂多遍，不得有流淌和堆积现象。

4. 涂膜保护层设置

涂膜防水屋面应设置保护层。保护层材料可用浅色涂料、细砂、云母、蛭石等散体材料，或砂浆、细石混凝土、块材等刚性材料。采用水泥砂浆或块材做保护层时，应在涂膜与保护层之间设置隔离层，水泥砂浆保护层厚度不宜小于 20 mm。用细石混凝土做保护层时，混凝土应振捣密实，表面抹平压光，并应留设分格缝，其纵横间距不宜大于 6 m。水泥砂浆、块体材料或细石混凝土保护层与女儿墙之间应预留宽度为 30 mm 的缝隙，并用密封材料嵌填严密。

防水涂膜严禁在雨天、雪天施工；五级以上大风或预计涂膜固化前有雨时不得施工；高聚物改性沥青防水涂膜和合成高分子防水涂膜的溶剂型涂料，施工环境温度宜为 –5 ~ 35 ℃；水乳型涂料，施工环境温度宜为 5 ~ 35℃。

三、刚性防水

刚性防水屋面是利用普通细石混凝土、补偿收缩混凝土、预应力混凝土、块体材料或钢纤维混凝土等材料做防水层。刚性防水屋面主要依靠混凝土自身的密实性，并采取一定的构造措施（如增加配筋、设置隔离层、设置分格缝和油膏嵌缝等）达到防水目的。

刚性防水层特点是材料来源广泛、价格便宜、耐水性好，但其抗拉强度低、伸缩弹性小，对地基不均匀沉降、构件受震动或温度影响而发生微小变形极为敏感，易产生裂缝。因此，刚性防水屋面主要适用于防水等级为Ⅲ级的屋面防水层；也可用作Ⅰ、Ⅱ级屋面多道防水设防中的一道防水层，不适用于设有松散保温层屋面、大跨度和轻型屋盖的屋面，以及受较大震动或冲击和坡度大于 15% 的建筑屋面。

(一）基本要求

1. 材料要求

防水混凝土宜用普通硅酸盐水泥或硅酸盐水泥，当采用矿渣硅酸盐水泥时应采取减小泌水性的措施，水泥强度等级不应低于32.5级。不得使用火山灰质硅酸盐水泥。细骨料宜采用中砂或粗砂，含泥量不大于2%。粗骨料宜采用质地坚硬、级配良好的碎石或砾石，最大粒径不超过15 mm，含泥量不超过1%。

混凝土水灰比不应大于0.55；水泥最小用量不应小于330 kg/m³；含砂率宜为35%～40%；灰砂比应为1∶2～1∶2.5，并宜掺入外加剂。普通细石混凝土、补偿收缩混凝土的强度等级不应小于C20，自由膨胀率应为0.05%～0.1%。

2. 结构层要求

刚性防水屋面结构层要求与柔性防水层基本一致。普通细石混凝土和补偿收缩混凝土防水层应设置分格缝，其纵横间距不宜大于6 m，缝的宽度宜为10～20 mm，分格缝可采用嵌填密封材料并加贴防水卷材的方法进行处理，以增加防水的可靠性。

所有分格缝应纵横相互贯通，如有间隔应凿通，缝边如有缺边掉角须修补完整，达到平整、密实，不得有蜂窝、起皮、松动现象。分格缝必须干净，缝壁和缝两侧50～60 mm内的水泥浮浆、残余砂浆和杂物，必须用刷缝机或钢丝刷刷除，并用吹尘机具吹净。嵌填密封材料处的混凝土表面应涂刷基层处理剂，不得漏涂。凡已涂刷基层处理剂的分格缝都应于当天嵌填密封材料，不宜隔天嵌填。

刚性防水屋面坡度宜为2%～3%，并应采用结构找坡。细石混凝土防水层厚度不应小于40 mm，并应配置直径为4～6 mm、间距为100～200 mm的双向钢筋网片（宜采用冷拔低碳钢丝）。钢筋网片在分格缝处应断开，其保护层厚度不应小于10 mm。

刚性防水层在结构层与防水层之间应增加一层低强度等级砂浆、卷材、塑料薄膜等材料，起隔离作用，使结构层和防水层变形互不约束，以减少防水混凝土产生拉应力而导致混凝土防水层开裂。

（二）刚性防水层施工

细石混凝土防水层施工程序：清理隔离层表面→弹线分格→支设分格缝隔板及檐口模板→绑扎钢筋网片→浇捣细石混凝土→压实抹平→起出分格缝隔板→分遍压实抹光→养护→分格缝防水密封处理。

细石混凝土防水层宜按"先远后近，先高后低"的原则进行。一个分格必须一次浇捣完成，不留施工缝。混凝土浇捣厚度不宜小于40 mm。普通细石混凝土应采用机械搅拌，搅拌时间不应少于2 min。宜采用机械振捣，也可用小辊滚压相配合，边插捣边滚压，直到密实表面泛浆，再用铁抹子压实抹平，并确保防水层的设计厚度、排水坡度、钢筋间距及位置准确。混凝土收水初凝后，及时取出分格缝隔板，用铁抹子第二次压实抹光，并及时修补分格缝缺损部分。待混凝土终凝前进行第三次压实抹光，要求做到表面平整压实抹光，达到不起砂、不起层、无裂缝、无抹板压痕为止。

混凝土浇筑后 12 ~ 24 h 应进行养护，可采用洒水湿润、覆盖塑料薄膜、表面喷涂养护剂等养护方法，也可用蓄水法或覆盖浇水养护法，养护时间不少于 14 天。

用膨胀剂拌制补偿收缩混凝土时应按配合比准确计量，搅拌投料时膨胀剂应与水泥同时加入，搅拌时间不应少于 3 min。补偿收缩混凝土凝结时间一般比普通混凝土略短，所以拌制的混凝土应及时浇筑，搅拌、运输、铺设、振捣和碾压、收光等工序应紧密衔接。施工温度以 5 ~ 35℃ 为宜，施工时应避免烈日暴晒。0℃ 以下施工要保证浇灌时混凝土温度不低于 5℃，浇灌完毕待混凝土稍硬后，及时覆盖塑料薄膜或草帘保温保湿。

第三节 地下防水工程

一、卷材防水

地下工程卷材防水层是采用高聚物改性沥青防水卷材或高分子防水卷材和与其配套的胶结材料（沥青胶或高分子胶黏剂）胶合而成的一种单层或多层防水层。这种防水层的主要优点是防水性能好，具有一定的韧性和延伸性，能适应结构振动和微小变形，不至于产生破坏而导致渗水现象，并能抵抗酸、碱、盐溶液的侵蚀。防水效果好，目前地下结构防水工程中被广泛采用。

（一）适用范围

卷材防水层适用于受侵蚀性介质作用或受震动作用的地下工程主体迎水面防水的结构防水层中。具体范围有如下规定：

①卷材防水层适合于承受压力不超过 0.5 MPa，当有其他荷载作用超过上述数值或有剪力存在时，应采取结构措施。

②卷材防水层经常保持不小于 0.01 MPa 的侧压力下，才能较好发挥防水功能，一般采取保护墙分段断开，起附加荷载作用。

③改性沥青防水卷材耐酸、耐碱、耐盐的侵蚀，但不耐油脂及可溶解沥青的溶剂的侵蚀，所以油脂和溶剂不能接触沥青防水卷材。

（二）卷材防水层施工

将卷材防水层铺贴在地下结构外表面时，称为外防水。此种方法可借助土压力压紧，并可与承重结构一起抵抗地下水渗透和侵蚀作用，防水效果好。外防水卷材防水层铺贴方式按其与防水结构施工先后顺序，可分为外防外贴法和外防内贴法两种。

1. 外防外贴法施工

（1）构造做法

先进行主体结构施工，卷材防水层直接粘贴于主体结构的外墙表面，再砌永久保护墙（或保护层）。防水层能与混凝土结构同步沉降，较少受结构沉降变形影响，施工时不易损坏防水层，也便于检查混凝土结构和卷材质量，发现问题容易修补。但缺点是工期长、工作面大、土方量大、卷材接头不易保护，容易影响防水工程质量。

（2）施工方法

①卷材层应铺贴在水泥砂浆找平层上，铺贴卷材时，找平层应基本干燥。卷材应先铺平面，后铺立面，交接处应交叉搭接；结构转角处铺贴一层卷材附加层，然后进行大面积铺贴。

②浇筑结构底板混凝土垫层，在垫层上砌筑永久保护墙，在永久保护墙上用石灰砂浆接砌临时保护墙。永久保护墙高度应比结构底板厚度高 200～500 mm，临时保护墙高一般为 450～600 mm。在垫层和永久保护墙上抹 1:3 水泥砂浆找平层，转角处抹成圆弧形，在临时保护墙内表面上抹石灰砂浆找平层，并刷石灰浆。

③从底面折向立面的卷材，与永久性保护墙接触部位宜采用空铺法或点粘法，与临时性保护墙或围护结构模板接触部位应将卷材临时贴附，并将卷材接头临时固定在保护墙最上端。当不设保护墙时，从底面折向立面的卷材在接槎部位应采取可靠的保护措施。

④保护墙上的卷材防水层完成后，应作保护层，以免后面工序施工损坏卷材防水层。保护层材料有水泥砂浆或细石混凝土，但临时保护墙上保护层一般为石灰砂浆，以便拆除。保护层厚度为 30～50 mm。施工结构底板和墙体时，保护墙可作为混凝土墙体的侧模板。

⑤主体结构完工后，将临时固定部位的卷材揭开，表面清理，再将此段结构外表面用水泥砂浆做找平层。如平整度达到要求，可省去找平层。

⑥找平层干燥后，将卷材分层错槎搭接向上铺贴。卷材接槎搭接长度，高聚物改性沥青卷材不应小于 150 mm，合成高分子卷材为 100 mm。当使用两层卷材时，应错槎接缝，上层卷材应盖过下层卷材，接槎处应采用密封材料加贴盖缝条。

⑦卷材防水层施工完毕，立即进行渗漏检验，合格后，应及时做好卷材防水层保护结构，并进行土方回填。

2. 外防内贴法施工

（1）构造做法

外防内贴法是在浇筑混凝土垫层后，在垫层上将永久保护墙全部砌好，然后将卷材防水层铺贴在垫层和永久保护墙上，再施工主体结构的方法。这种方法可一次完成防水层的施工，工序简单、土方量较小、卷材防水层无须临时留槎，可连续铺贴，缺点是立墙防水层难以和主体同步，受结构沉降变形影响，防水层易受损，以及混凝土的抗渗质量不易检查，如发生渗漏，修补困难。

（2）施工方法

①在已施工的混凝土垫层上砌永久保护墙，用 1:3 水泥砂浆在垫层和永久保护墙上抹找平层。阴阳角处应抹成钝角或圆角。

②找平层干燥后涂刷冷底子油或基层处理剂，干燥后将卷材防水层直接铺贴在保护

墙上，转角处还应铺贴卷材附加层。铺贴卷材防水层应先铺立面，后铺平面，铺贴立面时先铺转角，后铺大面。

③卷材防水层铺完经检验合格后，应及时做保护层。立面应在涂刷防水层最后一道沥青胶结材料时，趁热撒上热砂或散麻丝，冷却后抹一层10～20 mm厚1:3水泥砂浆；平面可用水泥砂浆或浇细石混凝土作保护层，最后再进行防水结构混凝土底板和墙体施工。

3. 防水卷材铺贴要求

铺贴高聚物改性沥青卷材应采用热熔法施工；铺贴合成高分子卷材宜采用冷粘法施工。

卷材铺贴时，两幅卷材长边和短边的搭接长度均不应小于100 mm。采用双层卷材时，上下两层和相邻两幅卷材的接缝应错开1/3～1/2幅宽，且两层卷材不得相互垂直铺贴。卷材接缝必须粘贴封严，接缝口应用材性相容的密封材料，接缝宽度不应小于10 mm。在立面与平面转角处，卷材接缝应留在平面上，距立面不应小于600 mm。在转角处和特殊部位，应增贴1～2层相同卷材或抗拉强度较高的卷材。

二、刚性防水

（一）防水混凝土

1. 防水混凝土适用范围

防水混凝土适用于防水等级为一～四级的地下整体式混凝土结构。不适用环境温度高于80℃、结构易受剧烈振动、冲击或处于耐侵蚀系数小于0.8的侵蚀性介质中使用的地下工程。（耐侵蚀系数是指在侵蚀性水中养护6个月的混凝土试块的抗折强度与在饮用水中养护6个月的混凝土试块的抗折强度之比）。

防水混凝土环境温度一般应控制在50～60℃以下，最好接近常温。这主要是因为防水混凝土抗渗性随着温度提高而降低，温度越高降低越明显。温度升高，混凝土硬化后其残留内部的水分蒸发，混凝土内部产生许多毛细孔，形成渗水通路，加之水泥与水的水化作用，导致水泥凝胶破裂、干缩，混凝土内部组织结构破坏，抗渗性能降低。

结构遭受剧烈振动或冲击时，振动和冲击使得混凝土结构内部产生拉应力，拉应力大于混凝土自身抗拉强度的情况下，就会出现结构裂缝，产生渗漏现象。另外，我国地下水特别是浅层地下水受污染比较严重，混凝土并非是永性材料，钢筋常常会受到侵蚀。特别是中、高层建筑增多，投资大，要求使用年限长，防水等级大多为一级防水，所以必须采取多道防水措施。

防水混凝土包括普通防水混凝土、外加剂防水混凝土两大类。这种防水层具有取材容易、施工简便、工期短、造价低、耐久性好等优点，在一般民用建筑的地下室、水泵房、水池、大型设备基础、沉箱、地下连续墙等建（构）筑物上多有运用。

2. 防水混凝土一般规定

（1）材料要求

①水泥地下防水混凝土中水泥强度等级不应低于32.5级。不得使用过期或受潮结块水泥，不得将不同品种或强度等级的水泥混合使用。在不受侵蚀和冻融作用下，宜采用普通硅酸盐水泥、硅酸盐水泥、火山灰质硅酸盐水泥、粉煤灰硅酸盐水泥。如采用矿渣硅酸盐水泥，应掺入高效减水剂以降低泌水率。

在受冻融条件下，宜采用普通硅酸盐水泥，不宜采用火山灰质硅酸盐水泥和粉煤灰硅酸盐水泥。在受侵蚀性介质作用下，应按介质的性质选用相应的水泥，如受硫酸盐介质侵蚀时，可采用火山灰质硅酸盐水泥、粉煤灰硅酸盐水泥、抗硫酸盐硅酸盐水泥。

②骨料砂宜用中砂，含泥量不大于3%，泥块含量不大于1%。石子粒径宜为5～40 mm，泵送混凝土最大粒径应为输送管道直径的1/4；含泥量不大于1%，泥块含量不大于0.5%；石子吸水率不大于1.5%，不得使用碱活性骨料。细骨料宜用中砂，含泥量不大于3.0%，泥块含量不大于1.0%。

③水采用不含有害杂质、pH值4～9的洁净水，一般饮用水或天然洁净水均可采用。

（2）外加剂和矿物掺合料

防水混凝土可根据工程需要掺入防水剂、引气剂、减水剂、密实剂、膨胀剂、复合型外加剂等，其品种和掺量应经试验确定。所有外加剂应符合国家或行业标准一等品及以上的质量要求。掺入外加剂可以改善混凝土内部组织结构，增加密实性及抗裂性，提高防水抗渗性能。

防水混凝土也可掺入粉煤灰、磨细矿渣粉、硅粉等。粉煤灰级别不应低于二级，掺量不大于20%，硅粉掺量不大于3%，其他掺合料应经过试验确定。

（3）配合比

防水混凝土的配合比应符合下列规定：试配要求的抗渗水压值应比设计值提高0.2 MPa；水泥用量不得少于300 kg/m^3，当掺有活性掺合料时，水泥用量不得少于280kg/m^3；砂率宜为35%～45%，泵送时可增至45%；灰砂比宜为1∶2～1∶2.5；水灰比不得大于0.55；坍落度不宜大于50 mm，采用预拌混凝土时，入泵坍落度宜为100～140 mm，缓凝时间宜为6～8 h；掺入引气剂或引气型减水剂时，混凝土含气量应控制在3%～5%。

3. 防水混凝土种类

（1）普通防水混凝土

普通防水混凝土是通过调整配合比、控制材料的选择、混凝土拌制和振捣质量，提高混凝土的密实度和抗渗性而达到防水目的，它不同于普通混凝土。

（2）外加剂防水混凝土

外加剂防水混凝土是在混凝土中渗入有机或无机外加剂，改善混凝土性能，从而达到防水目的。由于外加剂种类较多，各自的性能、效果及适用条件不尽相同。常用的外加剂防水混凝土有三乙醇胺防水混凝土、加气剂防水混凝土、减水剂防水混凝土、氯化铁防水混凝土。

4. 防水混凝土施工

防水混凝土结构应构造设计，材料选择合理。施工中混凝土的配料、搅拌、运输、浇筑、振捣及养护等环节都直接影响着工程质量，因此要严格控制好每一个施工环节。

（1）施工准备

施工前应编制施工方案，做好技术交底，原材料检验和试配工作；做好基坑排降水工作，防止地表水流入。

浇筑防水混凝土所用模板应特别注意拼缝严密。一般不宜用穿过防水混凝土结构的螺栓或铁丝固定模板，以防产生引水现象，发生渗漏。当墙需要用穿过混凝土防水结构的对拉螺栓固定模板时，应采取止水措施，一般可在螺栓中间应加焊一块止水环，阻止渗水通路。

为了有效地阻止钢筋的引水作用，迎水面防水混凝土钢筋保护层厚度，不应小于50 mm。底板钢筋均不能接触混凝土垫层，结构内部的钢筋以及绑扎铁丝均不得接触模板。留设保护层应以相同配合比的细石混凝土或水泥砂浆垫块钢筋。严禁用钢筋充当保护层垫块。

（2）拌制过程控制

拌制混凝土所用材料的品种、规格和用量，每工作班检查不应少于两次。水泥、水、外加剂掺合料累计计量偏差不应大于 ±1%；砂、石计量偏差不应大于 ±2%。混凝土在浇筑地点的坍落度每工作班至少检查两次。防水混凝土应采用机械搅拌，搅拌时间比普通混凝土略长，一般不少于120 s；掺入引气型外加剂，则搅拌时间为 120～180 s；掺入其他外加剂应根据相应的技术要求确定搅拌时间。

（3）混凝土运输、浇筑与振捣

在运输过程中要防止防水混凝土拌和物产生离析和坍落度损失。当出现离析时，必须进行二次搅拌。当坍落度损失不能满足施工要求时，应加入原水灰比水泥浆或二次掺加减水剂进行搅拌，严禁直接加水。

振捣应采用机械振捣，振捣时间宜为 10～30 s；防水混凝土应连续浇筑，宜少留施工缝，当必须留设施工缝时应遵守下列规定：墙体水平施工缝不应留在剪力与弯矩最大处或底板与侧墙交接处，应留在高出底板表面不小于 300 mm 的墙体上。墙体有预留孔洞时，施工缝距孔洞边缘不应小于 300 mm。垂直施工缝应避开地下水和裂隙水较多地段，并宜与变形缝相结合。

（4）施工缝施工

施工缝是防水结构容易发生渗漏的部位，施工时要符合下列要求：水平施工缝浇灌混凝土前，应将其表面浮浆和杂物清除，先铺净浆，再铺 30～50 mm 厚的 1∶1 水泥砂浆或涂刷混凝土界面处理剂，并及时浇灌混凝土。垂直施工缝浇灌混凝土前，应将其表面清理干净，并涂刷水泥净浆或混凝土界面处理剂，并及时浇灌混凝土。选用的遇水膨胀止水条应具有缓胀性能，其7天膨胀率不应大于最终膨胀率的60%；遇水膨胀止水条应牢固地安装在缝表面或预留槽内。采用中埋式止水带时，应确保位置准确，固定牢靠。

（5）变形缝施工

变形缝设置中埋式止水带时，中心线应和变形缝中心线重合，止水带不得穿孔或用铁钉固定；混凝土浇筑前应校正止水带位置，表面清理干净，止水带损坏处应修补；顶、底板止水带下侧混凝土应振捣密实，边墙止水带内外侧混凝土应均匀，保持止水带位置正确、平直，无卷曲现象；止水带宽度和材质的性能均应符合设计要求，且无裂缝和气泡；接头应采用热接，不得叠接，接缝平整、牢固、不得有裂口的脱胶现象；变形缝处增设的卷材或涂料防水层，应按设计要求施工。

（6）后浇带施工

后浇带应设在受力和变形较小的部位，间距宜为30～60m，宽度为700～1000mm。后浇带可做成平直缝，结构主筋不宜在缝中断开，如必须断开，则主筋搭接长度应大于45倍主筋直径，并应按设计要求加设附加钢筋。后浇带需超前止水时，后浇带部位混凝土应局部加厚，并增设外贴式或中埋式止水带。

（7）穿墙管施工

穿墙管(盒)应在混凝土浇筑前预埋，管与管的间距应大于300mm；穿墙管与内墙角、凹凸部位的距离应大于250mm。结构变形或管道伸缩量较大或有更换要求时，应采用套管式防水法，套管应加焊止水环。结构变形或管道伸缩量较小时，穿墙管可采用主管直接埋入混凝土内的固定式防水法，并应预留凹槽，槽内用嵌缝材料嵌填密实。

（8）养护与拆模

防水混凝土终凝后应立即覆盖浇水养护，养护时间不应少于14天。拆模时防水混凝土的强度必须超过设计强度等级的70%，拆模后应及时回填土，以利于混凝土后期强度的增长和抗渗性的提高，避免温差和干缩引起开裂。

（二）水泥砂浆防水层

水泥砂浆防水层是用水泥砂浆、素水泥浆交替抹压涂刷多层的刚性防水层，其防水原理是分层闭合，构成一个多层整体防水层，各层的残余毛细孔道互相堵塞，使水分不能透过，从而达到抗渗防水目的。

水泥砂浆防水层包括普通水泥砂浆、聚合物水泥防水砂浆、掺外加剂或参合料水泥砂浆等，这种防水层可用于主体结构的迎水面或背水面。

普通水泥砂浆采用不同配合比的水泥浆和水泥砂浆，通过分层抹压构成防水层，对防水要求较低的工程中使用较为适宜。在水泥砂浆中掺入各种外加剂、掺合料，可提高砂浆的密实性、抗渗性，应用较为普遍。而在水泥砂浆中掺入高分子聚合物（如乙烯－乙酸乙烯共聚物、聚丙烯醋酸、有机硅、丁苯胶乳、氯丁胶乳等）配制成具有韧性、耐冲击性好的聚合物水泥砂浆，是近年国内发展较快、具有较好防水效果的新型防水材料。

1. 材料要求

（1）材料

①水泥：水泥品种采用强度等级不低于32,5级的普通硅酸盐水泥、特种水泥。不同品种和标号的水泥不能混用，严禁使用过期或受潮结块的水泥。

②砂：宜采用中砂，平均粒径不小于0.5 mm，最大粒径不大于3 mm，含泥量不大于1%，硫化物和硫酸盐含量不大于1%。

③水：一般采用饮用水，如用天然水应符合混凝土用水的要求。

（2）外加剂

①无机铝盐防水剂：此类防水剂加入水泥砂浆后，能与水泥和水起作用，在砂浆凝结硬化过程中生成水化氯铝酸钙、水化氯硅酸钙等晶体物质，填补砂浆中的空隙，从而提高了砂浆密实性和防水性能。

②有机硅防水剂：是一种小分子水溶性混合物，易被弱酸分解，是一种憎水性物质。渗入基层内可堵塞水泥砂浆内部毛细孔，增强密实性，提高抗渗性，从而起到防水作用。

③补偿收缩抗裂型防水剂：是继U型混凝土膨胀剂后，专用于水泥砂浆防水层的外加剂，它的抗渗性好，且具有抗裂性。

2. 基层处理

基层处理是保证防水层与基层表面结合牢固、不空鼓、不透水和密实的关键。包括清理、浇水、刷洗、补平等工序，使基层表面保持潮湿、清洁、平整、坚实、粗糙。其中浇水湿润尤其关键。水要反复浇透至表面基本饱和，抹上灰浆后无吸水现象为宜。

3. 水泥砂浆防水层施工

（1）普通水泥砂浆防水层施工（刚性多层做法）

①混凝土顶板与墙面防水层施工第一层为素灰层，厚2 mm。先抹一道1 mm厚素灰，随后在已刮抹的素灰层上再抹一道厚1 mm素灰找平层，然后用湿毛刷在素灰表面按顺序轻刷一遍，打乱素灰层表面的毛细孔道，形成水泥结晶层，成为防水层的第一道防水。

第二层为水泥砂浆层，厚4～5 mm。在素灰层初凝时抹第二层水泥砂浆层，该层主要起对素灰层的养护、保护和加固作用。

第三层为素灰层，厚2 mm在第二层水泥砂浆凝固并具有一定强度（常温下间隔一昼夜），适当浇水湿润，再进行第三层的操作，方法与第一层相同。

第四层为水泥砂浆层，厚4～5 mm。操作过程同第二层，将其抹在第三层上，抹后在水泥砂浆凝固过程中，用铁抹子分3～4次压实，最后再压光。

第五层抹水泥浆做法与上述做法相同。只是第五层是在第四层水泥砂浆抹压两遍后，用毛刷将水泥浆均匀地刷在第四层上，随第四层一起抹实压光。

②底板防水层施工与墙面、顶板不同，通常第一、三层的素灰层不采用刮抹方法，而是把素灰倒在地面上，用刷子往返用力涂刷均匀，第二、四层是在素灰层初凝前后把水泥砂浆按厚度要求均匀抹压在素灰层上。底板防水层施工时要禁止踩踏，应由里向外顺序进行。

水泥砂浆各层应紧密贴合，每层宜连续施工。如必须留槎时，留置成阶梯形，但离转角处不得小于 200 mm；接槎应依层次顺序操作，层层搭接紧密。接槎时，应先在接槎处均匀涂刷水泥浆一层，以保证接槎的密实性。结构阴阳角处的防水层均应抹成圆弧形。

普通水泥砂浆防水层终凝后，应及时进行养护，温度不宜低于 5℃，养护时间不得少于 14 天，养护期间应保持湿润。

（2）掺外加剂水泥砂浆防水层施工

先在处理后的基层上涂一道防水净浆，然后分两次抹厚度为 12 mm 的底层防水砂浆。第一次要用力抹压使其与基层结成一体，凝固前用木抹子搓压成麻面，待阴干后即按同样的方法抹第二遍底层砂浆；底层砂浆抹完约 12 h 后，先在底层防水砂浆上涂刷一道防水净浆，并随涂刷随抹第一遍面层防水砂浆（厚度不超过 7 mm），凝固前用木抹子均匀搓压成麻面，第一遍面层防水砂浆阴干后再抹第二遍面层防水砂浆，并在凝固前分次抹压密实，最后压光。防水砂浆两次抹压厚度为 13 mm。

三、其他地下防水工程

（一）涂膜防水层施工

地下涂膜防水材料分为无机防水涂料和有机防水涂料。防水涂料品种选择应符合下列规定：潮湿基层宜选用与潮湿基面黏结力大的涂料，或采用先涂水泥基类无机涂料而后涂有机涂料的复合涂层；冬季施工宜选用反应型涂料，如用水乳型涂料，温度不得低于 5℃；埋置深度较深的重要工程、有振动或有较大变形的工程宜选用高弹性防水涂料；有腐蚀性的地下环境宜选用耐腐蚀性较好的反应型、水乳型、聚合物水泥涂料，并做刚性保护层。

1. 施工工艺

防水涂料可采用外防外涂、外防内涂两种做法。涂膜防水层施工程序：基层处理→平面涂布处理剂→增强涂布或增补涂布施工→平面防水层涂布施工→平面部位铺贴油毡隔离层→平面部位浇筑细石混凝土保护层→钢筋混凝土地下结构施工→修补混凝土立墙外表面→立墙外侧涂布基层处理剂→增强涂布或增补涂布→涂布立墙防水层→立墙防水层保护层施工→基坑回填。

2. 施工方法

（1）基层检查验收

涂料防水层的基层表面必须坚固、平整、洁净，无空鼓、开裂现象，无油污、浮渣。基层阴阳角应做成圆弧形，阴角直径宜大于 50 mm，阳角直径宜大于 10 mm。

（2）涂膜防水层施工

涂刷前应先在基层面上涂布基层处理剂；涂膜应多遍完成，涂刷应待前遍涂层干燥成膜后进行；每遍涂刷时应交替改变涂层的涂刷方向，同层涂膜的先后搭接宽度宜为 30 ~ 50 mm；涂料防水层施工缝应注意保护，接涂前应将其表面处理干净。涂刷程序应先做转角处、穿墙管道、变形缝等部位的加强层，后进行大面积涂刷。

（3）涂膜防水保护层

保护层应符合下列规定：底板、顶板应采用20 mm厚1∶2.5水泥砂浆层和40~50 mm厚细石混凝土保护，顶板防水层与保护层间宜设置隔离层；侧墙背水面应采用20 mm厚1∶2.5水泥浆层保护；侧墙迎水面宜选用软保护层或20 mm厚1∶2.5水泥砂浆层保护。

3. 涂膜防水层细部构造处理

对于阴阳角、穿墙管道、预埋件、变形缝等容易造成渗漏的薄弱部位，应参照卷材防水做法，采用附加防水层加强。此时可做成"一布二涂"或"二布三涂"，其中胎体增强材料亦优先采用聚酯无纺布。

（1）阴阳角

在基层涂布底层涂料之后，应先进行增强涂布，同时将玻纤布铺贴好，然后再涂布第一道、第二道涂膜。

（2）管道根部

先将管道用砂纸打毛，用溶剂洗去油污，管道根部周围基层应清洁干燥。在管道根部周围及基层涂刷底层涂料，在底层涂料固化后做增强涂布，增强层固化后再涂刷涂膜防水层。

（二）其他地下防水工程简介

1. 密封防水

密封防水是对建筑物或构筑物的接缝、节点等部位运用密封材料进行水密和气密处理，起着密封、防水、防尘和隔声等功能。同时还可与卷材防水、涂料防水和刚性防水等工程配套使用，因而是防水工程中的重要组成部分。

常用嵌缝防水密封材料主要是改性沥青防水密封材料和合成高分子防水密封材料两大类。它们之间性能差异较大，常用施工方法有冷嵌法和热灌法两种。冷嵌法施工大多采用手工操作，用腻子刀或刮刀嵌填，或采用电动或手动嵌缝挤出枪进行嵌填。热灌法施工需在现场塑化或加热密封材料，使其具有流塑性后进行浇灌，一般适用于平面接缝密封防水处理。

2. 地下工程排水防水

排水工程是工业与民用建筑地下室、隧道、坑道的构造排水。即采用各种排水措施，使地下水能顺着预先设计的各种管沟被排到工程外，以降低地下水位，减少地下工程渗漏水。

对于重要的、防水要求较高的地下工程在制订防水方案时，应结合排水一起考虑。凡具有自流排水条件的地下工程可采用自流排水方法，如无自流排水条件、防水要求较高，且具有抗浮要求的地下工程，则可采用渗排水、盲沟排水或机械排水。

第七章 装饰工程

第一节 门窗工程与抹灰工程

一、门窗工程

门、窗有采光、通风、交通、隔热等作用。目前国内建筑所用门窗，材料上主要有木、塑、铝（合金）等几种；施工方法上主要是工厂制作、现场安装，少量和不规则的门窗、门窗套等，需要进行现场制作、安装。

（一）木门窗

1. 木门窗的制作

木门窗的制作多在木材加工厂进行。其工序包括：放样→配料、截料→刨料→划线→打眼→开榫、拉肩→裁口与倒棱→拼装。成品门窗应置于清洁、干燥、通风、避雨之处，竖直加垫存放，不得日晒雨淋和碰撞。

2. 木门窗的安装

木门窗安装前应检查门窗的品种、规格、形状、开启方向，并对其外形及平整度检查校正。如有窜角、翘扭、弯曲、劈裂等，应及时修整。门窗框靠墙或地的一侧应刷防腐涂料；对于上下垂直，左右水平的门窗洞口在门窗框安装前应找好垂线和水平，确定安装位置。

(1) 门窗框的安装

传统上,安装门窗框有两种方法:先立口,后塞口;现在,一般室内木门不安框,只作门套。

门窗套的现场制作方法(也有预制安装做法)是:钉木工板(之前在钉位画线、打眼、钉木楔)→粘贴饰面板(裁口加纤维板制作,强力万能胶和钉子固定饰面板)→钉木线条。

(2) 门窗扇的安装

安装前检查门窗的型号、规格、数量是否符合要求,如发现问题,应事先修好或更换。安装门窗扇时,先量出樘口净尺寸,考虑风缝的大小,再在扇上确定所需的高度和宽度,进行修刨。修刨高度方向时,先将梃的余头锯掉,对下冒头边略微修刨,主要是修刨上冒头。宽度方向,两边的梃都要修刨,不要单刨一边的梃。双扇门窗要对口后,再决定修刨两边的框。如发现门窗扇的高、宽有短缺的情况,高度上应将补钉的板条钉在下冒头下面;在宽度上,在装合页一边梃上补钉板条。为了开关方便,平开扇上、下冒头最好刨成斜面,倾角约3°～5°。另外,安装时还应先将扇试装于樘口中,有木楔垫在下冒头下面的缝内并塞紧,看看四周风缝大小是否合适;双扇门窗还要看两扇的冒头或窗棂是否对齐和呈水平。认为合适后,在扇及樘上划出铰链位置线,取下门窗扇,装钉五金,进行装扇。

(二) 铝合金门窗

1. 铝合金门窗的制作

装饰工程中,使用铝型材制作门、窗较为普遍。其制作多在生产工厂进行。首先是经过表面处理的型材,通过下料、打孔、铣槽、改丝、制窗等加工工艺制成门窗框料构件,然后再与连接件、密封件、开闭五金件一起组合装配而成。

铝合金门窗与普通木门窗相比,具有明显的优点,主要表现为:轻质、高强;密闭性能好;使用中变形小;立面美观;便于工业化生产。

2. 铝合金门窗的安装

安装前应检查铝合金成品及构配件各部位,如发现变形,应予以校正和修理;同时还要检查洞口标高线及几何形状,预埋件位置、间距是否符合规定,埋设是否牢固,不符合要求者,应按规定纠正后才能进行安装。

铝合金门窗一般的是先安装门窗框,后安装门窗扇。门窗框安装要求位置准确、横平竖直、高低一致、进出一致、牢固严密。安装时将门窗框安放到洞口中正确位置,先用木楔临时定位后,拉通线进行调整,使上、下、左、右的门窗分别在同一竖直线、水平线上;框边四周间隙与框表面距墙体外表面尺寸一致。再仔细校正其正、侧面垂直度,水平度及位置合格后,楔紧木楔,再校正一次。然后要按设计规定的门窗框与墙体或预埋件连接行焊接固定,或者用钢钉固定的、膨胀螺钉固定、木螺钉固定。

门窗与墙体连接固定时应遵守以下规定。

①门窗框与墙体连接必须牢固，不得有松动现象。

②铁件应对称排列在门窗框两侧，相邻铁件宜内外错开，连接铁件不得露出装饰。

③焊接连接铁件时，应用橡胶或石棉布、板遮盖门窗框，不得烧损门窗框，焊接完毕应清除焊渣，焊接应牢固，焊缝不得有裂纹和漏焊现象。

④固件离墙体边缘应不小于 50 mm，且不能装在缝隙中。

⑤门窗框与墙体连接的预埋件、连接铁件、紧固件规格和要求，必须符合设计图的规定。

门窗框安装质量检查合格后，用水泥砂浆（配合比 1∶2）或细石混凝土嵌填洞口与门窗框间缝隙，使门窗框牢固固定到洞内。

嵌填前应先把缝隙中的残留物清除干净，然后浇湿。拉好检查外形平直度的直线。嵌填操作应轻而细致，不破坏原安装位置。应边嵌填边检查门窗框是否变形移位。嵌填时应注意，不可污染门窗框和不嵌填部位，嵌填必须密实饱满不得有间隙，也不得松动或移动木楔，并洒水养护。

门窗框的安装要求位置准确、平直，缝隙均匀，严密牢固，启闭灵活，并且五金零配件安装位置准确，能起到各自的作用。对推拉式门窗扇，先装室内侧门窗扇，后装室外侧的门窗扇；对固定扇应装在室外侧并固定牢固不会脱落，以确保使用安全。平开式门窗扇装于门窗框内，要求门窗扇关闭后四周压合严密，搭接量一致，相邻两门窗扇在同一平面内。

（三）塑料门窗安装

1. 塑料窗安装

塑料窗安装时，要求窗框与墙壁之间预留 10～20 mm 间隙，若尺寸不符合的要求时进行处理，合格后方可安装窗框。然后按设计要求的连接方式与墙体固定。

塑料窗框与墙体固定时应遵守下列规定：

①窗框与墙体连接必须牢固，不得有任何松动现象。

②连接件的位置与数量应根据力的传递和变形来考虑，在具体布置时，首先应保证在铰链水平的位置上设连接点。并应注意，相邻两连接点之间的距离不应大小 700 mm，而且在转角、直档及有搭钩处的间距应更小一些。另外，为了适应型材的线性膨胀，一般不允许在有横档或竖梃的地方设框墙连接点，相邻的连接点应在距其 150 mm 处。

窗框安装质量检查合格后，框墙间隙内应填入矿棉、玻璃棉或泡沫塑料等隔绝材料为缓冲层。在间隙外侧应用弹性封缝材料加以密封（如硅橡胶条密封）。而不能用含沥青的封缝材料，因为沥青材料可能会使塑料软化。最后进行墙面抹灰。工程有要求时，最后、还须加装塑料盖口。

2. 塑料门安装

首先检查洞口规格是否符合图纸要求，检查预埋连接件是否符施工要求。然后按设计要求的连接方式与墙体固定。其固定方法可参考塑料窗进行。

塑料门窗优点虽很突出，但也易老化和变形。为此塑料门窗也有加筋的，并且进场时应根据设计图纸和国家标准进行严格检查验收，不得有开焊、断裂、变形、退色、颜色不一致等质量问题，合格者应置于室内无热源处存放。

（四）全玻璃装饰门及自动门安装

1. 全玻璃装饰门安装

全玻璃装饰门所用玻璃多为厚度在12 mm以上的平板玻璃、雕花玻璃、钢化玻璃等，金属装饰多是不锈钢、黄铜等。

全玻璃装饰门固定部分安装程序为：玻璃裁割→固定底托→安装玻璃板→注胶封口。底托木方上钉木板条，距玻璃板面一定距离，然后在木板条上涂万能胶，把饰面板粘卡在木方上。

全玻璃装饰门活动门扇安装程序为：画线（转动销、地弹簧位置）→确定门扇高度→固定上下横挡→门扇固定→安装拉手。

2. 自动门安装

自动门安装程序为：地面导轨安装→安装横梁→将机箱固定在横梁→安装门扇→调试。

（五）门窗工程施工常用质量标准

1. 木门窗

①木门窗的木材品种、材质等级、规格、尺寸、框扇的线型等应符合设计要求。
②木门窗表面应洁净，不得有创痕、锤印。
③木门窗品种、类型、规格、开启方向、安装位置及连接方式应符合设计要求。
④木门窗安装质量验收标准见表7-1。

表7-1 木门窗安装质量验收标准

项次	项目	留缝限值/mm 普通	留缝限值/mm 高级	允许偏差/mm 普通	允许偏差/mm 高级	检验方法
1	门窗槽口对角线长度差	—	—	3	2	用钢尺检查
2	门窗框的正、侧面垂直度	—	—	2	1	用1 m垂直检测尺检查
3	框与扇、扇与扇接缝高低差	—	—	2	1	用钢直尺和塞尺检查
4	门窗扇对口缝	1~2.5	1.5~2	—	—	用塞尺检查

续表

5	工业厂房双扇大门对口缝	2~5	—	—	—	用塞尺检查
6	门窗扇与上框间留缝	1~2	1~1.5	—	—	
7	门窗扇与侧框间留缝	11~2.5	1~1.5.	—	—	
8	窗扇与下框间留缝	12~3	2~2.5	—	—	
9	门扇与下框间留缝	3~5	13~4	—	—	
10	双层门窗内外框间距	—	—	4	3	用钢尺检查
11		4~7	5~6	—	—	用塞尺检查
		5~8	6~7	—	—	
		8~12	8~10	—	—	
		10~20	—	—	—	

2. 铝合金门窗

① 铝合金门窗的品种、类型、规格、尺寸、性能、开启方向、安装位置、连接方式及型材壁厚应符合设计规定。

② 铝合金门窗表面应洁净、平整、光滑、色泽一致，无锈蚀。

③ 铝合金门窗安装质量验收标准见表 7-2。

表 7-2　铝合金门窗安装质量验收标准

项次	项目		允许偏差/mm	检验方法
1	门窗槽口宽度、高度	≤1500mm	2	用钢尺检查
		>1500 mm	3	
2	门窗槽口对角线长度差	≤2000mm	4	用钢尺检查
		>2000mm	5	
3	门窗框的正、侧面垂直度		3	用垂直检测尺检查

续表

项次	项目	允许偏差/mm	检验方法
4	门窗横框的水平度	3	用1m水平尺和塞尺检查
5	门窗横框标高	5	用钢尺检查
6	门窗竖向偏离中心	5	用钢尺检查
7	双层门窗内外框间距	4	用钢尺检查
8	推拉门窗扇与框搭接量	2	用钢直尺检查

3. 塑料门窗

①塑料门窗的品种、类型、规格、尺寸、开启方向、安装位置、连接方式及填嵌密封处理应符合设计要求。

②塑料门窗应开关灵活、关闭严密，无倒翘，密封条不得脱槽。

③塑料门窗表面应洁净、平整、光滑，大面应无划痕、碰伤。

④塑料门窗安装质量验收标准见表7-3。

表7-3 塑料门窗安装质量验收标准

项次	项目		允许偏差/mm	检验方法
1	门窗槽口宽度、高度	≤1500mm	2	用钢尺检查
		>1500mm	3	
2	门窗槽口对角线长度差	≤2000mm	3	用钢尺检查
		>2000mm	5	
3	门窗框的正、侧面垂直度		3	用1m垂直检测尺检查
4	门窗横框的水平度		3	用1m水平尺和塞尺检查
5	门窗横框标高		5	用钢尺检查
6	门窗竖向偏离中心		5	用钢直尺检查
7	双层门窗内外框间距		4	用钢尺检查
8	同樘平开门窗相邻扇高度差		2	用钢直尺检查

续表

9	平开门窗铰链部位配合间隙	+2；~1	用塞尺检查
10	推拉门窗扇与框搭接量	+1.5；-2.5	用钢直尺检查
11	推拉门窗扇与竖框平行度	2	用1 m水平尺和塞尺检查

(六)门窗工程安全注意事项

为确保安全施工，对安全注意事项，劳动保护、防火、防毒等方面，均应按国家现行的安全法规和各有关部门制定的安全规定，结合工程实际情况编制有针对性的具体措施。在作业前，向班组及有关人员交代并监督贯彻执行。

①施工前，必须先认真检查作业环境，条件是否符合安全生产要求。发现不安全因素应及时报告，妥善处理好后方可进行操作。

②机电设备（如切割机、电动木工开槽机、修边机、钉枪等）应有固定专人并培训合格后方能操作。

③焊接连接件时，严禁在铝合金门窗框上拴接地线或打火（引弧）。

④在填缝材料（水泥砂浆）固结前，绝对禁止在门窗框上工作，或在其上搁置任何物品。

⑤在夜间或黑暗处施工时，应用低压照明设备，并满足照度要求。

⑥操作时精神要集中，不准嬉笑打闹，严禁从门窗口向外抛掷东西或倒灰渣。

⑦塑料门窗堆放时严禁接近热源。

二、抹灰工程

抹灰工程按面层不同分为一般抹灰和装饰抹灰。一般抹灰其面层材料有石灰砂浆、水泥砂浆、水泥混合砂浆、麻刀灰、纸筋灰和石膏灰等。装饰抹灰是指抹灰层面层为水刷石、水磨石、斩假石、假面砖、喷涂、滚涂、弹涂、彩色抹灰等。一般抹灰按其质量要求和主要操作工序的不同，分为高级、普通抹灰两级。

高级抹灰适用于大型公共建筑、纪念性建筑物（如剧院、礼堂、展览馆和高级住宅）以及有特殊要求的高级建筑物等。高级抹灰要求做一层底层，数层中层和一层面层。其主要工序是阴阳角找方，设置标筋，分层赶平，修整和表面压光。

普通抹灰适用于一般居住、公用和工业房屋（如住宅、宿舍、教学楼、办公楼）以及简易住宅，大型设施和非居住的房屋（如汽车库、仓库）等。普通抹灰要求做一层底层，一层中层和一层面层。其主要工序是阳角找方，设置标筋，分层赶平，修整和表面压光。

装饰抹灰底层、中层应按高级标准进行施工。

为了保证抹灰表面平整，避免裂缝，抹灰施工一般应分层操作。抹灰层由底层、中层和面层组成。底层主要起与基体黏结的作用，其使用材料根据基体不同而异，厚度一般为5~9 mm；中层主要起找平的作用，使用材料同底层，厚度一般为5~12 mm；

面层起装饰作用,厚度由面层使用的材料不同而异,麻刀石灰膏罩面,其厚度不大于 3 mm;纸筋石灰膏其厚度不大于 2 mm;水泥砂浆面层和装饰面层不大于 10 mm。

(一)基体处理

①砖石、混凝土和加气混凝土基层表面的灰尘、污垢、油渍应清除干净,并填实各种网眼,抹灰前一天,浇水湿润基体表面。

②基体为混凝土、加气混凝土、灰砂砖和煤矸石砖时,在湿润的基体表面还需刷掺有建筑胶的水泥浆一道,从而封闭基体的毛细孔,使底灰不至于早期脱水,以增强基体与底层灰的黏结力。

③墙面的脚手架孔洞应堵塞严密;水暖、通风管道的墙洞及穿墙管道必须用 1∶3 水泥砂浆堵严。

④不同基体材料相接处铺设金属网,铺设宽度以缝边起每边不得小于 100 mm。

(二)材料要求

1. 水泥

应采用硅酸盐水泥、普通硅酸盐水泥、矿渣水泥和白水泥,强度等级应不小于 32.5,白水泥强度等级应不小于 42.5。

2. 石膏

一般用建筑石膏,磨成细粉无杂质,其凝结时间不迟于 30 min。

3. 砂

砂最好采用中砂或粗砂,细砂也可使用,但特细砂不得使用。砂使用前应过筛。

4. 炉渣

炉渣应洁净,其中不应含有有机杂质和未燃尽的煤矿块,炉渣使用前应过筛,粒径不宜超过 1.2 ~ 3 mm,并浇水湿透,一般 15 d 左右。

5. 纸筋

纸筋使用前应用水浸透、捣烂、洁净,罩面纸筋宜用机碾磨细。

6. 麻刀

麻刀要求柔软干燥、敲打松散、不含杂质,长度为 10 ~ 30 mm,使用前四五天用石灰膏调好。

7. 其他掺合料

其他掺合料主要包括建筑胶、乳胶、防裂剂、罩面剂等,通过试验确定掺量。

(三)一般抹灰施工

1. 墙面抹灰

(1)弹准线

将房间用弯尺规方,小房间可用一面墙做基线;大房间或有柱网时,应在地面上弹十字线，在距墙阴角100 mm处用线锤吊直，弹出竖线后，再按规范地线及抹面平整度向里反弹出墙角抹灰准线，并在准线上下两端打上铁钉，挂上白线，作为抹灰饼、冲筋的标准。

（2）抹灰饼、冲筋（标筋、灰筋）

首先，距顶棚约200mm处先做两个上灰饼；其次，以上灰饼为基准，吊线做下灰饼。下灰饼的位置一般在踢脚线上方200~250mm处；最后，根据上下灰饼，再上下左右拉通线做中间灰饼，灰饼间距1.2~1.5m，应做在脚手板面，位置不超过脚手板面200mm。灰饼大小一般为400mm×40mm，应用抹灰层相同的砂浆。待灰饼砂浆收水后，在竖向灰饼之间填充灰浆做成冲筋。冲筋时，以垂直方向的上下两个灰饼之间的厚度为准，用灰饼相同的砂浆冲筋，抹好冲筋砂浆后，用硬尺把冲筋通平。一次通不平，可补灰，直至通平为止。冲筋面宽50 mm，底宽80 mm左右，墙面不大时，可只做两条竖筋。冲筋后应检查冲筋的垂直平整度，误差在0.5 mm以上者，必须修整。

（3）抹底层灰

抹底层灰前，基层要进行处理，底层砂浆的厚度为冲筋厚度2/3，用铁抹子将砂浆抹上墙面并进行压实，并用木抹子修补、压实、搓平、搓粗。

（4）抹中层灰

待已抹底层灰凝结后（达至7至8成干，用手指按压不软，但有指印和潮湿感），抹中层灰，中层砂浆同底层砂浆。抹中层灰时，依冲筋厚以装满砂浆为准，然后用大刮尺贴冲筋，将中层灰刮平，最后用木抹子搓平，搓平后用2 m长的靠尺检查。检查的点数要充足，凡有超过质量标准者，必须修整，直至符合标准为止。

（5）抹罩面灰

当中层灰干至7至8成后，普通抹灰可用麻刀灰罩面，中、高级抹灰应用纸筋灰罩面，用铁抹子抹平，并分两遍连续适时压实收光。如中层灰已干透发白，应先适度洒水湿润后，再抹罩面灰。不刷浆的高级抹灰面层，宜用漂白细麻石灰膏中纸筋石灰膏涂抹，并压实收光，表面达到光滑、色泽一致，不显接槎为好。

（6）墙面阳角抹灰

墙面阳角抹灰时，先将靠尺在墙角的一面用线锤找直，然后在墙角的另一面顺靠尺抹上砂浆。

室内墙裙、踢脚板一般要比罩面灰墙面凸出3~5 mm。因此，应根据高度尺寸弹线，把八字靠尺靠在线上用铁抹子切齐，修边清理。然后再抹墙裙和踢脚板。

2. 顶棚抹灰

混凝土顶棚抹灰工艺流程：基层处理→弹线→湿润→抹底层灰→抹中层灰→抹罩面灰。

基层处理包括清除板底浮灰、砂石和松动的混凝土，剔平混凝土突出部分，清除板面隔离剂。当隔离剂为滑石粉或其他粉状物时，先用钢丝刷刷除，再用清水冲洗干净。当为油脂类隔离剂时，先用浓度为10%的火碱溶液洗刷干净，再用清水冲洗干净。

抹底层灰前一天，用水湿润基层，抹底层灰的当天，根据顶棚湿润情况，用茅草帚洒水再湿润，接着满刷一遍建筑胶水泥浆，随刷随抹底层灰。底层灰使用水泥砂浆，抹时用力挤入缝隙中，厚度为 3~5mm，并随手带成粗糙毛面。

抹底层灰后（常温 12h 后），采用水泥混合砂浆抹中层灰，抹完后先用刮尺顺平，然后用木抹子搓平，低洼处当即找平，使整个中层灰表面顺平。

待中层灰凝结后，即可抹罩面灰，用铁抹子抹平压实收光。如中层灰表面已发白（太干燥），应先洒水湿润后再抹罩面灰。面层抹灰经抹平压实后的厚度，不得大于 2mm。

对平整的混凝土大板，如设计无特殊要求，可不抹熬，而用腻子分遍刮平砂光后刷浆，要求各遍黏结牢固，总厚度不大于 2mm，腻子合比为：乳胶：滑石粉（或大白粉）：2%甲基纤维素溶液=1：5：3.5。

（四）一般抹灰施工常用质量标准

①一般抹灰采用材料的品种和性能应符合设计要求。

②抹灰层与基层之间及抹灰层之间必须粘贴牢固，抹灰层应无脱层、空鼓，面层应无爆灰和裂缝。

③普通抹灰表面应光滑、洁净，接槎平整，分格缝应清晰。

④高级抹灰表面应光滑、洁净、颜色均匀，无抹纹，分格缝和灰线应清晰美观。

⑤一般抹灰工程质量验收标准见表 7-4。

表 7-4 般抹灰工程质量验收标准

项次	项目	允许偏差/mm 普通抹灰	允许偏差/mm 高级抹灰	检验方法
1	立面垂直度	4	3	用 2m 垂直检测尺检查
2	表面平整度	4	3	用 2m 靠尺和塞尺检查
3	阴阳角方正	4	3	用直角检测尺检查
4	分格条（缝）直线度	4	3	拉 5m 线，不足 5m 拉通线，用钢直尺检查
5	墙裙、勒脚上口直线度	4，	3	拉 5m 线，不足 5m 拉通线，用钢直尺检查

（五）抹灰工程安全注意事项

①操作中必须正确使用防护措施，严格遵守各项安全规定，进入高空作业和有坠落危险的施工现场人员必须戴好安全帽。在高空的人员必须系好安全带。上下交叉作业，要有隔离设施，出入口搭防护棚，距地面 4m 以上作业要有防护栏杆、挡板或安全网。

高层建筑工程的安全网,要随墙逐层上升,每四层必须有道固定的安全网。

②施工现场坑、井、沟和各种孔洞,易燃易爆场所,变压器四周应指派专人设置围栏或盖板并设置安全标识,夜间要设置红灯示警。

③脚手架未经验收不准使用,验收后不得随意拆除及自搭飞跳。

④做水刷石、喷涂时,挪动水管、电缆线应注意不要将跳板、水桶、灰盆等物拖动,避免造成瞎跳或物体坠落伤人。

⑤层高3.6 m以下抹灰架子,由抹灰工自己搭设。如采用脚手凳时其间距不应大于2 m,不准搭设探头板,也不准支搭在暖气片或管道上,必须按照有关规定搭设,使用前应检查,确实牢固可靠,方可上架操作。

⑥在搅拌灰浆和操作中,尤其在抹顶棚灰时,要注意防止灰浆入眼造成伤害。

⑦冬季施工采用热作业时应防止煤气中毒和火灾,在外架上要经常扫雪,采取防滑措施,春暖开冻时要注意防止外架沉陷。

⑧高空作业中如遇恶劣天气或风力5级以上影响安全时,应停止施工。大风大雨以后要进行的检查,检查架子有无问题,发现问题应及时处理,处理后才能继续作用。

第二节 楼地面工程与饰面工程

一、楼地面工程

楼地面是房屋建筑底层地坪和楼层地坪的总称。由面层、垫层和基层等部分构成。面层材料有:土、灰土、三合土、菱苦土、水泥砂浆、混凝土、水磨石、马赛克、木、砖和塑料地面等。面层结构有:整体地面(如水泥砂浆、混凝土、现浇水磨石等)、块材地面(如马赛克、石材等)、卷材地面(如地毯、软质塑料等)和木地面。

(一)基层施工

①抄平弹线,统一标高。检测各个房间的地坪标高,并将同一水平标高线弹在各房间四壁上,离地面500 mm处。

②楼面的基层是楼板,应做好楼板板缝灌浆、堵塞工作和板面清理工作。地面下的基土经夯实后的表面应平整,用2 m靠尺检查,要求基土表面凹凸不大于10 mm,标高应符合设计要求,水平偏差不大于20 mm。

(二)垫层施工

1. 刚性垫层

刚性垫层指的是水泥混凝土、碎砖混凝土、水泥炉渣混凝土等各种低强度等级混凝土垫层。

2. 半刚性垫层

半刚性垫层一般有灰土垫层和碎砖三合土垫层。

3. 柔性垫层

柔性垫层包括用土、砂、石、炉渣等散状材料经压实的垫层。砂垫层厚度不小于60 mm，适于用平板振动器振实；砂石垫层的厚度不小于100 mm，要求粗细颗粒混合摊铺均匀，浇水使砂石表面湿润，碾压或夯实不少于三遍至不松动为止。

（三）面层施工

1. 水泥砂浆地面

水泥砂浆地面面层厚15～20 mm，一般用强度等级不低于42.5的硅酸盐水泥与中砂或粗砂配制，配合比（1∶2）～（1∶2.5）（体积比），砂浆应是干硬性的，以手捏成团稍出浆为准。

操作前先按设计测定地坪面层标高，同时将垫层清扫干洒水湿润后，刷一道含4%～5%的建筑胶素水泥浆，紧接着铺水泥砂浆，用刮尺赶平并用木抹子压实，待砂浆初凝后终凝前，用铁抹子反复压光为止，不允许撒干灰砂收水抹压。压光一般分三遍成活，第一道压光应在面层收水后，用铁抹子压光，这一遍要压得轻些，尽量抹得浅一些；第二遍压光应在水泥砂浆初凝后，干凝前进行，一般以手指按压不陷为宜，这一遍要求不漏压，把砂眼、孔坑压平；第三遍压光时间以手指按压无明显指痕为宜。当砂浆终凝后（一般12 h）覆盖的草袋或锯末，浇水养护不少于7 d。

2. 细石混凝土地面

细石混凝土地面的厚度一般4 cm，坍落度1～3 cm，砂要求中砂或粗砂，石子粒径不大于15 mm，且不大于面层厚度的2/3。

混凝土铺设时，应预先在地面四周弹面层厚度控制线。楼板应用水冲刷干净，待无明水时，先刷一层水泥砂浆，刷浆要注意适时适量，随刷随铺混凝土，用刮尺赶平，用表面振动器振捣密实或采用滚筒交叉来回滚压3～5遍，至表面泛浆为止，然后进行抹平和压光。混凝土面层应在初凝前完成抹平工作，终凝前完成压光工作，最后进行浇水养护。

3. 水磨石地面

水磨石地面面层应在完成顶棚和墙面抹灰后再开始施工。其工艺流程如下。基层清理→浇水冲洗湿润→设置标筋→做水泥砂浆找平层→养护→镶嵌玻璃条（或金属条）→铺抹水泥石子浆面层→养护，初试磨→第一遍磨平浆面并养护→第二遍磨平磨光浆面养护→第三遍磨光并养护→酸洗打蜡。

铺抹水泥砂浆找平层并养护2～3 d后，即可进行嵌条分格工作。

嵌条时，用木条顺线找平，将嵌条紧靠在木条边上，用素水泥浆涂抹嵌条的一边，先稳好一面，然后拿开木条在嵌条的另一边涂抹水泥浆。在分格条下的水泥浆形成八字角，素水泥浆涂抹高度应比分格条低3 mm，俗称"粘七露三"。嵌条后，应浇水养护，待素水泥浆硬化后，铺面层水泥石子浆。

面层水泥石子浆的配比为水泥：大八厘石粒为1：2，水泥：大中八厘石粒为1：2.5。计量应准确，宜先用水泥和颜料干拌过筛，再掺入石渣，拌和均匀后，加水搅拌，水泥石子浆稠度宜为3～5cm。

铺设水泥石子浆前，应刷素水泥一道，并随即浇筑石子浆，铺设厚度要高于分格条1～2mm，先铺分格条两侧，并用抹子将两侧约10cm内的水泥石子浆轻轻拍压平实，然后铺分格块中间石子浆，以防滚压时挤压分格条，铺设水泥石子浆后，用滚筒第一次压实，滚压时要及时扫去粘在滚筒上的石渣，缺石处要补齐；2h左右，用滚筒第二次压实，直至将水泥砂浆全部压出为止，再用木抹子或铁抹子抹平，次日开始养护。

水磨石开磨前应先试磨，以表面石粒不松动方可开磨。水磨石面层应使用磨石机分次磨光，头遍用60～90号粗金刚石磨，边磨边加水，要求磨匀磨平，使全部分格条外露。磨后将泥浆冲洗干净，干燥后，用同色水泥浆涂抹，以填补面层所呈现的细小孔隙和凹痕，洒水养护2～3d再磨，二遍用90～120号金刚石磨，要求磨到表面光滑为止，其他同头遍。三遍用180～200号金刚石磨，磨至表面石子颗粒显露，平整光滑，无砂眼细孔，用水冲洗后，涂抹溶化冷却的草酸溶液一遍，四遍用240～300号油石磨，研磨至砂浆表面光滑为止，用水冲洗晾干。普通水磨石面层，磨光遍数不应少于三遍，高级水磨石面层适当增加磨光遍数。

上蜡时先将蜡撒在地面上，待干后再用钉有细帆布（或麻布）的木块代替油石，装在磨石机的磨盘上进行研磨，直至光滑洁亮为止，上蜡后铺锯末进行养护。

4. 陶瓷马赛克地面

（1）操作程序

基层处理→贴灰饼、冲筋→做找平层→抹结合层→粘贴陶瓷马赛克→洒水、揭纸→拔缝→擦缝→清洁→养护。

（2）施工要点

楼面基底应清理干净，不应有砂浆块，更不应有白灰砂浆，混凝土垫层不得疏松起砂。然后弹好地面水平标高线，并沿墙四周做灰饼，以地漏处为最低处，门口处为最高处，冲好标筋（间距为1.5～2m）。接着做1：3干硬性水泥砂浆结合层（20mm厚），其干硬度以手捏成团，落地即散为准，用机械拌和均匀。铺浆前，先将基层浇水湿润，均匀刷水泥砂浆一道，随即铺砂浆并用刮尺刮平，木抹子接槎抹平。铺贴马赛克一般从房间中间或门口开始铺。铺贴前，先在准备铺贴马赛克的范围内撒素水泥浆（掺10%～20%的建筑胶），一定要撒匀，并洒水湿润，同时用排笔蘸水将待铺的马赛克砖面刷湿，随即按控制线顺序铺贴马赛克，铺贴时还应用方尺控制方正，当铺贴快到尽头时，应提前量尺预排。铺贴一定面积后，用橡胶锤和拍板依次拍平压实，拍至素水泥浆挤满缝隙为止。铺贴完毕，用喷壶洒水至纸面完全浸湿后15～30min可以揭纸，揭纸时应手扯纸边与地面平行方向揭。揭纸后应用开刀将不顺直不齐的缝隙拔直，然后用白水泥嵌缝灌缝擦缝。并及时将马赛克表面水泥砂浆擦净，铺完24h后应进行养护，养护3~5d后方可上人。

5. 地砖地面

（1）操作程序

基层处理→铺抹结合层→弹线、定位→铺贴。

（2）施工要点

地面砖铺贴前，应先挂线检查并掌握楼地面垫层平整度，做到心中有数然后清扫基层并用水冲刷净，如为光滑的混凝土楼面应凿毛，对于楼、地面的基层表面应提前一天浇水。在刷干净的地面上，摊铺一层1∶3.5的水泥砂浆结合层（10 mm）。根据设计要求再确定地面标高线和平面位置线。可以用尼龙线或榀线在墙面标高点上拉出地面标高线，以及垂直交叉的定位线，据此进行铺贴。

①按定位线的位置铺贴地砖：用1∶2的水泥砂浆摊在地砖背面上，再将地砖与地面铺贴，并用橡皮锤敲击砖面，使其与地面压实，并且高度与地面标高线吻合。铺贴数块后应用水平尺检查平整度，对高的部分用橡皮锤敲击调整，低的部分应起出后用水泥浆垫高。对于小房间来说（面积小于40 m2），通常做T字形标准高度面。对于房间面积较大时，通常在房间中心按十字形或X形做出标准高度面，这样便于多人同时施工。

②铺贴大面施工是以铺好的标准高度面为标基进行，铺贴时紧靠已铺好的标准高度开始施工，并用拉出的对缝平直线来控制地砖对缝的平直。铺贴时，砂浆应饱满地抹于地砖背面，并用橡皮锤敲实，以防止空鼓现象，并应四边铺边用水平尺检查校正。还需即刻擦去表面水泥砂浆。

对于卫生间、洗手间地面，应注意铺时做出1∶5000的排水坡度。

整幅地面铺贴完毕后，养护2d再进行抹缝施工。抹缝时，将白水泥调成干性团，在缝隙上擦抹，使地砖的对缝内填满白水泥，再将地砖表面擦净。

（四）楼地面施工常用质量标准

1. 整体楼、地面

①整体楼、地面面层厚度应符合设计要求。

②水泥砼面层表面不应有裂纹、脱皮、底面、起砂等缺陷。

③水磨石面层表面应光滑，石粒美，显露均匀，颜色图案一致；不混色；分格条牢固，顺直和清晰。

④整体楼、地面工程质量验收标准见表7-5。

表7-5 整体楼、地面工程质量验收标准

项次	项目	允许偏差					检验方法
		水泥混凝土面层	水泥砂浆面层	普通水磨石面层	高级水磨石面层	水泥钢（铁）屑面层	防油渗混凝土和不发火（防爆的面层）	

续表

1	表面平度	5	4	3	2	4	5	用2m靠尺和楔形塞尺检查
2	踢脚线上口平直	4	4	3	31	4	4	拉5m线和用钢尺检查
3	缝格平直	3	3	3	2	3	3	

2. 块材楼、地面

①面层使用行块材的品种、质量必须符合设计要求。

②面层与下一层的结合（粒结）应牢固，无气鼓。

3. 卷材楼、地面

①塑料卷材品种、规格、颜色、等级应符合设计要求及现行国家标准的规定。面层与下一层的黏结应牢固，不翘边、不脱胶、无溢胶。

②地毯的品种、规格、颜色、花色、胶料和辅料及其材质必须符合设计要求和国家现行地质产品标准的规定。

③地毯表面不应起鼓、起皱、翘边、卷边、显拼缝，露线和无毛边，绒面毛顺光一致，顺直干净，无污染和损伤。

（五）楼地面工程安全注意事项

①木地面板材备料时要操作人员必须熟练掌握切割机具的操作运用方法，成品料、原材料以及废弃木料都应合理分别堆放，严禁接近火源、电源。

②塑料地面材料应储存在干燥洁净的仓库内，防止变形，距热源3m以外，温度一般不超过32℃；在使用过程中不应使烟火、开水壶、炉子等与地面直接接触，以防出现火灾。

③采用倒刺固定法固定地毯时，要注意倒刺伤人。

④在进行木地板粘贴以及水磨石地面酸洗打蜡等施工，由于会产生一定的有毒气体，所以操作人员施工时应注意通风；必要时要穿工作服、戴口罩以及防酸护具，如防酸手套、防酸靴等。

二、饰面工程

饰面工程施工是将块料面层镶帖（或安装）在基层上。其中，小块料采用镶贴的方法，大块料（边长大于40cm）采用安装的方法。

（一）大理石（花岗岩、预制水磨石板）饰面

1. 施工方法

①粘贴法，适用于规格较小（边长40cm以下），且安装高度在1000mm左右的

饰面板。

②传统湿作业法，即挂式固定和湿料填缝。

③改进湿作业法，它省去了钢筋网片做连接件，采用镀锌或不锈钢锚固件与基体锚固，然后向缝中灌入 1∶2 水泥砂浆。

④干挂法，此法具有抗震性能好，操作简单，施工速度快，质量易于保证且施工不受气候影响等优点，这种方法宜用于 30 m 以下钢筋混凝土结构，不适用砖墙和加气混凝土墙。干挂方式有钢销式、短槽式、背栓式。

2. 施工准备

①测量结构的"看面尺寸"计算饰面板排列分块尺寸。

②选板、试拼。对照分块图检查外观、误差大小，淘汰不合格产品。

③机具准备。切割机、磨石机、电钻等。

3. 操作程序

①粘贴法：基层处理→抹底层、中层灰→弹线、分格→选料、预排→对号→粘贴→嵌缝→清理→抛光打蜡。

②传统湿作业法：基层处理→绑扎钢筋网片→弹饰面看面基准线→预拼编号→钻孔、剔凿、绑扎不锈钢丝（或铜丝）→安装→临时固定→分层灌浆→嵌缝→清洁板面→抛光打蜡。

③改进湿作业法：基层处理弹准线→板材检验→预排编号→板面钻孔→就位→固定→加楔→分层灌浆→清理→嵌缝→抛光。

④干挂法：基层处理→划线→锚固（膨胀）螺栓→连接件安装→挂板→连接件涂胶→嵌缝胶。

4. 操作要点

（1）粘贴法

①将基体表面灰尘、污泥和油渍清除干净、并浇水湿润。对于混凝土等表面光滑平整的基体应进行凿毛处理。检查墙面平整、垂直度，并设置标记，作为抹底、中层灰的标准。

②将饰面板背面和侧面清洗干净，湿润后阴干，然后在阴干的饰面板背面均匀抹上厚度约 2~3 mm 的建筑胶水泥砂浆，依据已弹好的水平线镶贴墙面底层两端的两块饰面板，然后在两端饰面板上口拉通线，依次镶贴饰面板，第一层镶贴完毕，进行第二层镶贴，以此类推，直至贴完。在镶贴过程中应随时用靠尺、吊线锤、橡皮锤等工具将饰面板校平、找直。并将饰面板缝内挤出的水泥浆在凝结前擦净。

③饰面板镶贴完毕，表面应及时清洗干净，晾干后，打蜡擦亮。

（2）传统湿作业法

①绑扎钢筋网剔出预埋件，焊接或绑扎 6~8 竖向钢筋，再焊（或绑扎 6 的横向钢筋。距离为板高减 80~100 mm）。

②预拼编号：按照设计进行预拼图案，认可后编号堆放。

③打眼、开槽挂丝：在板的侧面上钻孔打眼，孔径5 mm左右，孔深15～20 mm，孔位一般在板端1/4～1/3，在位于板厚中心线上垂直钻孔，再在板背的直孔位置，距板边8～10 mm打一横孔，使横直孔相通。然后用长约30 cm的不锈钢丝穿入挂接。

④板材安装：从最下一层开始，两端用板材找平找直，拉上横线再从中间或一端开始安装。安装时，先将下口钢丝绑在横筋上，再绑上口钢丝，用托线板靠直靠平，并用木楔垫稳，再将钢丝系紧，保证板与板交接处四角平整。安装完一层，要在找平、找直、找方后，在石板表面横竖接缝处每隔100～150 mm用调整成糊状的石膏浆予以粘贴，临时固定石板，使该层石板成一整体，以防发生位移。余下板的缝隙，用纸和石膏封严，待石膏凝结、硬化后再进行灌浆。

⑤灌浆：一般采用1∶3水泥砂浆，稠度控制在8～15 cm，将砂浆徐徐灌入板背与基体间的缝隙，每次灌浆高度150mm左右，灌至离上口50～80mm处停止灌浆，为防止空鼓，灌浆时可轻轻地捣砂浆，每层灌筑时间要间隔1～2 h。

⑥嵌缝与清理：全部石材安装固定后，用与饰面板相同颜色水泥砂浆嵌缝，并及时对表面进行清理。

（3）改进湿作业法

①石板块钻孔将石材直立固定于木架上，用手电钻在距两端1/4处距板厚中心钻孔，孔径6 mm，深35～40 mm，板宽小于500 mm打直孔2个；板宽500～800 mm打直孔3个；板宽大于800 mm打直径4个。然后将板旋转90°固定于木架上，在板两边分别打直孔1个，孔位距板下端100 mm，孔径，深35～40 mm，上下直孔需在板背方向剔出7 mm深小槽。

②基体上钻斜孔板材钻孔后，按基体放线分块位置临时就位，确定对应于板材上下直孔的基体钻孔位置，用冲击钻在基体钻出与板材平面呈45°的斜孔孔径6 mm，孔深40～50 mm。

③板材安装与固定在钻孔完成后，仍将石材板块返还原位，再根据板块直径与基体的距离用φ5的不锈钢丝制成楔固石材板块的U形钉，然后将U形钉一端钩进石材板块直孔中，并随即用硬小木楔上紧，另一端钩进基体斜孔中，同时校正板块准确无误后用硬木楔将钩入基体斜孔的U形钉楔紧，同时用大头木楔张紧安装板块的U形钉，随后进行分层灌浆。

（4）干挂法

①对基层要求平整度控制在4 mm与或2 mm以内，墙面垂直度偏差在20 mm以内。

②划线板与板之间应有缝隙，磨光板材的缝隙除有镶嵌金属装饰条缝外，一般可为1～2 mm。画线必须准确，一般由墙中心向两边弹放，使误差均匀地分布在板缝中。

③固定锚固体打出螺栓孔，埋置膨胀螺栓，固定锚固体。

④安装固定板材把连接件上的销子或不锈钢丝，插入板材的预留接孔中，调整螺栓或钢丝长度，当确定位置准确无误后，即可紧固螺栓或钢丝，然后用特种环氧树脂或水泥麻丝纤维浆堵塞连接孔。

⑤嵌缝先填泡沫塑料条，然后用胶枪注入密封胶。为防止污染，在注胶前先用纸胶

带覆盖缝两边板面，注胶完后，将胶纸揭去。

（二）内外墙瓷砖饰面

1. 施工准备

①基体表面弹水平、垂直控制线，进行横竖预排砖，以使接缝均匀。
②选砖、分类放入水中浸泡沫 2～3 h，取出晾干备用。
③工具准备装扳机、橡皮锤、水平靠尺等。

2. 操作程序

①室内：基层处理→抹底子灰→选砖、浸砖→排砖、弹线→贴标准点→垫底尺→镶贴→擦缝。
②室外：基层处理→抹底子灰→排砖→弹线分格→选砖、浸砖→镶贴面砖→勾缝、擦缝。

3. 操作要点

（1）室内镶贴

①基层打好底子灰 6～7 成干后，按图纸要求，结合实际和瓷砖规格进行排砖、弹线。
②镶贴前应贴标准点，用废瓷砖粘贴在墙上，用以控制整个表面平整度。
③垫底尺寸计算好最下一皮砖下口标高，底尺上皮一般比地面低 1 cm 左右，以此为依据放好尺。
④粘贴应自下向上粘贴，要求灰浆饱满，亏灰时，要取下重贴，随时用靠尺检查平整度，随粘随检查，同时要保证缝隙宽窄一致。黏结层厚 8 mm，配比 32.5 级水泥：石灰膏：中砂 =1：0.1：2.5；或 3 mm 厚 1：1 水泥砂浆 + 界面剂 20% 水重；或 3 mm 厚瓷砖胶。
⑤镶贴完，自检合格后，用榍丝擦净，然后用白水泥擦缝，用布将缝子的素浆擦匀，砖面擦净。

（2）室外镶贴

①吊垂直、套方、找规矩高层建筑使用经纬仪在四大角、门窗口边打垂直线；多层建筑可使用线坠吊垂直，根据面砖尺寸分层设点，作标志。横向水平线以楼层为水平基线交圈控制，竖向线则以四大角和通天柱、垛子为基线控制，全部都是整砖，阳角处要双面排直，灰饼间距 1.6 m。
②打底应分层进行第一遍厚度为 5 mm，抹后扫毛；待 6～7 层干时，可抹第二遍，厚度 8～12 mm；随即用木杠刮平，木抹搓毛。
③排砖以保证砖缝均匀，按设计图纸要求及外墙面砖排列方式进行排布、弹线，凡阳角部位应选整砖。
④粘贴在砖背面铺满黏结砂浆，粘贴后，用小铲柄轻轻敲击，使之与基层粘牢，随时用靠尺找平、找方，贴完一皮后，须将砖上口灰刮平，每日下班前须清理干净。黏结层厚 6 mm，配比 32.5 级水泥：石灰膏：中砂 =1：0.2：2；或 3 mm 厚 1：1 水泥砂

浆+界面剂20%水重；或3 mm厚瓷砖胶。

⑤分格条应在贴砖次日取出，完成一个小流水后，用的水泥砂浆勾缝，凹进深度为3 mm。

⑥整个工程完工后，应加强保护，同时用稀盐酸清洗表面，并用清水冲洗干净。

（三）饰面工程施工常用质量标准

1.石材饰面

①饰面板的品种、规格、颜色和性能应符合设计要求。饰面板孔、槽的数量、位置和尺寸应符合设计要求。

②饰面板表面应平整、洁净、色泽一致，无裂痕和缺损。石材表面应无泛碱等污染。

③石材饰面工程质量验收标准见表7-6。

表7-6 石材饰面工程质量验收标准

项次	项目	石材光面	石材剁斧石	石材蘑菇石	瓷板	木材	塑料	金属	检验方法
1	立面垂直度	2	3	3	2	1.5	2	2	用2 m垂直检测尺检查
2	表面平整度	2	3	—	1.5	1	3	3	用2 m靠尺和塞尺检查
3	阴阳角方正	2	4	4	2	1.5	3	3	用直角检测尺检查
4	接缝直线度	2	4	4	2	1	1	1	拉5 m线，不足5 m拉通线，用钢直尺检查
5	墙裙、勒脚上口直线度	2	3	3	2	2	2	2	拉5 m线，不足5 m拉通线，用钢直尺检查
6	接缝高低差	0.5	3	—	0.5	0.5	1	1	用钢直尺和塞尺检查
7	接缝宽度	11	2	2	1	1	1	1	用钢直尺检查

2.瓷砖饰面

①瓷砖品种、规格、图案、颜色和性能应符合设计要求，粘贴必须牢固。

②瓷砖表面应平整、洁净、色泽一致，无裂痕和缺损。

③瓷砖饰面工程质量验收标准见表7-7。

表 7-7　瓷砖饰面工程质量验收标准

项次	项目	允许偏差/mm 外墙面砖	允许偏差/mm 内墙面砖	检验方法
1	立面垂直度	3	2	用2m垂直检测尺检查
2	表面平整度	4	3	用2m靠尺和塞尺检查
3	阴阳角方正	3	3	用直角检测尺检查
4	接缝直线度	1	2	拉5m线,不足5m拉通线,用钢直尺检查
5	接缝高低差	1	0.5	用钢直尺和塞尺检查
6	接缝宽度	1	1	用钢直尺检查

（四）饰面工程安全注意事项

①开始工作前应检查外架子是否牢靠，护身栏、挡脚板是否安全，水平运输道路是否平整。

②采用外用吊篮进行外饰面施工时，吊篮内材料、工具应放置平稳。

③室内施工光线不足时，应采用36V低压电灯照明。

④操作场地应经常清理干净，做到活完、料净、脚下净。

⑤施工作业人员必须戴安全帽。

⑥外饰面施工时不允许在操作面上砍砖，以防坠砖伤人。

第三节　吊顶工程与幕墙工程

一、吊顶工程

吊顶主要由支承、基层、面层三部分组成。

（一）施工要点

吊顶龙骨安装之前，要在墙上四周弹出水平线，作为吊顶安装的标志，对于较大的房间，吊顶应起拱，起拱高度一般为长度的3%~5%，吊顶龙骨的安装，先主龙骨，后次龙骨（龙骨），再横木（横撑龙骨）。

饰面板材用钉子或胶黏剂固定在龙骨与横木组成的方格上，用25~30mm宽的压条压缝，并刷浅色油漆。压条可用木质、铝合金、硬塑料等材料，也可用带色的铝板及塑料浮雕花压角。边缘整齐的板材也可不用压条，明缝安装。如用⊥形轻钢骨架则板材可直接安装在骨架翼缘组成的方格内，⊥形缘外露，板材要固定，且可安放各种松散隔音材料在板上。

安装龙骨和横木时,也应从中心向四个方向推进,切不可由一边向另一边分格。当平顶上设有开孔的灯具和通风排气孔时,更应通盘考虑如何组成对称的图案排列,这种顶棚都有设计图纸可依循。

吊顶应在室内墙板、柱面抹灰及线、灯具的部分零件安装完毕后进行。

在混凝土天棚和梁底按设计沿龙骨走向每隔900~1200 mm用射钉枪射一枚带孔的50 mm钢钉,通过18号铝丝将钢钉与龙骨系住(或打入膨胀螺丝,通过连接件与吊杆连接),用25 mm的钢钉,以500~600 mm间距把铝角钉牢于四周墙面,用尼龙线在房间四周拉十字中心线,按吊顶水平位置和天花板规格纵横布设,组成吊顶搁栅托层。安装吊顶龙骨应先安装主龙骨,临时固定,经水平度校核无误后,再安装分格的次龙骨。

(二)施工常用质量标准

①吊顶标高、尺寸、起拱和选型应符合设计要求。
②饰面材料的材质、品种、规格、图案和颜色应符合设计要求。
③吊杆、龙骨的材质、规格、要求间距及连接方式应符合设计要求。
④吊顶工程(明式龙骨)安装允许偏差见表7-8。

表7-8 吊顶工程(明式龙骨)安装允许偏差

项次	项目	石膏板	金属板	矿棉板	塑料板、玻璃板	检验方法
1	表面平整度	3	2	3	2	用2 m靠尺和塞尺检查
2	接缝直线度	3	2	3	3	拉5 m线,不足5 m拉通线,用钢直尺检查
3	接缝高低差	1	1	2	1	用钢直尺和塞尺检查

允许偏差/mm

(三)吊顶工程安全注意事项

①吊扇、吊灯等较重的设备,应穿过吊顶面层固定在屋架或梁上,不得悬挂在吊顶龙骨上。
②当吊顶内安装电气线路、通风管道等设备时,应单设安全工作通道,并有护栏保护,不得在吊顶小龙骨上行走。
③吊顶施工人员应戴安全帽。
④木质龙骨、罩面板应按品种、规格分类存放于干燥通风处,并避免接近火源。

二、幕墙工程

（一）玻璃幕墙

玻璃幕墙工程中采用的玻璃主要有夹丝玻璃、中空玻璃、彩色玻璃、钢化玻璃、镜面反射玻璃等。玻璃厚度有 3～10 mm 等，色彩有无色、茶色、蓝色、灰色、灰绿色等。组合件厚度有 6 mm、9 mm 和 12 mm 等规格。其中，中空玻璃是由两片（或两片以上）玻璃和间隔框构成，并带有封闭的干燥空气夹层的组合件。结构轻盈美观，并具有良好的隔热、隔音和防结露性能，应用较为广泛。

现场组装式（另有工厂组装式，与主体结构直接连接）玻璃幕墙是将零散材料运至施工现场，按幕墙板的规格尺寸及组装顺序先预埋好 T 型槽。再装好牛腿铁件，然后立铝合金框架、安横撑、装垫块、镶玻璃、装胶条（或灌注密封料）、涂防水胶、扣外盖板。即完成了幕墙的安装工作。这种幕墙是通过竖向骨架（竖筋）与楼板或梁连接。其分块规格可以不受层高和柱间的限制。竖筋的间距，常根据幕墙的宽度设置。为了增加横向刚度和便于安装，常在水平方向设置横筋。这是目前国内采用较多的一种形式。

1. 测量放线

在工作层上，用经纬仪依次向上定出轴线。再根据各层轴线定出楼板预埋件的中心线，并用经纬仪垂直逐层校核，再定各层连接件的外边线，以便与主龙骨连接，如果主体结构为钢结构，由于弹性钢结构有一定挠度，故应在低风时测量定位为宜，且要多次测量，并与原结构轴线复核，调整误差。

2. 装配铝合金主、次龙骨

装配铝合金主、次龙骨这项工作可在室内进行。主要是装配好竖向主龙骨紧固件之间的连接件、横向次龙骨的连接件、安装镀锌钢板、主龙骨之间接头的内套管、外套管以及防水胶等。装配好横向次龙骨与主龙骨连接的配件及密封橡胶垫等。所有连接件、紧固件表面均应镀锌处理或用不锈钢。

3. 竖向主龙骨安装

主龙骨一般每 2 层 1 根，通过紧固件与每层楼板连接。主龙骨两端与楼板连接的紧固件为承重紧固件；主龙骨中间与楼板连接的紧固件为非承重紧固件。主龙骨安装完一根，即用水平仪调平、固定。主龙骨全部安装完毕，并复验其间距、垂直度后，即可安装横向次龙骨。主龙骨的连接采用套筒法，即用方钢管铁芯将上下主龙骨连接。考虑到钢材的伸缩，接头应留有一定的空隙。接口宜采用 15° 接口。

4. 横向次龙骨安装

横向次龙骨与竖向主龙骨的连接采用螺栓连接。如果次龙骨两端套有防水橡胶垫，则套上胶垫后的长度较次龙骨位置长度稍有增加（约 4 mm）。安装时可用木撑将主龙骨撑开，装入次龙骨。拿掉支撑，则将次龙骨胶垫压缩。这样有较好的防水效果。

5. 安装楼层间封闭镀锌钢板（贴保温矿棉层）

将橡胶密封垫套在镀锌钢板四周。插入窗台或顶棚次龙骨铝件槽中，在镀锌钢板上焊钢钉，将矿棉保温层粘在钢板上，并用铁钉、压片固定保温层。

6. 安装玻璃

玻璃安装一般可采用人工在吊篮中进行，用手动或电动吸盘器配合安装。

安装时，先在下框塞垫定位块，嵌入内胶条，然后安装玻璃。嵌入外胶条。嵌胶条的方法是先间隔分点嵌塞，然后再分边嵌塞。

（二）结构玻璃幕墙（又称玻璃墙）

结构玻璃幕墙一般用于建筑物首层或一、二层，是将厚玻璃上端悬挂，下端建筑物首层，玻璃与玻璃之间的竖拼缝采用硅胶黏结，不用金属框架，使外观显得十分流畅、清晰。这种幕墙往往单块面积都比较大，高度达几米或十几米。由于玻璃竖向长、块大、体重，一般应采用机械化施工方法。其主要方法：在叉车上安装电动真空吸盘将玻璃就位，操作人员站在玻璃上端两侧脚手架上，用夹紧装置将玻璃上端安装固定。亦可采用汽车吊将电动真空吸盘吊起，然后用电动真空吸盘将玻璃吸住起吊安装、就位。

（三）金属幕墙施工

金属幕墙现多见铝塑复合板、铝单板、蜂窝铝板、氟碳铝板材质。

氟碳铝板幕墙安装：氟碳铝板米用铝合金板作基材，其厚度有 2.0 mm、2.5 mm、3.0 mm、3.5 mm、4.0 mm 等各种规格，成型铝板最大尺寸可达 1600 mm×4500 mm（其加工工艺好、可加工成平面、弧形面和面球等各种复杂的形状，可根据客户要求制作各种规格形状的异形铝单板）。表面涂层为氟碳喷涂，涂层分为二涂一烤、三涂二烤，客户可根据公司提供色卡选择颜色。金属单板的结构主要由面板、加强筋、挂耳等部件组成。有要求时板背面可填隔热矿岩棉，挂耳可直接由面板折弯而成，亦可在板上另外加装。为了确保金属单板在长期使用中的平整度，在面板背面装有加强筋，通过螺栓把加强筋和面板相连接，使其形成一个牢固的整体，从而增加其强度和刚性。氟碳铝板以其重量轻、刚性好、强度高、色彩可选性广、装饰效果好，及耐候性和耐腐蚀性好，安装施工方便、快捷等优点，应用于装饰大厦外墙、梁柱、阳台、隔板包饰、室内装饰等处，深受广大客户的喜爱。并且该产品不易沾污，便于清洁、保养；可回收再生处理，有利环保。

目前生产金属卸面板的厂家较多，各厂的节点构造及安装方法存在一定差异，安装时应仔细了解。固定金属饰面板的方法，常用的主要有两种。一种是将板条或方板用螺丝拧到型钢或木架上，这种方法耐久性较好，多用于外墙；另一种是将板条卡在特制的龙骨上，此法多用于室内。板与板之间的缝隙一般为 10~20 mm，多用橡胶条或密封兼弹性材料处理。

（四）施工常用质量标准

①玻璃幕墙工程所用各种材料、构件和组件的质量，应符合设计要求及国家现行产

品标准和工程技术规范的规定。

②玻璃幕墙与主体结构连接的各种预埋件、连接件、紧固件必须安装牢固,其数量、规格、位置、连接方法和防腐处理应符合设计要求。

③玻璃幕墙表面应平整、洁净;整幅玻璃的色泽应均匀一致;不得有污染和镀膜损坏。

④玻璃幕墙的密封胶缝应横平竖直、深浅一致、宽窄均匀,光滑顺直。

⑤玻璃幕墙(外框)安装质量允许偏差见表7-9。

表7-9 玻璃幕墙(明框)安装质量允许偏差

项次	项目		允许偏差/mm	检验方法
1	幕墙垂直度	幕墙高度≤30 m	10	用经纬仪检查
		30 m<幕墙高度≤60 m	15	
		60 m<幕墙高度≤90 m	20	
		幕墙高度>90 m	25	
2	幕墙水平度	幕墙幅宽≤35 m	0	用水平仪检查
		幕墙幅宽>35 m	7	
3	构件直线度		2	用2 m靠尺和塞尺检查
4	构件水平度	构件长度≤2 m	2	用水平仪检查
		构件长度>2 m	3	
5	相邻构件错位		1	用钢直尺检查
6	分格框对角线长度差	对角线长度≤2 m	3	用钢尺检查
		对角线长度>2 m	4	

(五) 幕墙工程安全注意事项

①对高度大的多层及高层建筑,幕墙必须设置防雷系统。
②玻璃幕墙与每层楼板、隔墙处的缝隙必须用不燃材料填实。
③玻璃幕墙安装施工时,操作人员必须系安全带。
④幕墙运至现场,应立即起吊就位,否则应以杉槁搭架存放,四周以苫布围严,以防伤人。
⑤玻璃幕墙立柱安装就位,调整后应及时紧固。
⑥现场焊接或高强螺栓紧固的构件固定后,应及时进行防锈处理。

第四节 涂料工程与裱糊工程

一、涂料工程

涂饰于物体表面能与基体材料很好黏结并形成完整四坚韧保护膜的物品称为涂料,它主要由成膜物质、颜料、溶剂和辅助材料构成。涂料按化学成分为无机、有机、复合型;按使用角度分为内墙涂料、顶棚涂料、外墙涂料、地面涂料以及特种涂料;按装饰质感分为薄质涂料、厚质涂料、复合(多彩)涂料。

(一) 基本施涂方法

1. 刷涂

刷涂是用毛刷、排笔等工具在物体表面涂饰涂料的一种操作方法。操作程序一般是先左后右、先上后下、先难后易、先边后面。刷时用刷子蘸上涂料,首先在被涂面上直刷几道,每道间距 5~6 cm,把一定面积需要涂刷的涂料在表面上摊成几条,然后将开好的涂料横向、斜向涂刷均匀,待大面积刷均刷齐后,用毛刷的毛夹轻轻地在涂料面上顺出纹理,刷均匀物面边缘和棱角上的流料。

2. 滚涂

滚涂是利用长毛绒辊、泡沫塑料辊等根子蘸匀适量涂料,在待涂物体表面施加轻微压力上下垂直来回滚动,最后用辊筒按一定方向满滚一遍,才算完成大面。对阴阳角及上下口要用毛刷、排刷补刷。

3. 喷涂

喷涂是借助喷涂机具将涂料成雾状或粒状喷出,分散沉积在物体表面上,喷涂施工根据所用涂料的品种、黏度、稠度、最大粒径等确定喷涂机具的种类、喷嘴口径、喷涂压力和与物体表面之间的垂直距离等。

喷涂施工时要求喷涂工具移动应保持与被涂面平行,一般直线喷涂 70~80 cm 后,拐弯180°反向喷涂下一行，两行重叠宽度控制在喷涂宽度的1/3～1/2。

4. 弹涂

先在基层刷涂1～2道底涂层，待其干燥后进行弹涂，弹涂时，弹涂器的出口应正对墙面，距离300～500 mm，按一定速度自上而下，自左至右地弹涂。

5. 抹涂

先在底层上刷涂或滚涂1～2道底层涂料，待其干燥后，用不锈钢抹子将涂料抹到已不涂刷的底层涂料上，一般抹一遍成活，抹完间隔1 h后再用不锈钢抹子压平。

（二）操作要点

1. 基层处理

混凝土和抹灰基层表面，施涂前应将其缺棱掉角处，用1∶3水泥砂浆或聚合物水泥砂浆修补；表面麻面及缝隙应用腻子填补齐平；基层表面上的灰尘、污垢、砂浆流痕应清除干净。金属基层表面则应刷防锈漆打底；一般要求基层的含水率小于或等于12%，碱性pH值小于或等于10。

抹灰或混凝土基层表面刷水性涂料时，一般用30%的建筑胶打底；刷油性涂料时一般可用熟桐油加汽油配成的清油打底。

2. 打底子

木材表面打底子的目的是使表面具有均匀吸收涂料的性能，以保证面层的色泽均匀一致，木材表面涂刷混色涂料时，一般用自配的清油打底；若涂清漆，则应用油粉或水粉进行调粉。油粉是用大白粉、颜料、熟桐油、松香水等配成，其渗透力强，耐久性好，但价格高，用于木门窗、地板。水粉是由大白粉加颜料再加水胶配成，其着色强，操作容易、价廉，但渗透力弱，不易刷匀，耐久性较差，适的用于室内物面或家具。

3. 刮腻子、磨光

木材表面上的灰尘、污垢等施涂前应清理干净，木材表面的缝隙毛刺、脂囊修整后，应用腻子填补，并用砂纸磨光。节疤处应点漆片2～3遍，木制品含水率不得大于12%。

金属表面施涂前应将灰尘、油渍、鳞皮、锈斑、毛刺等清除干净，潮湿的表面不得施涂涂料。

刮腻子的次数随涂料工程质量等级的高低而定，一般以三道为限。头道要求平整，二三道要求光洁，每刮一道腻子待其干燥后，都应用砂纸磨光一遍。

4. 施涂涂料

可用刷涂、喷涂、滚涂、弹涂、抹涂等方法施工。

（三）复层涂料施工

封底涂料可用刷、喷、滚涂的任一方法施工。主层涂料用喷头喷涂，涂花点的大小、疏密，可根据浮雕的需要确定，有大花、中花、小花。在每一分格块中要先边后中喷涂，表面颜色要一致,花纹大小要均匀,不显接槎,花点如需压平时,则应在喷点后适时用塑料或橡胶辊蘸汽油或二甲苯压平,主层涂料干燥后刷二道罩面涂料,其时间间隔为2h左右。

(四)施工常用质量标准

①涂料工程的颜色、图案应符合设计要求。

②涂料工程要用涂料的品种、型号和性能应符合设计要求。

③涂料工程的基层处理应符合下列要求。

第一,新建的建筑物的混凝土抹灰基层在涂饰涂料前应涂刷抗碱封闭底漆。

第二,旧墙面的在涂饰涂料前应清除疏松的旧装修层,并涂刷界面剂。

第三,基层腻子应平整、坚实、牢固、无粉化、起皮和裂缝。

第四,厨房、卫生间墙面必须使用耐水腻子。

④薄涂料表面的质量要求见表7-10。

表7-10 薄涂料表面的质量要求

单位:mm

项次	项目	普通涂饰	高级涂饰	检验方法
1	颜色	均匀一致	均匀一致	观察
2	泛碱、咬色	允许少量轻微	不允许	
3	流坠、疙瘩	允许少量轻微	不允许	
4	砂眼、刷纹	允许少量轻微砂眼,刷纹通顺	无砂眼,无刷纹	
5	装饰线、分色线直线度允许偏差	2	1	拉5m线,不足5m拉通线,用钢直尺检查

⑤厚涂料表面的质量要求见表7-11。

表7-11 厚涂料表面的质量要求

单位:mm

项次	项目	普通涂饰	高级涂饰	检验方法
1	颜色	均匀一致	均匀一致	观察
2	泛碱、咬色	允许少量轻微	不允许	
3	点状分布	—	疏密均匀	

⑥复层涂料表面的质量要求见表7-12。
⑦清漆表面的质量要求见表7-13。

表7-12 复层涂料表面的质量要求

单位：mm

项次	项目	质量要求	检验方法
1	颜色	均匀一致	观察
2	泛碱、咬色	不允许	
3	喷点疏密程度	均匀，不允许连片	

表7-13 清漆表面的质量要求

单位：mm

项次	项目	普通涂饰	高级涂饰	检验方法
1	颜色	基本一致	均匀一致	观察
2	木纹	棕眼刮平、木纹清楚	棕眼刮平、木纹清楚	观察
3	光泽、光滑	光泽基本均匀光滑无档手感	光泽均匀一致光滑	观察、手摸检查
4	刷纹	无刷纹	无刷纹	观察
5	裹棱、流坠、皱皮	明显处不允许	不允许	观察

（五）涂料工程安全注意事项

①施工现场应有良好的通风条件。如在通风条件不好的场地施工须安置通风设备才能施工。

②在用钢丝刷、扳等工具清除铁锈、铁鳞、旧漆层时，需戴上防护眼镜。

③使用烧碱等清理，必须穿戴上橡皮手套、防护眼镜、橡皮胶裙和胶靴。

④在涂刷或喷涂对人体有害的涂料时，要戴上防毒口罩；如对眼睛有害，须戴上密闭式眼镜加以保护。

⑤喷涂硝基漆或其他挥发性、易燃性溶剂稀释的涂料时不准使用明火。

⑥操作人员在施工时感觉头痛、心悸或恶心时，应立即离开工作地点，走到通风换换气，如仍不舒畅应去医院治疗。

二、裱糊工程

（一）基层处理

1. 混凝土和抹灰面基层

①基层必须具有一定强度，不松散，起粉脱落。墙面允许偏差应在质量标准的规定范围内。

②墙面基本干燥，不潮湿发毒，含水率不大于8%，湿度较大的房间和经常潮湿的墙表面，应采用具有防水性能的墙纸和胶结剂等材料。

③基层表面应清扫干净，对表面脱灰、孔洞较大的缺陷用砂浆修补平整；对麻点、凹坑、接缝、裂缝等较小缺陷，用腻子涂刮1~2遍修补填平，干固后用砂纸磨平。

2. 木板基层

①要求接缝严密、接缝处裱糊纱布。

②表面不露钉头，钉眼处用腻子满刮补平，干后用砂纸打磨平整光滑。

（二）壁纸裱糊

1. 操作要点

（1）弹线

在墙面上弹划出水平、垂直线、作为裱糊的依据，保证壁纸裱糊后横平竖直、图案端正、垂直线一般弹在门窗边附近，水平线以挂镜线为准。

（2）裁纸

量出墙顶（或挂镜线）到踢脚线上口的高度，两端各留出30~50 mm的备用量作为下料尺寸。有图案的壁纸，根据对花、拼图的需要，统筹规划、对花、拼图后下料，再编上号，以便按顺序粘贴。

（3）润纸

一般将壁纸放在水槽中浸泡2~3 min，取出后抖掉余水，若有吸水面可用毛巾揩掉，然后才能涂胶。也可以用排笔在纸背上刷水，刷满均匀，保持10 min也可达到使其充分膨胀的目的，玻璃纤维基材的壁纸、墙布，可在壁纸背面均匀刷胶后，将胶面对胶面对叠，放置4~8 min然后上墙。

（4）刷胶

纸背刷胶要均匀，不裹边，不起堆，以防溢出，弄脏壁纸。刷胶方法如下。

①PVC壁纸裱糊墙面时，可只在墙面上刷胶，裱糊顶棚时则需在基层与纸背上都刷胶、刷胶时，基层表面涂胶宽度要比壁纸宽约30 mm，纸背涂胶后，纸背与纸背反复对叠，可避免污染正面。

②纸背带胶壁纸其纸背及墙面均无须涂胶，裱糊墙面时可将裱好的壁纸浸泡于水槽中，然后由底部开始，图案面向外，卷成一卷，1 min后可上墙。但裱糊顶棚时，其壁纸背上还应涂刷稀释的胶黏剂。

③对于较厚的壁纸、墙布应对基层和纸背都刷胶。

（5）裱糊

先贴长墙面，后贴短墙面，每个墙面从显眼的墙面以整幅纸开始，将窄条纸留在不明显的阴角处，每个墙角的第一条纸都要挂垂线。

贴每条纸均先对花，对纹拼缝由上而下进行，不留余量，先在一侧对缝保证墙底粘贴垂直，后对花纹拼缝到底压实后，再抹平整张墙纸。

阴角转角处不留拼缝，包角要压实，并注意花纹，图案与阴角直线的关系，若遇阴角不垂直，其接缝应为搭接缝，墙纸由受侧光墙面向阴角的另一面转 5～10 mm，压实，不得空鼓，搭接在前一条墙纸的外面。

采用搭口拼缝时，要待胶黏剂干到一定程度后，用刀具裁墙纸，撕去割出部分，现刮压密实，用刀时，一次直落，力量要适当、均匀，不能停，以免出现刀痕搭口，同时也不要重复切割。

墙纸粘贴后，若出现空鼓、气泡、可用针刺放气，再用注射针挤进胶黏剂，用刮板刮压密实。

2. 成品保护

①裱糊工程尽量放在最后一道工序。

②裱糊时，空气相对湿度不应过高，一般应低于 85%，湿度不应剧烈变化。

③在潮湿季节裱糊好的墙面竣工以后，应在白天打开门窗，加强通风，夜晚关门闭窗，防止潮气侵袭。同时，要避免胶黏剂未干前，墙壁面受穿堂风劲吹。

④基层抹灰层宜具有一定吸水性，混合砂浆和纸筋灰罩面的基层，适宜于裱贴墙纸，若用石膏罩面效果更佳，水泥砂浆抹光基层的裱贴，效果较差。

（三）施工常用质量标准

裱糊工程完工并干燥后，方可进行质量检查验收。

①材料品种、颜色、图案要符合设计要求。

②表面色泽一致，不得有气泡、空鼓、翘边、皱褶和斑污，斜视无胶痕。

③各幅拼接不得露缝，距墙面 1.5 m 处正视，不显接缝。

④接缝处的图案和花纹应吻合。

⑤不得有漏贴、补贴和脱层缺陷。

（四）裱糊工程安全注意事项

①裁割刀使用时，应用拇指与食指夹刀，使刀刃同墙面保持垂直，这样切割刀口又小，又完全。

②热源切勿靠近裱糊墙面。

③高凳必须固定牢固，跳板不应损坏，跳板不要放在高凳的最上端。

④在超高的墙面上裱糊时，逐层架子要牢固，要设护身栏。

第八章 桥梁结构工程

第一节 混凝土结构桥梁施工方法

一、桥梁结构施工常用施工机具与设备

(一)常备式机具设备

1. 横撑式支撑

横撑式支撑多用于狭窄的基坑或沟槽开挖施工。根据放置挡土板方式的差异,横撑式支撑有四种:断续式水平支撑、连续式水平支撑、垂直支撑、锚拉支撑。

2. 钢板桩

钢板桩是一种挡土防水的支护结构。在开挖的基坑较深、地下水位较高或在水中进行基础施工时,采用钢板桩平衡坑壁的土压力和水压力。钢板桩由带锁口或钳口的热轧型钢制成。钢板桩互相连接就形成钢板桩墙或钢板桩围堰。

3. 脚手架及万能杆件

脚手架是工程构筑物修建过程中大量使用的施工辅助结构的统称。根据制作材质的不同,脚手架分为木制脚手架和钢制脚手架。目前,木质脚手架因重复使用率低、木材消耗多而应用较少,大量使用的是钢制脚手架。常用的钢管脚手架为扣件式连接方式。

另一种钢制脚手架是钢制万能杆件。铁道系统生产的万能杆件类型有 M 型和 N 型。公路系统西安筑路机械厂生产的西乙型万能杆件，其规格基本与 N 型相同，材质为 16Mn 钢，由 24 种大小构件组成。

4. 常备模板结构

模板结构由模板和支架两部分组成。根据材质的不同，常备模板有钢模、木模和钢木结合模板三种，整套模板均由底模、侧模和端模三部分组成。

（二）桥梁施工主要起重机具设备

1. 钢丝绳

钢丝绳（简称钢绳）具有强度高、自重轻、挠性好、运行平稳、极少突然断裂等优点，而被广泛用于吊装作业，同时可作为悬索桥、斜拉桥的主要抗拉构件。根据捻绕的次数，可分为单绕、双绕和三绕钢丝绳；根据钢丝绳捻绕的方向，可分为顺绕钢丝绳、交绕钢丝绳和混绕钢丝绳；根据钢丝在股中的互相接触状态，分为点接触钢丝绳、线接触钢丝绳和面接触钢丝绳。

2. 千斤顶

千斤顶适用于起落高度不大的起重，按构造不同可分为螺旋式千斤顶、液压式千斤顶和齿条式千斤顶三大类。

3. 卡环

卡环也称卸扣或开口销环，一般用圆钢锻制而成，用于连接钢丝绳与吊钩、环链条，也用于千斤绳捆绑物件时固定绳套。卸扣装卸方便，较为安全可靠。卡环分螺旋式、销子式和半自动式三种。弯环部分又分为直形和圆形两种。半自动式卸扣又称为半自动脱钩器，是根据普通卸扣改制的，使用很方便，只需在地面上拽一下拉绳，止动销就被弹盘压缩而缩入导向管内，吊绳则因自重而脱出扣环。

4. 滑轮

滑轮又称滑车或葫芦。滑轮种类很多，按制作材料不同可分为铁滑轮和木滑轮，后者只是外壳为木制，轮和轴仍是铁的，仅用于麻绳滑轮组。按转轮的多少，可分为单轮、双轮及多轮几种。

5. 滑轮组

滑轮组由定滑轮和动滑轮组成，既能省力又可改变力的方向，定滑轮与动滑轮的数目可以相同，也可以相差一个。绳的死头可以固定在滑轮上，也可固定在动滑轮上；绳的单头（又称跑头）可以由定滑轮引出，也可以由动滑轮上引出，一般用于吊重时，跑头均由定滑轮引出；有时跑头还穿过导向滑轮。为了减少拉力，有时采用双联滑轮组。

二、混凝土结构栋梁施工方法

（一）就地浇筑法

1. 支架与拱架

支架、拱架的类型如下。

（1）支架

支架按构造分为支柱式、梁式和梁-柱式支架，按材料可分为木支架、钢支架、钢木混合支架和万能杆件拼装的支架等。通常按构造划分支架类型。

①立柱式支架。立柱式支架构造简单，可用于陆地或不同航河道以及桥墩不高的小跨径桥梁施工。支架通常由排架和纵梁等构件组成。排架由枕木或桩、立柱和盖梁组成。一般排架间距4m，桩的入土深度按施工设计要求设置，但不小于3m。当水深大于3m时，桩要用拉杆加强。一般需在纵梁下布置卸落设备。

②梁式支架。根据跨径不同，梁可采用工字钢、钢板梁或钢桁梁。一般工字钢用于跨径小于10m的情况，钢板梁用于跨径小于20m的情况，钢桁梁用于跨径大于20m的情况。梁可以支承在墩旁支柱上，也可支承在桥墩上预留的托架或支承在桥墩处的横梁上。

③梁-柱式支架。当桥梁较高、跨径较大或必须在支架下设孔通航或排洪时可用梁-柱式支架。梁支承在桥墩台以及临时支柱或临时墩上，可形成多跨的梁-柱式支架。

（2）拱架

拱架按结构分为支柱式、撑架式、扇形、桁式、组合式等，按材料分为木拱架、钢拱架、竹拱架和土牛拱胎。所谓土牛拱胎是在缺乏钢木材地区，先在桥下用土或砂、卵石填筑一个土胎（俗称土牛），然后在上面砌筑拱圈，待拱圈完成后将填土清除。

木拱架的加工、制作简单，架设方便，但耗材较多，在当前已不多用。目前多采取钢、木混合拱架，以减少木材用量。钢拱架多用常备构件拼装，虽一次投资大，但可多次周转使用，宜在多跨拱桥中选用。

①支柱式木拱架。其支柱间距小，结构简单且稳定性好，适于干岸河滩和流速小、不受洪水威胁、不通航的河道使用。拱架一般可分为上下两部分，上部为拱架，下部为支架，上下部之间设置卸落设备。

②撑架式木拱架。其构造较为复杂，但支点间距可较大，在较大跨径且桥墩较高时，可节省木材并可适应通航。

③扇形拱架。它是从桥中的一个基础上设置斜杆，并用横木连成整体的扇形，用以支承砌筑的施工荷载。扇形拱架比撑架式拱架更加复杂，但支点间距可以比撑架式木拱架更大些，尤宜在拱度很大时采用。

④钢木组合拱架。它是在木支架上用钢梁代替木斜梁，可以加大支架的间距，减少材料用量。在钢梁上可设置变高的横木形成拱度，并用以支承模板。也有用钢桁梁或贝雷梁与钢管脚手架组拼的拱架，它是由在钢桁梁形成的平台上搭设立柱式钢管组成。

⑤钢桁式拱架。通常用常备拼装式桁架拼成拱形拱架，即拱架由标准节段、拱顶段、拱脚段和连接杆等以钢销或螺栓连接而成。为使拱架能适应施工荷载产生的变形，一般拱架采用三铰拱。

桁式钢拱架也可用装配式公路钢桥桁架节段拼装组成或用万能杆件拼装组成。

2. 梁式桥的就地浇筑法

现场浇筑施工的梁式桥，在浇混凝土前要进行周密的准备工作和严格的检查。一般来说，就地浇筑施工在正常情况下一次灌注的混凝土工作量较大，且需要连续作业，因此准备工作相当重要，不可疏忽大意。在浇筑混凝土前，应会同监理部门对支架、模板、钢筋、预留管道和预埋件进行检查，合格后方可进行浇筑混凝土工作。

对任何一种形式的梁式桥，在考虑主梁混凝土浇筑顺序时，不应使模板和支架产生有害的下沉。为了对浇筑的混凝土进行振捣，浇筑混凝土应采用相应的分层厚度；当在斜面或曲面上浇筑混凝土时，一般从低处开始。

（1）简支梁混凝土的浇筑

①水平分层浇筑。对于跨径不大的简支梁桥，可在一跨全长内分层浇筑，在跨中修筑堤坝或桥梁时从两端开始施工，最后在中间接合，称"合龙"。分层的厚度视振捣器的能力而定，一般选用15～30 cm；当采用人工捣实时，可选取15～20 cm。为避免支架不均匀沉陷的影响，浇筑速度应尽量快，以便在混凝土失去塑性之前完成。

②斜层浇筑。简支梁桥的混凝土浇筑应从主梁的两端用斜层法向跨中浇筑，在跨中修筑堤坝或桥梁时从两端开始施工，最后在中间接合，称"合龙"。当采用梁式支架，支点不设在跨中时，则应在支架下沉量大的位置先浇混凝土，使应该发生的支架变形及早完成；当采用斜层浇筑时，混凝土的倾斜角与混凝土的稠度有关，一般可用20°～25°。

③单元浇筑法。当桥面较宽且混凝土数量较大时，可分成若干纵向单元分别浇筑。每个单元可沿其长度分层浇筑，在纵梁间的横梁上设置连接缝，并在纵横梁浇筑完成后填缝连接。之后桥面板可沿桥全宽一次浇筑完成。桥面与纵横梁间设置水平工作缝。

（2）悬臂梁和连续梁混凝土的浇筑

悬臂梁和连续梁桥的上部结构在支架上浇筑时，由于桥墩为刚性支点，桥跨下的支架为弹性支撑，支架会产生不均匀沉降，因此在浇筑混凝土时应从跨中向两端墩台进行。

3. 拱桥的就地浇筑和砌筑施工

在支架上就地浇筑上承式拱桥可分三个阶段进行：第一阶段浇筑拱圈或拱肋混凝土，第二阶段浇筑拱上立柱、联系梁及横梁等，第三阶段浇筑桥面系。后一阶段混凝土浇筑应在前一阶段混凝土强度达到设计要求后进行。拱圈或拱肋的拱架，可在拱圈混凝土强度达到设计强度的70%以上时，在第二阶段或第三阶段开始施工前拆除，但应对拆架后的拱圈稳定进行验算。

在浇筑主拱圈混凝土时，立柱的底座应与拱圈或拱肋同时浇筑，钢筋混凝土拱桥应预留与立柱的联系钢筋。主拱圈的浇筑方法主要根据桥梁跨径选定，其浇筑方法有连续浇筑、分段浇筑和分环分段浇筑法。

在拱架上砌筑的拱桥主要是石拱桥和混凝土预制块拱桥。石拱桥按其材料规格分为粗料石拱、块石拱和浆砌片石拱等。

(1) 拱圈放样与备料

石拱桥的拱石要按照拱圈的设计尺寸进行加工,为了能合理划分拱石,保证结构尺寸准确,通常需要在样台上将拱圈按1∶1的比例放出大样,然后用木板或镀锌铁皮在样台上按分块大小制成样板,进行编号,以利加工。

(2) 拱圈的砌筑

①连续砌筑。跨径 < 16 m,当采用满布式拱架施工时,可以从两拱脚同时向拱顶依次按顺序砌筑,在拱顶合拢;跨径 ≤ 10 m,当采用拱式拱架时,应在砌筑拱脚的同时,预压拱顶以及拱跨1/4部位。

预加压力砌筑是砌筑前在拱架上预压一定重量,以防止或减少拱架弹性下沉和非弹性下沉的砌筑方法。它可以有效地预防拱圈产生的不正常变形和开裂。预压物可采取拱石,随撤随砌,也可采用沙袋等其他材料。

砌筑拱圈时,常在拱顶预留一龙口,最后在拱顶合拢。为防止拱圈因温度变化而产生过大的附加应力,拱圈应该按设计的温度进行合拢。设计无规定时,宜选取气温在10 ~ 15 ℃时进行。刹尖封顶应在拱圈砌缝砂浆强度达到设计规定强度后进行。

②分段砌筑。当跨径在16 ~ 25 m之间采用满布式拱架或跨径在10 ~ 25 m之间采用拱式拱架时,可采用半跨分成三段的分段对称砌筑方法。分段砌筑时,各段间可留空缝,空缝宽3 ~ 4 cm。在空缝处砌石要规则,为保持砌筑过程中不改变空缝形状和尺寸,同时也为拱石传力,空缝可用铁条或水泥砂浆预制块作为垫块,待各段拱石砌完后填塞空缝。填塞空缝应在两半跨对称进行,各空缝同时填塞,或从拱脚依次向拱顶填塞。当用力夯填空缝砂浆时,可使拱圈拱起,宜在小跨径拱使用。

砌筑大跨径拱圈时,在拱脚至1/4段,当其倾斜角大于拱石与模板间的摩擦角时,拱段下端必须设置模板并用撑木支撑。闭合楔应设置在拱架挠度转折点处,宽约1.0 m,撑木三角架应支撑在模板上。砌筑闭合楔时,必须拆除三角架,可分2 ~ 3次进行,先拆一部分,随即用拱石填砌,一般先在桥宽的中部填砌。然后再拆第二部分。

③分环分段砌筑。较大跨径的拱桥,当拱圈较厚、由三层以上拱石组成时,可将拱圈分成几环砌筑,砌一环修筑堤坝或桥梁时从两端开始施工,最后在中间接合,称"合龙"一环。当下环砌筑完并养护数日后,砌缝砂浆达到一定强度时,再砌筑上环。

④多跨连拱的砌筑。在多跨连拱的拱圈砌筑时,应考虑与邻孔施工的对称均匀,以免桥墩承受过大的单向推力。因此,当为拱式拱架时,应适当安排各孔的砌筑程序;当采用满布式支架时,应适当安排各孔拱架的卸落程序。

(3) 拱上建筑施工

拱上砌体必须在拱圈砌筑合拢后,拱圈达到设计强度30%以后进行。拱圈一般要求不少于3 d的养护时间。拱上建筑的施工,应对称均衡地进行,避免使主拱圈产生过大的不均匀变形。

（二）桥梁预制安装法

1. 构件预制

（1）预制方法分类

①立式预制与卧式预制。构件的预制方法按构件预制时所处的状态分立式预制和卧式预制两种。等高度的T梁和箱梁在预制时采用立式预制。对于变高度的梁，宜采用卧式预制，这时可在预制平台上放样布置底模，侧模高度由梁宽度决定，便于绑扎钢筋和浇筑混凝土，构件尺寸和混凝土质量也易得到保证。卧制的构件需在预制后翻身竖起。

②固定式预制与活动台车预制。构件预制方法按作业线布置不同分固定式预制和活动台车上预制两种。固定式预制，是构件在整个预制过程中一直在一个固定底座上，立模、扎筋、浇筑和养护混凝土等各个作业依次在同一地点进行，直至构件最后制成被吊离底座（即所谓"出坑"）一般规模桥梁工程的构件预制大多采用此法。在活动台车上预制构件时，台车上具有活动模板（一般为钢模板），能快速地装拆，当台车沿着轨道从一个地点移动到另一个地点时，作业也就按顺序一个接一个地进行。

（2）预制基本作业

构件是在预制场（厂）内预制的，预制场地和各种车间的布置必须合理。预制场（厂）内布置的原则是使各工序能密切配合，便于流水作业，缩短运输距离和减少占地面积。

2. 装配式梁桥的安装

（1）预制梁的出坑和运输

①出坑。预制构件从预制场的底座上移出来，称为出坑。钢筋混凝土构件在混凝土强度达到设计强度70%以上，预应力混凝土构件在预应力筋张拉以后才可出坑。

②运输。预制梁从预制场运至施工现场的运输称为场外运输，常用大型平板车、驳船或火车运至桥位现场。

预制梁在施工现场内运输称为场内运输，常用龙门轨道运输、平车轨道运输、平板汽车运输，也可采用纵向滚移法运输。

（2）预制梁的安装

在岸上或浅水区预制梁的安装可采用龙门起重机、汽车式起重机及履带式起重机。水中梁跨常采用穿巷吊机安装、浮吊安装及架（造）桥机安装等方法。

①用跨墩龙门起重机安装。跨墩龙门起重机安装适用于岸上和浅水滩以及不通航浅水区域安装预制梁。

在水深不超过5 m、水流平缓、不通航的中小河流上的小桥孔，采用跨墩龙门起重机架梁。这时必须在水上桥墩的两侧架设龙门起重机轨道便桥，便桥基础可用木桩或钢筋混凝土桩。在水浅流缓而无冲刷的河上，也可用木笼或草袋筑岛来作便桥基础。便桥的梁可用贝雷桁架组拼。

②用穿巷起重机安装。穿巷起重机可支承在桥墩和已架设的桥面上，不需要在岸滩或水中另搭脚手架与铺设轨道，因此，它适用于在水深流急的大河上架设水上桥孔。根据穿巷起重机的导梁主桁架间净距的大小，可分为宽、窄两种。

③自行式汽车起重机安装。陆地桥梁、城市高架桥预制梁安装常采用自行式汽车起重机安装。一般先将梁运到桥位处，采用一台或两台自行式汽车起重机或履带式起重机直接将梁片吊起就位，方法便捷。履带式起重机的最大起吊能力达3000 kN。

④浮吊安装。预制梁由码头或预制场（厂）直接用运梁驳船运到桥位，浮吊船宜逆流而上，先远后近安装。浮吊船吊装前应下锚定位，航道要临时封锁。

采用浮吊安装预制梁，施工速度快，高空作业较少，是航运河道上架梁常用的办法。

⑤架桥机安装。架桥机架设桥梁一般在长大河道上采用，公路上采用贝雷梁构件拼装架桥机，铁路上采用800 kN、1300 kN、1600 kN 架桥机。公路斜拉式双导梁架桥机，50/150型可架设跨径50 mT梁，40/100型架设40 mT梁，XMQ型架桥机可架设30 mT梁。

3. 装配式拱桥的安装

（1）缆索吊装施工

①概述：在峡谷或水深流急的河段上，或在通航的河流上需要满足船只的顺利通行，缆索吊装由于具有跨越能力大、水平和垂直运输机动灵活、适应性广、施工比较稳妥方便等优点，在拱桥施工中被广泛采用。缆索吊装由单跨发展到双跨连续缆索。在采用缆索吊装的拱桥上，为了充分发挥缆索的作用，拱上建筑也可以采用预制装配施工。

②吊装方法和要点：缆索吊装施工工序为：在预制场（厂）预制拱肋（箱）和拱上结构，将预制拱肋和拱上结构通过平车等运输设备移运至缆索吊装位置，将分段预制的拱肋吊运至安装位置，利用扣索对分段拱肋进行临时固定，吊装合拢段拱肋，对各段拱肋进行轴线调整，合拢主拱圈，安装拱上结构。

（2）桁架拱桥与刚架拱桥安装

桁架拱桥与刚架拱桥，由于构件预制装配，具有构件重量轻、安装方便、造价低等优点。

①桁架拱桥安装：

第一，施工安装要点。桁架拱桥的施工吊装过程包括：吊运桁架拱片的预制段构件至桥孔，使之就位修筑堤坝或桥梁时从两端开始施工，最后在中间接合，称"合龙"。处理接头，与此同时随时安装桁架拱片之间的横向联结系构件，使各片桁架拱片连成整体。然后在上面铺设预制的微弯板或桥面板，安装人行道悬臂梁和人行道板。桁架拱片的桁架段预制构件一般采用卧式预制，实腹段构件采用立式预制。安装工作分为有支架安装和无支架安装。

第二，有支架安装。有支架安装时，需在桥孔下设置临时排架。桁架拱片的预制构件由运输工具运到桥孔后，用浮吊或龙门起重机等安装就位，然后进行接头和横向联结。常采用的有塔架斜缆安装、多机安装、缆索吊机安装和悬臂拼装等。施工时，构件由运输工具或由龙门起重机本身运至桥孔，然后由龙门起重机起吊、横移和就位。跨间在相应于桁架拱片构件接头的部位，设有排架，以临时支承构件重力。

第三，无支架安装。无支架安装是指桁架拱片预制段在用吊机悬吊着的状态下进行接头和合拢的安装过程。塔架斜缆安装，就是在墩台顶部设一塔架，桁架拱片边段吊起后用斜向缆索（亦称扣索）和风缆稳住后再安装中段。一般合拢后即松去斜缆，接着移动塔架，进行下一片的安装。用无支架安装方法时，需特别注意桁架拱片在施工过程中的稳定性。

②刚架拱桥安装：

刚架拱桥上部结构的施工分有支架安装和无支架安装两种。安装方法在设计中确定内力图式时即已决定，施工时不得随便更改。

采用无支架施工时（浮吊安装或缆索吊装），首先将主拱腿一端插入拱座的预留槽内，另一端悬挂，合拢实腹段，形成裸拱，电焊接头钢板；安装横系梁，组成拱形框架；再将次拱腿插入拱座预留槽内，安放次梁，焊接腹孔的所有接头钢筋和安装横系梁，立模浇接头混凝土，完成裸肋安装；将肋顶部分凿毛，安装微弯板及悬臂板，浇筑桥面混凝土，封填拱脚。

（3）钢筋混凝土箱形拱桥

钢筋混凝土箱形拱桥主要的施工步骤为：拱箱预制→吊装设备的布置→拱箱吊装。

（4）桁式组合拱桥

桁式组合拱桥是由两个悬臂桁架支承一个桁架拱组成，它除了保持了桁式拱结构的用料省、跨越能力大、竖向刚度大等特点外，更具有桁梁的特性，可以采用无支架悬臂安装的方法施工，使桁式组合拱桥具有一定的竞争能力。

①桁式组合拱桥构造特点。为了减轻自重，保证截面的强度和整体刚度，桁式组合拱桥的上下弦杆和腹杆及实腹段的截面，一般均采用闭合箱形截面，并按照吊装顺序，分次拼装组合而成。为了增强构件的整体性，在所有箱形杆件内均设有隔板加强，隔板间距为4~5m。

②桁式组合拱桥施工。桁式组合拱桥能迅速得到发展，除结构受力的合理性带来材料的节省外，其主要原因是它可采用无支架悬臂安装进行施工，这是最突出的优点。

（三）悬臂施工法

悬臂施工法也称为分段施工法。悬臂施工法是以桥墩为中心向两岸对称的、逐节悬臂接长的施工方法。预应力混凝土桥梁采用悬臂施工法是从钢桥悬臂拼装发展而来。

1. 悬臂施工法的分类

悬臂施工法主要有悬臂拼装法及悬臂浇筑法两种。

（1）悬臂拼装法

悬臂拼装法利用移动式悬拼吊机将预制梁段起吊至桥位，然后采用环氧树脂胶及钢丝束预应力连接成整体。采用逐段拼装，一个节段张拉锚固后，再拼装下一节段。悬臂拼装的分段，主要决定于悬拼起重机的起重能力，一般节段长2~5m。节段过长则自重大，需要悬拼吊机起重能力大，节段过短则拼装接缝多，工期也延长。一般在悬臂根部，因截面积较大，节段长度采用较短，以后向端部逐渐增长。

（2）悬臂浇筑法

悬臂浇筑法采用移动式挂篮作为主要施工设备，以桥墩为中心，对称向两岸利用挂篮逐段浇筑梁段混凝土,待混凝土达到要求强度后,张拉预应力束,再移动挂篮,进行下一节段的施工。悬臂浇筑每个节段长度一般为 2～6 m,节段过长,将增加混凝土自重及挂篮结构重力,而且要增加平衡重及挂篮后锚设施;节段过短,影响施工进度。

2. 悬臂拼装法施工

悬臂拼装法施工包括块件的预制、运输、拼装及合拢。下面主要介绍预应力混凝土箱形 T 构采用悬臂拼装法施工。

(1) 块件预制

①预制方法:箱梁块件通常采用长线浇筑法或短线浇筑的立式预制方法。桁架梁段采用卧式预制方法。

第一,长线预制。长线预制是在预制厂或施工现场按桥梁底缘曲线制作固定的底座上,安装底模进行块件预制工作。箱梁节段的预制在底板上进行。为加快施工进度,保证节段之间密贴,常采用先浇筑奇数节段,然后利用奇数节段混凝土的端面弥合浇筑偶数节段。也可以采用分阶段的预制方法。当节段混凝土强度达到设计强度 70% 以上后,可吊出预制场地。

第二, 短线预制。短线预制箱梁块件的施工,是由可调整外部及内部模板的台车与端模架来完成。

②定位器和孔道形成器:设置定位器的目的是使预制梁块在拼装时能准确而迅速地安装就位。有的定位器不仅能起到固定位置的作用,而且能承受剪力。这种定位装置称抗剪楔或防滑楔。

(2) 块件运输

箱梁块件自预制底座上出坑后,一般先存放于存梁场,拼装时块件由存梁场至桥位处的运输方式,一般可分为场内运输、块件装船和浮运三个阶段。

①场内运输:当存梁场或预制台座布置在岸边,又有大型悬臂浮吊时,可用浮吊直接从存梁场或预制台座将块件吊放到运梁驳船上浮运。

块件的起吊应该配有起重扁担。每块箱梁设置四个吊点,使用两个横扁担,用两个吊钩起吊。如用一个主钩以"人"字形吊索起吊时,还必须配一根纵向扁担以平衡水平分力。

②块件装船:块件装船在专用码头上进行。码头的主要设施是施工栈桥和块件装船起重机。栈桥的长度应保证在最低施工水位时驳船能进港起运,栈桥的高度要考虑在最高施工水位时栈桥主梁不应被水淹,栈桥宽度要考虑到运梁驳船两侧与栈桥之间需有不少于 0.5 m 的安全距离。栈桥起重机的起重能力和主要尺寸(净高和跨度)应与预制场上的起重机相同。

③浮运:浮运船只应根据块件重量和高度来选择,可采用铁驳船、坚固的木壳船、水泥驳船或用浮箱装配。

为了保证浮运安全,应设法降低浮运重心。开口舱面的船应尽量将块件置于船舱底板。必须置放在甲板面上时,要在舱内压重。

（3）悬臂拼装

①悬臂拼装方法：预制块件的悬臂拼装可根据现场布置和设备条件采用不同的方法来实现。当靠岸边的桥跨不高且可在陆地或便桥上施工时，可采用自行式汽车起重机、门式起重机来拼装。对于河中桥孔，也可采用水上浮吊进行安装。

第一，悬臂起重机拼装法。悬臂起重机由纵向主桁架、横向起重桁架、锚固装置、平衡重、起重系、行走系和工作吊篮等部分组成。

纵向主桁架为起重机的主要承重结构，可由贝雷片、万能杆件、大型型钢等拼制。一般由若干桁片构成两组，用横向联结系连成整体，前后用两根横梁支承。

横向起重桁架是供安装起重卷扬机直接起吊箱梁块件之用的构件。纵向主桁的外荷载就是通过横向起重桁架传递给它的。横向起重桁支承在轨道平车上，轨道平车搁置于铺设在纵向主桁架上弦的轨道上，起重卷扬机安置在横向起重桁架上弦。

设置锚固装置和平衡重的目的是防止主桁架在起吊块件时倾覆翻转，保持其稳定状态。对于拼装墩柱附近块件的双悬臂起重机，可用锚固横梁及吊杆将起重机锚固于0号块上。对称起吊箱梁块件，不需要设置平衡重。单悬臂起重机起吊块件时，也可不设平衡重，而将起重机锚固在块件吊环上或竖向预应力筋的螺丝端杆上。

起重机一般是由50 kN电动卷扬机、吊梁扁担及滑车组等组成。起重机的作用是将由驳船浮运到桥位处的块件提升到拼装高度以备拼装。滑车组要根据起吊块件的重量来选用。

起重机的整体纵移可采用钢管滚筒在木走板上滚移，由电动卷扬机牵引。牵引绳通过转向滑车系于纵向主桁前支点的牵引钩上。横向起重桁架的行走采用轨道平车，用倒链滑车牵引。

工作吊篮悬挂于纵向主桁前端的吊篮横梁上，吊篮横梁由轨道平车支承以便工作吊篮的纵向移动。工作吊篮供预应力钢丝穿束、千斤顶张拉、压注灰浆等操作之用。可设上下两层，上层供操作顶板钢束用，下层供操作肋板钢束用。也可只设一层，此时，工作吊篮可用倒链滑车调整高度。

第二，连续桁架（闸式起重机）拼装法。连续桁架悬拼施工可分移动式和固定式两类。移动式连续桁架的长度大于桥的最大跨径，桁架支承在已拼装完成的梁段和待拼墩顶上，由起重机在桁架上移运块件进行悬臂拼装。固定式连续桁架的支点均设在桥墩上，而不增加梁段的施工荷载。

第三，起重机拼装法。尚可采用伸臂起重机、缆索起重机、龙门起重机、人字扒杆、汽车式起重机、履带式起重机、浮吊等进行悬臂拼装。根据起重机的类型和桥孔处具体条件的不同，起重机可以支承在墩柱上、已拼好的梁段上或处在栈桥上、桥孔下。

②接缝处理及拼装程序：梁段拼装过程中的接缝有湿接缝、干接缝和胶接缝等几种。不同的施工阶段和不同的部位，将采用不同的接缝形式。

第一，1号块和调整块用湿接缝拼装。1号块件即墩柱两侧的第一块，一般与墩柱上的0号块以湿接缝相接。1号块是T形刚构两侧悬臂箱梁的基准块件。T形刚构悬拼施工时，防止上翘和下挠的关键在于1号块定位准确，因此，必须采用各种定位方法确保 1 号块定位的精度。定位后的 1 号块可由起重机悬吊支承，也可用下面的临时托架支承。为便于进行接缝处管道接头操作、接头钢筋的焊接和混凝土振捣作业，湿接缝一般宽 0.1 ~ 0.2 m。

第二，环氧树脂胶。块件接缝采用环氧树脂胶，厚度在 1.0 mm 左右。环氧树脂胶接缝可使块件连接密贴，可提高结构抗剪能力、整体刚度和不透水性。

③穿束及张拉：

第一，穿束。T 形刚构桥纵向预应力钢筋的布置有两个特点：较多集中于顶板部位，钢束布置对称于桥墩。因此，拼装每一对对称于桥墩块件用的预应力钢丝束需按锚固这一对块件所需长度下料。

明槽钢丝束通常为等间距排列，锚固在顶板加厚的部分（这种板俗称锯齿板）。加厚部分预制时留有管道。穿束时先将钢丝束在明槽内摆放平顺，然后再分别将钢丝束穿入两端管道之内。钢丝束在管道两头伸出长度要相等。

暗管穿束比明槽难度大。经验表明，60 m 以下的钢丝束穿束一般均可采用人工推送。较长钢丝束穿入端，可点焊成箭头状缠裹黑胶布。60 m 以上的长束穿束时可先从孔道中插入一根钢丝与钢丝束引丝连接，然后一端以卷扬机牵引，一端以人工送入。

第二，张拉。钢丝束张拉前要首先确定合理的张拉次序，以保证箱梁在张拉过程中每批张拉合力都接近于该断面钢丝束总拉力重心处。

钢丝束张拉次序的确定与箱梁横断面形式、同时工作的千斤顶数量、是否设置临时张拉系统等因素关系很大。

（4）悬臂挠度控制

①悬臂挠度计算：悬臂施工过程中所产生的挠度，涉及到梁体自重、预应力、混凝土徐变、施工荷载等的作用。鉴于施工挠度与许多不定因素有关（例如各段混凝土间材料性能、温度、湿度以及养护等方面的差异，各段的工期也很难准确估计），施工中荷载随时间变化以及梁体截面组成也随施工进程中预应力筋的增多而发生变化等，故要精确计算施工挠度是非常困难的。

为使悬臂梁在恒载、活载、预应力及混凝土徐变等的综合挠度下，保持良好的行车条件，就需设置一定的预拱度。

②安装误差的控制和纠正：在悬臂拼装阶段，影响挠度的因素主要是预应力、自重力和在接缝上引起的弹性和非弹性变形，还有块件拼装的几何尺寸误差。当前，有不少采用悬臂拼装施工的 T 构桥上挠度值大大超过计算值。这种情况主要是由安装误差引起的。

（5）合龙段施工

箱梁 T 构在跨中修筑堤坝或桥梁时从两端开始施工，最后在中间接合，称"合龙"时初期常用剪力铰，使悬臂能相对位移和转动，但挠度连续。现在箱梁 T 构和桁架 T 构的跨中多用挂梁连接。预制挂梁的吊装方法与装配式简支梁的安装相同。但需注意安装过程中对两边悬臂加荷的均衡性问题，以免墩柱受到过大的不均衡力矩。有两种方法：采用平衡量；采用两悬臂端部分批交替架梁，以尽量减少墩柱所受的不平衡力矩。

3. 悬臂浇筑法施工

悬臂浇筑法施工是桥梁施工中难度较大的施工工艺，需要一定的施工设备及一支熟悉悬臂浇筑工艺的技术队伍。由于80%左右的大跨径桥梁均采用悬臂浇筑法施工，通过大量实桥施工，使悬臂浇筑施工工艺日趋成熟。下面从悬浇施工程序、0号块施工、梁墩临时固结、施工挂篮、浇筑梁段混凝土、结构体系转换、修筑堤坝或桥梁时从两端开始施工，最后在中间接合，称"合龙"段施工及施工控制等方面进行较详细介绍。

（1）悬臂浇筑施工程序

连续梁桥采用悬臂浇筑施工时，因施工程序不同，有以下三种基本方法：逐跨连续悬臂施工法、T构-单悬臂梁-连续梁施工法、T构-双悬臂梁-连续梁施工法。

①逐跨连续悬臂施工法（见图8-1）：

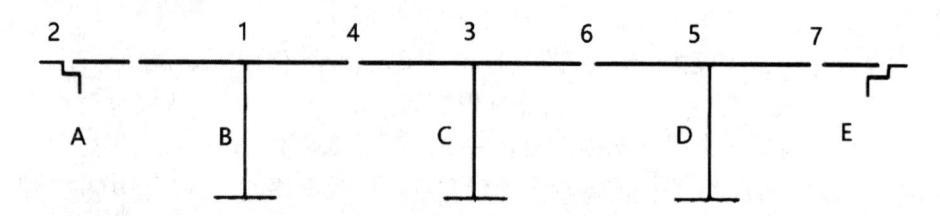

图8-1 逐跨连续悬臂施工示意图

1～7. 表示施工顺序；A～E. 表示墩台

第一，首先从B墩开始将梁墩临时固结，进行悬臂施工。

第二，岸跨边段"合龙"，B墩临时固结释放后形成单悬臂梁。

第三，从C墩开始，梁端临时固结，进行悬臂浇筑施工。

第四，BC跨中间"合龙"，释放C墩临时固结，形成带悬臂的两跨连续梁。

第五，从D墩开始，D墩进行梁墩固结进行悬臂施工。

第六，CD跨中间"合龙"，释放D墩临时固结，形成带悬臂的三跨连续梁。

第七，按上述方法以此类推进行。

第八，最后岸跨边段"合龙"，完成多跨一联的连续梁施工。

上述逐跨连续悬臂法施工，从一端向另一端逐跨进行，逐跨经历了悬臂施工阶段，施工过程中进行了体系转换。该法每完成一个新的悬臂并在跨中"合龙"后，结构稳定性、刚度不断加强，所以逐跨连续悬臂法常在多跨连续梁及大跨长桥上采用。

②T构-单悬臂梁-连续梁施工法（见图8-2）：

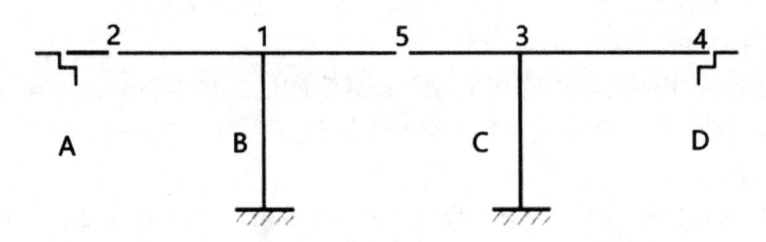

图 8-2　T 构 – 单悬臂梁 – 连续梁施工示意图

1～5. 表示顺序；A～D. 表示墩台

第一，首先从 B 墩开始，梁墩固结，进行悬臂施工。
第二，岸跨边段"合龙"，释放 B 墩临时固结，形成单悬臂梁。
第三，对 C 墩进行施工，梁墩固结，进行悬臂施工。
第四，岸跨边段"合龙"，释放 C 墩临时固结，形成单悬臂梁。
第五，BC 跨中段"合龙"，形成三跨连续梁结构。

本法也可以采用多增设两套挂篮设备，对 B，C 墩同时悬臂浇筑施工，再将两岸跨边段"合龙"，释放 B，C 墩临时固结，最后中间"合龙"，形成三跨连续梁，以加速施工进度，达到缩短工期的目的。

多跨连续梁施工时可以采取几个"合龙"段同时施工，以加速施工进度，也可以逐个进行。本法在 3～5 跨连续梁施工中是常用的施工方法。

③T 构 – 双悬臂梁 – 连续梁施工法（见图 8-3）。

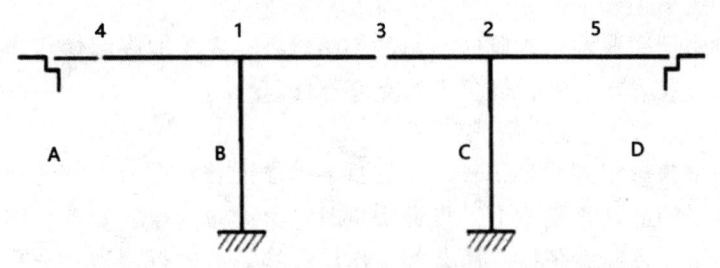

图 8-3　T 构 – 双悬臂梁 – 连续梁施工示意图

1～5. 表示顺序；A～D. 表示墩台

第一，首先从 B 墩开始，梁墩固结后，进行悬臂施工。
第二，再从 C 墩开始，梁墩固结后，进行悬臂施工。
第三，BC 跨中间拢，释放 B，C 墩的临时固结，形成双悬臂梁。
第四，A 端岸跨边段"合龙"。

第五，D端岸跨边段合拢，完成三跨连续梁施工。

本方法当结构呈双悬臂梁状态时，结构稳定性较差，所以一般遇大跨径或多跨连续梁时不采用上述方法。

上述连续梁采用的三种悬臂施工方法是悬臂施工的基本方法，遇到具体桥梁施工时，可选择合适的一种方法，也可综合各种方法优点选用合适的施工程序。

（2）悬臂梁段0号块施工

采用悬臂浇注法施工时，墩顶0号块梁段采用在托架上立模现浇，并在施工过程中设置临时梁墩锚固，使0号块梁段能承受两侧悬臂施工时产生的不平衡力矩。

施工托架有扇形、门式等形式，托架可采用万能杆件、贝雷梁、型钢等构件拼装，也可采用钢筋混凝土构件临时支撑。托架总长度视拼装挂篮的需要而决定。横桥向托架宽度要考虑箱梁外侧主模的要求。托架顶面应与箱梁底面纵向线形一致。

由于考虑到在托架上浇筑梁段0号块混凝土，托架变形对梁体质量影响很大，因此在作托架设计时，除考虑托架强度要求外，还应考虑托架的刚度和整体性；采用万能杆件、贝雷梁、板梁、型钢等作为托架时，可采取预压、抛高或调整等措施，以减少托架变形。上海吴淞大桥采用扇形钢筋混凝土立柱作为托架支撑于承台上，并设置竖向预应力索作为梁墩临时锚固用，减小了托架变形。

（3）梁墩临时固结措施

大跨径预应力混凝土桥梁采用悬臂施工法施工，如结构采用T形刚构，因墩身与梁本身采用刚性连接，所以不存在梁墩临时固结问题。悬臂梁桥及连续梁桥采用悬臂施工法，为保证施工过程中结构的稳定可靠，必须采取0号块梁段与桥墩间临时固结或支承措施。

临时梁墩固结要考虑两侧对称，施工时有一个梁段超前的不平衡力矩，应验算其稳定性，稳定性系数不小于1.5。

当采用硫磺水泥砂浆块作为临时支承的卸落设备，要采取高温熔化撤除支承时，必须在支承块之间设置隔热措施，以免损坏支座部件。

（4）施工挂篮

挂篮是悬臂浇筑施工的主要机具。挂篮是一个能沿着轨道行走的活动脚手架，挂篮悬挂在已经张拉锚固的箱梁梁段上，悬臂浇筑时箱梁梁段的模板安装、钢筋绑扎、管道安装、混凝土浇筑、预应力张拉、压浆等工作均在挂篮上进行。当一个梁段的施工程序完成后，挂篮解除后锚，移向下一梁段施工。所以挂篮既是空间的施工设备，又是预应力筋未张拉前梁段的承重结构。

①挂篮形式：挂篮主要有梁式挂篮、斜拉式挂篮及组合斜拉式挂篮三种。

第一，梁式挂篮。梁式挂篮由底模板、悬吊系统、承重结构、行走系统、平衡重、锚固系统、工作平台等部分组成。

用梁式挂篮施工初始几对梁段时，由于墩顶位置限制，施工中常将两侧挂篮的承重结构临时连接在一起，待梁段浇筑到一定长度后，再将两侧承重结构分开。

第二，斜拉式挂篮。斜拉式挂篮也称为轻型挂篮。随着桥梁跨径越来越大，为了减轻挂篮自重，以达到减少施工阶段增加的临时钢丝束，在梁式挂篮的基础上研制了斜拉式挂篮。

斜拉式挂篮承重结构由纵梁、立柱、前后斜拉杆组成，杆件少，结构简单，受力明确，承重结构轻巧。其他构造系统与梁式挂篮相似。

第三，组合斜拉式挂篮。组合斜拉式挂篮是在斜拉式挂篮的基础上加以改进的一种新的结构形式。挂篮自重更轻，其承重比不大于0.4，最大变形量不大于20mm，走行方便，箱梁段施工周期更短。

②挂篮的安装：

第一，挂篮组拼后，应全面检查安装质量，并作载重试验，以测定其各部位的变形量，并设法消除其永久变形。

第二，在起步长度内梁段浇筑完成并获得要求的强度后，在墩顶拼装挂篮。有条件时，应在地面上先进行试拼装，以便在墩顶熟练有序地开展拼装挂篮工作。拼装时应对称进行。

第三，挂篮的操作平台下应设置安全网，防止物件坠落，以确保施工安全。挂篮应呈全封闭，四周设围护，上下应有专用扶梯，方便施工人员上下挂篮。

第四，挂篮行走时，需在挂篮尾部压平衡重，以防倾覆。浇筑混凝土梁段时，必须在挂篮尾部将挂篮与梁进行锚固。

（5）悬臂浇筑梁段混凝土

悬臂浇筑梁段混凝土时需注意以下几点：

①挂篮就位后，安装并校正模板吊架，此时应对浇筑预留梁段混凝土进行抛高，以使施工完成的桥梁符合设计标高。抛高值包括施工期结构挠度，因挂篮重力和临时支承释放时支座产生的压缩变形等。

②模板安装应核准中心位置及标高，模板与前一段混凝土面应平整密贴。当上一节段施工后出现中线或高程误差需要调整时，应在模板安装时予以调整。

③安装预应力预留管道时，应与前一段预留管道接头严密对准，并用胶布包贴，防止灰浆渗入管道。管道四周应布置足够定位钢筋，确保预留管道位置正确，线形和顺。

④浇筑混凝土时，可以从前端开始，应尽量对称平衡浇筑。浇筑时应加强振捣，并注意对预应力预留管道的保护。

⑤为提高混凝土早期强度，以加快施工速度，在设计混凝土配合比时，一般加入早强剂或减水剂。混凝土梁段浇筑一般以5~7d为一个周期。为防止混凝土出现过大的收缩、徐变，应在配合比设计时按规范要求控制水泥用量。

⑥梁段拆模后，应对梁端的混凝土表面进行凿毛处理，以加强接头混凝土的连接。

⑦箱梁梁段混凝土浇筑，一般采用一次浇筑法，在箱梁顶板中部留一窗口，混凝土由窗口注入箱内，再分布到底模上。当箱梁断面较大时，考虑梁段混凝土数量较多，每个节段可分两次浇筑，先浇筑底板到肋板倒角以上，待底板混凝土达一定强度后，再支内模，浇筑肋板上段和顶板。其接缝按施工缝要求进行处理。

⑧箱梁梁段分次浇筑混凝土时，为了不使后浇混凝土的重力引起挂篮变形，导致先

浇混凝土开裂，要有消除后浇混凝土引起挂篮变形的措施。当挂篮就位后，即可在上面进行梁段悬臂浇筑施工的各项作业。

（6）结构体系转换

悬臂梁桥及连续梁桥采用悬臂施工法。在结构体系转换时，为保证施工阶段的稳定，一般边跨先"合龙"，释放梁墩锚固，结构由双悬臂状态变成单悬臂状态，最后跨中"合龙"，形成连续梁受力状态。这中间就存在体系转换。

（7）"合龙"段施工

"合龙"段施工时通常由两个挂篮向一个挂篮过渡，所以先拆除一个挂篮，用另一个挂篮走行跨过"合龙"段至另一端悬臂施工梁段上，形成"合龙"段施工支架。也可采用吊架的形式形成支架。

在"合龙"段施工过程中，由于受昼夜温差，现浇混凝土的早期收缩、水化热，已完成梁段混凝土的收缩、徐变，结构体系的转换及施工荷载等因素影响，因此，需采取必要措施，以保证"合龙"段的质量。

（8）施工控制

悬臂浇筑施工控制是桥梁施工中的一个难点，控制不好，两端悬臂浇注至"合龙"时，梁底高程误差会大大超出允许范围（公路桥梁挠度允许误差为 20 mm，轴线允许偏位 10 mm），既对结构受力不利，又因梁底曲线产生转折点而影响美观，形成永久性缺陷。

悬臂浇筑大跨径桥梁施工过程中，由于有许多因素的影响，施工中的实际结构状态将偏离预定的目标，这种偏差严重的将影响结构的使用。为了使悬臂浇筑状态尽可能达到预定的目标，必须在施工过程中逐段进行跟踪控制和调整。采用计算机程序控制，可提高控制速度和精度。

4. 拱桥的悬臂拼装施工

悬臂拼装施工方法仍属无支架施工，它是利用一具简易的钢制人字吊架进行拱肋拼装。吊架先支承在桥墩上，吊装第一组框架就位后用临时钢拉杆与墩顶的混凝土锚固墙联结牢固，即可拆除吊架，然后把吊架移到第一框架的前端吊装第二组框架。采用这种悬拼方法，框架稳定性好，操作安全可靠。

5. 预应力混凝土斜拉桥悬臂拼装施工

预应力混凝土斜拉桥悬臂拼装施工法是先在塔柱区现浇一段放置起吊设备的起始梁段，然后用适宜的起吊设备从塔柱两侧依次对称安装预制节段，使悬臂不断伸长直到"合龙"。非塔、梁、墩固结的斜拉桥采用悬臂拼装法施工时，需采取临时固结措施，方法与悬臂浇筑法相同。

（1）特点及适用条件

悬臂拼装法由于主梁是预制的，墩塔与梁可平行施工，因此可以缩短施工周期，加快施工速度，减少高空作业。主梁预制混凝土龄期较长，收缩和徐变影响小，梁段的断面尺寸和浇筑质量容易得到保证。但该法需配备一定的吊装设备和运输设备，要有适当的预制场地和运输方式，安装精度要求较高。

（2）梁段的预制、移动及整修

主梁在预制场的预制应考虑安装顺序，以便于运输。预制台座按设计要求设置预拱度，各梁段依次串联预制，以保证各梁段相对位置及斜拉索与预应力管道的相对尺寸。预制块件的长度划分以梁上水平索距为标准，并根据起吊能力决定，采用一个索距或将一个索距梁段分为有索块和无索块两个节段预制安装。块件的预制工序、移运和整修均与一般预制构件相同。

（3）块件拼装基本程序

①主梁预制块件按先后顺序，从预制场通过轨道或驳船运至桥下吊装位置。

②通过起吊工具将块件提升至安装标高。

③进行块件连接与接缝处理，接头有干接头和湿接头两种，与一般梁式桥悬拼类似。

④张拉纵向预应力筋。

⑤进行斜拉索的挂索与张拉，并调整标高。

对于一个索段主梁分两个节段预制拼装的，一般情况下，安装有索块后，挂索并初张至主梁基本返回设计线，再安装无索块。

（4）块件拼装施工方法

斜拉桥主梁悬臂拼装常用的起重设备为悬臂起重机、缆索起重机、大型浮吊、千斤顶及各种自制起重机，并可结合挂篮进行悬臂拼装工作。

由于斜拉桥主梁相对于一般梁桥主梁的高度较小，有些自重较大的起重机难以满足施工荷载的要求，因此在选用悬拼起吊设备时需遵循自重轻、结构强度高、稳定性好的原则。

（5）质量保证措施

①严格按照设计和规范要求进行悬拼施工。

②悬拼施工时主要控制主梁悬拼块件和相邻已成梁段的相对高差，使之与设计给定的相对高差吻合，以保持主梁线形与设计相符。控制办法采用标高和索力双控，当标高和索力与设计值不符时，以标高控制为主，依靠斜拉索索力使主梁的标高与设计值吻合。

（四）顶推法施工

顶推法是预应力混凝土连续梁桥常用的施工方法，适用于中等跨径、等截面的直线或曲线桥梁。顶推法施工是沿桥轴方向，在台后开辟预制场地，分节段预制梁身并用纵向预应力筋将各节段连成整体，然后通过水平液压千斤顶施力，借助不锈钢板与聚四氟乙烯模压板组成的滑动装置，将梁段向对岸推进。这样分段预制，逐段顶推，待全部顶推就位后，落梁、更换正式支座，就可完成桥梁施工。

1. 顶推施工时梁的内力分析、力筋布置与施工验算

（1）顶推施工时梁的内力

预应力混凝土连续梁桥在营运状态下的内力为支点截面有一个最大的负弯矩峰值，在跨中附近出现最大正弯矩；而在顶推施工中，由于梁的内力控制截面的位置在不断地变化，因此梁的每一个截面内力也在不断地变化。虽然在施工时的荷载仅为梁的自重和施工荷载，其内力峰值没有桥梁在营运状态时的峰值大，但每一截面的内力为正负弯矩交叉出现，其中在第一孔出现较大的正负弯矩峰值，之后各孔的正负弯矩值较稳定，而到顶推的末尾几孔的弯矩值较小。

（2）力筋布置

预应力混凝土连续梁桥的纵向力筋可分三种类型：第一种是兼顾营运与施工要求所需的力筋；第二种是施工阶段要求配置的力筋；第三种是在施工完成之后，为满足营运阶段需要而增加的力筋。

（3）施工验算的内容与要求

采用顶推法施工，需要进行的施工验算主要有以下几种。

①各截面的施工内力计算和强度验算：将每跨梁分为 10～15 等份，计算各截面在不同施工状态所产生的内力。验算的荷载有梁的自重、机具设备重力、预加力、顶推力和地震力等，同时还要考虑对梁施加的上顶力、顶推时梁底不平以及临时墩的弹性压缩对梁产生的内力影响。在施工验算时，可不考虑混凝土的收缩、徐变二次力、温度内力等。如果在顶推施工中使用钢导梁，应计入钢导梁的叠合作用，按变刚度梁进行内力计算。

梁的施工内力计算可结合梁在营运阶段的内力计算同时进行，按不同阶段计算各截面的内力。需注意的是：施工阶段内力计算的截面要多些。当桥梁的纵向力筋布置之后，可同时进行施工阶段和营运阶段的强度验算。

②顶推过程中的稳定计算：

第一，主梁顶推时的倾覆稳定计算。施工时可能发生倾覆失稳的最不利状态发生在顶推初期，导梁或箱梁尚未进入前方桥墩，呈最大悬臂状态时。要求在最不利状态下的倾覆安全系数要大于或等于1.2。当不能保证有足够的安全系数时，应考虑采取加大锚固长度或在跨间增设临时墩的措施。

第二，主梁顶推时的滑动稳定计算。在顶推初期，由于顶推滑动装置的摩擦系数很小，抗滑能力很弱，当梁受到一个不大的水平力时，很可能发生滑动失稳。特别是地震区的桥梁和具有较大纵坡的桥梁，更要注意计算各阶段的滑动稳定，满足大于或等于1-2的安全系数。

③钢索引伸量的计算：在各施工阶段，张拉预应力筋采用"双控"，需要验算各钢索张拉后的引伸量，用以控制钢索的张拉应力。

④施工中临时结构的设计与计算：采用顶推法施工时：可能在梁的前端设置钢导梁，在桥墩间设置临时支墩，或是其他临时设施，如预制台座、拉索等。这些临时结构均需要进行设计和内力计算，确定结构形式、材料规格、数量以及连接的方式。对于多次周转使用的临时结构，其容许应力和强度不予提高。

⑤确定顶推设备、计算顶推力：根据施工的各阶段计算顶推力。计算时应按实际的摩擦系数、桥梁纵坡和施工条件进行计算。

在计算顶推力时，如果顶推梁段在桥台后连有台座、台车等需同时顶推向前时，也应计入这一部分影响。

有了所需的顶推力，即可根据所采用的顶推施工方法，确定施工中所需的机具、设备(规格、型号和数量)和滑道设计,并进行立面、平面布置,确定顶推时的支撑。

⑥顶推过程中桥墩台的施工验算:在顶推过程中,对桥墩台将产生水平力及瞬时水平冲击力,需要计算各施工阶段墩台所承受的水平力。在顶推施工时,加在墩台和基础上的荷载与营运阶段不同,桥墩台的静力计算图式也不相同。顶推时,主梁在桥墩上滑动,作用在桥墩上的水平力取决于桥梁上部结构的重力、顶推坡度与滑动支座的摩擦系数。

对桥墩除进行强度和稳定验算外,在结构构造上还要满足布置滑移设备、顶推和导向设备所需的位置。

⑦顶推施工时梁的挠度计算:在顶推施工时,桥梁的结构图式在不断地变化,要求计算各施工阶段梁的挠度,用以校核施工精度和调整施工时梁的标高。这项工作十分重要。当计算结果与施工观测结果出现较大不符时,必须要查明原因,确定对策,以保证施工顺利进行。

2.顶推施工的方法

顶推法施工的主要关键是顶推作业,核心的问题在于应用有限的顶力将梁顶推就位。根据聚四氟乙烯的材料性可知,摩擦系数与垂直压强成反比,与滑动速度成正比。初始的静摩擦系数大于稳定后的静摩擦系数,静摩擦系数大于动摩擦系数。摩擦系数大小与四氟板厚度及不锈钢板的光洁度有关。顶推施工中所用的滑移设备与在转体施工采用的聚四氟乙烯转动设备相似。

顶推的施工方法多种多样,主要依照顶推的施工方法分类,同时也可由支承系统和顶推的方向来区分顶推的施工方法。

(1)单点顶推

顶推的装置集中在主梁预制场附近的桥台或桥墩上,前方墩各支点上设置滑动支承。顶推装置又可分为两种:一种是由水平千斤顶通过沿箱梁两侧的牵动钢杆给预制梁一个顶推力;另一种是由水平千斤顶与竖直千斤顶联合使用,顶推预制梁前进。它的施工程序为顶梁、推移、落下竖直千斤顶和收回水平千斤顶的活塞杆。

滑道支承设置在墩上的混凝土临时垫块上,它由光滑的不锈钢板与组合的聚四氟乙烯滑块组成,其中的滑块由四氟板与具有加劲钢板的橡胶块构成,外形尺寸有420 mm×420 mm、200 m×400 mm、500 mm×200 mm等数种,厚度也有40 mm、31 mm、21 mm之分。顶推时,组合的聚四氟乙烯滑块在不锈钢板上滑动,并在前方滑出,通过在滑道后方不断喂入滑块,带动梁身前进。

顶推时,升起竖直顶活塞,使临时支承卸载,开动水平千斤顶去顶推竖直顶,由于竖直顶下面设有滑道,顶的上端装有一块橡胶板,即竖直千斤顶在前进过程中带动梁体向前移动。当水平千斤顶达到最大行程时,降下竖直顶活塞,使梁体落在临时支承上,收回水平顶活塞,带动竖直顶后移,回到原来位置,如此反复不断地将梁顶推到设计位置。

（2）多点顶推

在每个墩台上设置一对小吨位（400～800 kN）的水平千斤顶，将集中的顶推力分散到各墩上。由于利用水平千斤顶传给墩台的反力来平衡梁体滑移时在桥墩上产生的摩擦阻力，从而使桥墩在顶推过程中承受较小的水平力，因此可以在柔性墩上采用多点顶推施工。同时，多点顶推所需的顶推设备吨位小，容易获得。在顶推设备方面，国内一般较多采用拉杆式顶推方案，每个墩位上设置一对液压穿心式水平千斤顶，每侧的拉杆使用一根或两根 φ25 mm 高强螺纹钢筋，它的前端通过锥形楔块固定在水平顶活塞杆的头部，另一端使用特制的拉锚器、锚定板等连接器与箱梁连接，水平千斤顶固定在墩身特制的台座上，同时在梁位下设置滑板和滑块。当水平千斤顶施顶时，带动箱梁在滑道上向前滑动。

多点顶推装置由竖向千斤顶、水平千斤顶和滑移支承组成。施工程序为：落梁、顶推、升梁和收回水平千斤顶的活塞，拉回支承块，如此反复作业。多点顶推施工的关键在于同步。

第二节　钢桥施工

一、钢构件的制作

钢构件的制作主要包括下列工艺过程：作样、号料、切割、零件矫正和弯曲、制孔、组装、焊接、杆件矫正、结构试拼装、除锈和涂漆等。

（一）作样

1. 作样定义

根据施工图制作样板或样条的工作叫作样。利用样板或样条可在钢料上标出切割线及栓孔位置。

2. 样板

一般构件用普通样板，它可用薄铁皮或 0.3～0.5 mm 的薄钢板制作。对于精度要求高的桥梁，栓孔可采用机器样板钻制。

3. 样条

用 2～3 cm 宽的钢条做成的样板叫样条，它适用于较长的角钢、槽钢及钢板的号料。

（二）号料

利用样板、样条在钢材上把零件的切割线画出，称为号料。号料使用样板、样条而不直接使用钢尺，这是为了避免出现不同的尺寸误差，而使钉孔错位。号料的精确度应和放样的精度相同。

(三) 切割

钢料的切割方法有剪切、焰切、联合剪冲和锯切四种。

剪切是使用剪切机进行的，对于 16 Mn 钢板，目前可切厚度在 16～20 mm。

对于一般剪切机不能剪切的厚钢板，或因形状复杂不能剪切的板材都可采用焰切。焰切分手工切割、半自动切割和自动切割机切割。

联合剪冲用于角钢的剪切。目前联合剪冲机可剪切的最大角钢为∠125×125×12。

锯切主要用于对槽钢、工字钢、管材及大型角钢，锯切的工具为圆锯机。

(四) 矫正

由于钢材在轧制、运输、切割等过程中可能会产生变形，因此需要进行矫正。

(五) 制孔

制孔是借助样板或样条，用样冲在钢料上打上冲点，以表示钉孔的位置。如果采用机器样板则不必进行制孔。制孔的一般过程为：画线钻孔→扩孔套钻→机器样板钻孔→数控程序钻床钻孔。

(六) 组装

组装是按图纸把制备完成的半成品或零件拼装成部件、构件的工序。构件组装前应对连接表面及焊缝边缘 30～50 mm 范围内进行清理，应将铁锈、氧化铁皮、油污、水分等清除干净。

(七) 焊接

钢桥采用的焊接方法有自动焊、半自动焊和手工焊三种。焊接质量在很大程度上取决确定焊接工艺。焊接完毕后应检查焊缝质量。

(八) 试拼装

栓焊钢梁某些部件，由于运输和架设能力的限制，必须在工地进行拼装。运送工地的各部件，在出厂之前应进行试拼装，以验证工艺装备是否精确可靠。

二、钢桥的安装

(一) 悬臂拼装法

悬臂安装是在桥位上拼装钢梁时，不用临时膺架支承，而是将杆件逐根地依次拼装在平衡梁上或已拼好的部分钢梁上，形成向桥孔中逐渐增长的悬臂，直至拼至次一墩（台）上。这称为全悬臂拼装。

若在桥孔中设置一个或一个以上临时支承进行悬臂拼装时称为半悬臂拼装。用悬臂法安装多孔钢梁时，第一孔钢梁多用半悬臂法进行安装。

钢梁在悬臂安装过程中，值得注意的关键问题是：①降低钢梁的安装应力；②伸臂端挠度的控制；③减少悬臂孔的施工荷载；④保证钢梁拼装时的稳定性。

1. 杆件预拼

由桥梁工厂按材料发送表发往工地的都是单根杆件和一些拼接件，为了减少拼装钢梁时桥上的高空作业，减少吊装次数，通常将各个杆件预先拼装成吊装单元，把能在桥下进行的工作尽量在桥下预拼场内进行，以期加快施工进度。

2. 钢梁杆件拼装

由预拼场预拼好的钢梁杆件经检查合格后，即可按拼装顺序先后运至提升站，由提升站起重机把杆件提运至在钢梁下弦平面运行的平板车上，由牵引车运至拼梁起重机下拼装就位。拼梁起重机通常安放在上弦，遇到上弦为曲弦时，也可安放在下弦平面。

在拼装工作中，应随时测量钢梁的立面和平面位置是否正确，钢梁安装偏差的容许值参见《铁路钢桁梁拼装及架设施工技术规则》。

3. 高强度螺栓施工

在高强度螺栓施工中，目前常用的控制螺栓的预拉力方法是扭角法和扭矩系数法。安装高强度螺栓时应设法保证各螺栓中的预拉力达到其规定值，避免超拉或欠拉。

4. 安装临时支撑布置

临时支撑主要类型有临时活动支座、临时固定支座、永久活动支座、永久固定支座、保险支座、接引支座等，这些支座随拼梁阶段变化与作业程序的变化将互相更换交替使用。

5. 钢梁纵移

钢梁在悬臂拼装过程中，由于梁的自重引起的变形、温度变化的影响、制造误差、临时支座的摩擦阻力对钢梁变形的影响等因素所引起的钢梁纵向长度几何尺寸的偏差，致使钢梁各支点不能按设计位置落在各桥墩上，使桥墩偏载。为了调整这一误差至允许范围内，钢梁需要纵移。

6. 钢梁的横移

钢梁在伸臂安装过程中，由于受日光偏照和偏载的影响，加之杆件本身的制造误差，钢梁中线位置会随时改变，有时偏向上游侧，有时偏向下游侧，以致到达墩顶后，钢梁不能准确地落在设计位置上，造成对桥墩偏载。为此必须进行钢梁横移，使偏心在允许范围之内。

横移可用专用的横移设备，也可以根据情况采取临时措施。横移必须在拼装过程中逐孔进行。

（二）拖拉法架设钢梁

1. 半悬臂的纵向拖拉

根据被拖拉桥跨结构杆件的受力情况和结构本身稳定的要求，在拖拉过程中有时需要在永久性的墩（台）之间设置临时性的中间墩架，以承托被拖拉的桥跨结构。在水流较深，且水位稳定，又有浮运设备而搭设中间膺架不便时，可考虑采用中间浮运支撑的纵向拖拉。必须指出的是，船上支点的标高不易控制，所以要十分注意。

2. 全悬臂的纵向拖拉

全悬臂的纵向拖拉指在两个永久性墩（台）之间不设置任何临时中间支承的情况下的纵向拖拉架梁方法。

拖拉钢桁梁的滑道，可以布置在纵梁下，也可以布置在主桁下。纵梁中心距通常为2 m，主桁中心对单线梁通常为5.75 m。

牵引滑轮组根据计算牵引力设置。两副牵引滑车组应选用同样设备，以便控制两侧牵引前进速度一致。

当梁拖到设计位置后，拆除临时连接杆件及导梁、牵引设备等。拆除时应先将导梁或梁的前端适当顶高或落低，使连接杆件处于不受力状态，然后拆除连接栓钉。

拆除临时连接杆件和导梁等后，可以落梁。落梁时钢梁每端至少用两台千斤顶顶梁，以便交替拆除两侧枕木垛。

（三）膺架法拼组钢梁

在满布支架上拼组钢梁和在场地上拼组钢梁的技术要求基本一致，其工序可分为杆件预拼、场地及支架布置、钢梁拼装、钢梁铆合或栓合等几部分。

1. 杆件预拼

首先应将工厂发送到工地的钢梁的单根杆件和有关的拼接件在场地上预拼，拼组成吊装单元。

2. 支架和拼装场地布置

支架最好用万能杆件拼装。支架基础可用木桩基础。在较密实的地层上，当施工过程中不受水淹时，可整平夯实后密铺方木或木枕，在方木或木枕上固定支架支承梁。

支架顶面铺木、铺板，板面标高应低于支承垫石面，以便于梁落到支座上为度。根据钢梁设计位置，在每个钢梁节点处设木垛。木垛间留有千斤顶的位置，可供设置千斤顶调整节点的标高。木垛的最上一层用木楔，以便调整钢梁节点标高。

3. 钢梁拼装

钢梁拼装用的起重机类型很多，在支架上和场地上拼装钢梁可用万能杆件组成的龙门起重机，也可用轨道式起重机。

钢梁常用的拼装顺序有两种：一种是从梁的一端逐节向另一端拼装；另一种是先从一端拼装下弦桥面系和下平纵联到另一端，然后再从一端拼装桁架的腹杆、上弦杆、上平联及横联到另一端。

4. 钢梁栓合

钢梁拼装完毕后应根据精度的要求，经过复测检查调整后才能进行栓合。栓合的要求与悬臂法安装中的栓合相同。钢梁在支架上拼装组合完毕后，可落梁到支座上。支座位置应十分正确，必要时应调整支座高度。

（四）横移法施工

有些旧桥改建工程，只需要更换桥跨结构。在采用横移法换梁时，对于运输繁忙的线路，如何缩短线路封锁时间，是极为重要的问题。采取横移法的主要缺点是辅助结构工程量大，当孔数较多或桥高水深时，尤为显著。

（五）浮运法施工

浮运法施工是在桥位下游侧的岸上将钢梁拼铆（或栓合）成整孔后，利用码头把钢梁滚移到浮船上，再浮运至预定架设的桥孔上落梁就位。浮运支承主要由浮船、船上支架、浮船加固桁架以及各种系缚工具组成。

（六）有支架节段安装法

对曲线钢桥或异形钢桥，可采用分节段制造，在支架上拼装的施工方法。制造时把钢梁在其横截面方向划分成数个纵向节段，当桥宽时亦可再将纵向节段在桥梁纵向划分成横向分段。在现场则在钢梁纵向分段的横截面附近处设立临时支架，然后用吊机把梁节段按安装程序吊装就位，全部梁吊装固定后，即可落梁、卸架。纵向节段的划分主要由起重能力和运输条件决定，适当增长节段长度可减少临时支架数量。

三、吊桥（悬索桥）与斜拉桥的施工要点

（一）吊桥的施工要点

①吊桥亦称悬索桥。悬索桥施工包括锚碇施工、索塔施工、主缆（吊杆）施工和加劲梁施工几个主要部分。

②锚碇分重力式锚和隧道锚两种。锚碇（特别是重力式锚）一般均系大体积混凝土结构，施工按常规的方法进行。

③混凝土索塔通常采用滑模、爬模、翻模并配以塔吊或泵送浇筑。钢索塔一般为吊装施工。

④主缆架设主要有空中纺丝法（AS法）和预制平行索股法（PPWS法）两种。AS法是指以卷在卷筒上的单根通长钢丝为原料，采用移动纺丝轮在空中来回架设钢丝（纺丝）形成索股，进而形成主缆。PPWS法是指对主缆中的索股（索股中钢丝根数按设计规定有多有少）进行工厂预制，然后逐根架设索股。

⑤加劲梁的架设方法因加劲梁的构造形式不同而异。对桁架式加劲梁可采用单根杆件、桁架片或桁架段（节段）架设法，对箱形加劲梁或混凝土箱（板）加劲梁（对小跨悬索桥）则采用节段预制吊装法。加劲梁架设顺序有两种，即从主塔开始向两侧推进和从中跨和边跨桥墩（台）开始向主塔推进。

(二)斜拉桥的施工要点

①斜拉桥施工包括墩塔施工、主梁施工、斜拉索制作与安装三大部分。

②斜拉桥主梁施工一般可采用支架法、顶推法、转体法、悬臂浇筑和悬臂拼装(自架设)方法来进行。在实际工作中,对混凝土斜拉桥则以悬臂浇筑法居多,而对结合梁斜拉桥和钢斜拉桥则多采用悬臂拼装法。

③悬臂浇筑法是在塔柱两侧用挂篮对称逐段浇筑主梁混凝土直至"合龙"。目前使用较多的是前支点挂篮。前支点挂篮是将挂篮后端锚固在已浇梁段上,并将待浇段的斜拉索锚在挂篮前端,由斜拉索已浇梁段来共同承担待浇节段的混凝土重力,相当于将传统挂篮中的悬臂受力变为简支受力。不足之处是在浇筑一个节段混凝土过程中要分阶段调索,工艺复杂。

④悬臂拼装法是利用适宜的起吊设备从塔柱两侧逐节对称拼装梁体直至"合龙"。与悬臂浇筑一样,施工中对非塔、梁、墩固结的斜拉桥也要做出临时固结处理。

第九章 路基路面工程

第一节 路基工程施工

一、填方路基施工

(一) 路堤填筑施工

1. 土方路堤

填筑路堤宜采用水平分层填筑法施工。即按照横断面全宽分成水平层次逐层向上填筑。如原地面不平,应由最低处分层填起,每填一层,经过压实符合规定要求之后再填上一层。原地面纵坡大于12%的地段,可采用纵向分层法施工,沿纵坡分层,逐层填密压实。若填方分几个作业段施工,两段交接处不在同一时间填筑,则先填地段,应按1:1坡度分层留台阶。若两个地段同时填,则应分层相互交叠衔接,其搭接长度不得小于2 m。

当采用不同土质混合填筑路堤时,不同性质的土应分别填筑,不得混填,以免出现水囊或滑动面,每种填料层累计总厚度不宜小于0.5 m。以透水性较小的土填筑路堤下层时,应做成4%的双向横坡;如用于填筑上层时,除干旱地区外,不应覆盖在由透水性较好的土所填筑的路堤边坡上,以保证水分的蒸发和排出;凡不因潮湿或冻融影响而变更其体积的优良土应填在上层，强度较小的土应填在下层。

2. 填石路堤

填石路堤是指利用石料（包括大卵石）填筑的路堤。填石路堤的石料强度不应小于 15 MPa（用于护坡的不应小于 20 MPa）。填石路堤石料最大粒径不宜超过层厚的 2/3。

高速公路、一级公路和铺设高级路面的其他等级公路的填石路堤均应分层填筑，分层压实。二级及二级以下且铺设低等级路面的公路在陡峻山坡段施工特别困难或大量爆破以挖作填时，可采用倾填方式将石料填筑于路堤下部，但倾填路堤的路床底面下部小于 1.0 m 范围内仍应分层填筑压实。

高速公路及一级公路填石路堤路床顶面以下 50 cm 范围内应填筑符合路床要求的土并分层压实，填料最大粒径不得大于 10 cm。其他公路填石路堤路床顶面以下 30 cm 范围宜填筑符合路床要求的土并压实，填料最大粒径不应大于 15 cm。

3. 土石路堤

利用卵石土、块石土等天然土石混合材料修筑的路堤称为土石路堤。天然土石混合材料中所含石料强度大于 20 MPa 时，石块的最大粒度不得超过压实层厚的 2/3，超过的应清除；当所含石料为软质岩（强度小于 15 MPa）时，石料最大粒径不得超过压实层厚，超过的应打碎。

土石路堤不得采用倾填方法，应分层填筑，分层压实。每层铺填厚度应根据压实机械类型和规格确定，不宜超过 40 cm。其施工方法为：

（1）按填料渗水性能来确定填筑方法

压实后渗水性差异较大的土石混合料应分层或分段填筑，不宜纵向分幅填筑。如确需纵向分幅填筑，应将压实后渗水良好的土石混合料填筑于路堤两侧。

（2）按土石混合料不同来确定填筑方法

当土石混合料填料来自不同路段，其岩性或土石混合比相差较大时，应分层填筑。如不能分层或分段填筑，应将硬质石块的混合料铺筑于填筑层的下面，且石块不得过分集中或重叠，上面再铺含软质石料混合料，然后整平碾压。

（3）按填料中石含量来确定填筑方法

土石混合料中，当石料含量超过 70% 时，应先铺填大块石料，且大面向下，放置平稳，再铺小块石料、石渣或石屑嵌缝找平，然后碾压；当石料含量小于 70% 时，土石可混合铺填，但应避免硬质石块（特别是尺寸大的硬质石块）集中。

高速公路及一级公路土石路堤的路床顶面以下 30～50 cm 范围内应填筑符合路床要求的土并分层压实，填料最大粒径不大于 10 cm。其他公路填筑砂类厚度应为 30 cm，最大粒径不大于 15 cm。

（4）高填方路堤

水稻田或长年积水地带，用细粒土填筑路堤高度在 6 m 以上，其他地带填土或填石路堤高度在 20 m 以上时，属于高填方路堤。

高填方路堤在施工前按规定进行原地面清理后，如地基土的强度不符合设计要求，应按特殊路基要求进行加固处理。高填方路堤，应严格按设计边坡填筑，不得缺填，每层填筑厚度，根据所采用的填料，按前述几种路堤的规定执行；如填料来源不同，其性质相差较大时，应分层填筑，不应分段或纵向分幅填筑。高填方路堤受水浸淹部分，应采用水稳性高及渗水性好的填料，其边坡比不宜小于1：2。

（二）桥涵及其他构造物处的填筑

桥涵及其他构造物处的填筑，主要包括桥台台背、涵洞两侧及涵顶、挡土墙墙背的填筑。在施工过程中，既要保证不损害构造物，又要保证填筑质量，避免由于路基沉陷而发生跳车，影响行车的安全性和舒适性。因此必须选择合理的施工措施和施工方法。

回填土工作必须在隐蔽工程验收合格后进行。

1. 填料

桥涵及其他构造物处的填料，除设计文件另有规定外，应采用砂类土或渗水土。当采用非透水性土时，应在土中增加外掺剂如石灰、水泥等。特别注意的是，不要将构造物基础挖出的土混入填料中。

2. 桥涵填土的范围

台背填土顺路线方向长度，顶部距翼墙尾端不小于台高加2 m；底部距基础内缘不小于2 m；拱桥台背填土长度不应小于台高的3～4倍；涵洞填土长度每侧不应小于2倍孔径长度；填筑高度应从路堤顶面起向下计算，在冰冻地区一般不小于2.5 m，无冰冻地区填至高水位处。

3. 填筑

桥台背后填土宜与锥坡填土同时进行。涵洞缺口填土，应在两侧对称均匀分层回填压实。如使用机械回填，则涵台胸腔部分及检查井周围应先用小型压实机械压实填好后，方可用机械进行大面积回填。涵顶面填土压实厚度大于50 cm时，方可通过重型机械和汽车。

挡墙填料宜选用砾石土或砂类土。墙趾部分的基坑，应及时回填压实，并做成向外倾斜的横坡。填土过程中，应防止水的侵害。回填结束后，顶部应及时封闭。

二、挖方路基施工

低于原地面的挖方路基称为路堑。路堑开挖施工，就是按设计要求进行挖掘，将挖掘出的土方运输到路堤进行填筑或运输到场外进行堆弃。处于地壳表层的挖方路堑边坡，在施工过程中会受到自然和人为因素等影响，比路堤边坡更容易发生变形和破坏。

（一）土方路堑施工

土方路堑开挖，应根据路堑深度、纵向长度、现场施工条件和开挖机械等因素来确定，具体包括下列几种方式。

1. 横挖法

横挖法是以路堑整个横断面的宽度和深度,从一端或两端逐渐向前开挖的方式。本法适用于短而深的路堑。

(1) 单层横向全宽挖掘法

单层横向全宽挖掘法即一次挖掘到设计标高,逐渐向纵深挖掘,挖出的土方向两侧运送。这种开挖方式适用于开挖深度小且较短的路堑。

(2) 多层横向全宽挖掘法

多层横向全宽挖掘法即从开挖的一端或两端按横断面分层挖至设计标高。这种方法适用于开挖深度大且较短的路堑。每层挖掘深度可根据施工安全和方便而定。人工横挖法施工时,每层台阶深度为1.5~2 m;机械横挖法施工时,每层台阶深度为3~4 m。

2. 纵挖法

沿路堑纵向进行路堑开掘的施工方法称为纵挖法。根据施工过程中的开挖程序的不同可以分为分层纵挖法、通道纵挖法和分段纵挖法。

(1) 分层纵挖法

沿路堑全宽以深度不大的纵向分层挖掘前进时称为分层纵挖法。本法适用于较长的路堑开挖。

(2) 通道纵挖法

先沿路堑纵向挖掘一通道,然后将通道向两侧拓宽。上层通道拓宽至路堑边坡后,再开挖下层通道,如此向纵深开挖至路基顶面标高。本法适用于路堑较长、较深,两端地面纵坡较小的路堑开挖。

(3) 分段纵挖法

沿路堑纵向选择一个或几个适宜处,将较薄一侧路堑横向挖穿,使路堑分成两段或数段,各段再纵向开挖称为分段纵挖法。本法适用于路堑过长,弃土运距过远的傍山路堑,或一侧堑壁不厚的路堑开挖。

3. 混合式开挖法

当路线纵向长度和挖深都很大时,宜采用混合式开挖法,即将横挖法与通道纵挖法混合使用。先沿路堑纵向挖通道,然后沿横向坡面挖掘,以增加开挖坡面。每一坡面应设置一个施工小组或一台机械作业。

(二) 岩石路堑的施工

在路堑施工中,当路线通过山区、丘陵及傍山沿溪地段时,往往会遇到集中或分散的岩石区域,因此,就必须进行石方的破碎、挖掘作业。开挖石方应根据岩石的类别、风化程度和节理发育程度等确定开挖方式。对于软石和强风化岩石,能用机械直接开挖的应采用机械开挖,也可人工开挖。凡不能使用机械或人工直接开挖的石方,则应采用爆破法开挖和松土法开挖。进行爆破作业时必须由经过专业培训并取得爆破证书的专业人员施爆。松土法开挖就是利用岩体自身存在的各种裂面和结构面,用推土机牵引的松土器将岩土翻碎，再用推土机或装载机与自卸汽车配合，将翻松了的岩块搬运出去。松土法避免了爆破法所具有的危险性，而且有利于开挖边坡的稳定及附近建筑物的安全。随着推土机和松土器的大型化，能够采用松土法施工的范围将会逐步扩大。从国外的工程实践及发展趋势看，只要能够使用松土法施工的场合，就应尽量不用爆破法施工。

（三）深挖路堑的施工

路堑边坡高度等于或大于 20 m 时称为深挖路堑。

1. 土质路堑的施工

深挖路堑的边坡应严格按照设计坡度施工。若边坡实际土质与设计勘探的地质资料不符，特别是土质较设计得松散时，应向有关方面提出修改设计的意见，经批准后才能实施。

施工土质边坡时，宜每隔 6～10 m 高度设置平台，平台宽度对于人工施工的不宜小于 2 m，对于机械施工的不宜小于 3 m。平台表面横向坡度应向内倾斜，坡度为 0.5%～1%；纵向坡度宜与路线纵坡平行。平台上的排水设施应与排水系统相通。在施工过程中如修建平台后边坡仍然不能稳定或大雨后立即坍塌时，应考虑修建石砌护坡，在边坡上植草皮或做挡土墙等防护措施。施工过程中边坡上渗出地下水时，应根据地下水渗出的位置、流量，按照相关规定，修建地下排水设施。

土质单边坡路堑的施工方法可采用多层横向全宽挖掘法，土质双边坡深路堑的施工宜采用分层纵挖法和通道纵挖法。若路堑纵向长度较大，一侧边坡的土壁厚度和高度不大时，可采用分段纵挖法。施工机械可采用推土机或推土机配合铲运机。当弃土运距较远超过铲运机的经济运距时，可采用挖掘机配合自卸汽车作业或采用推土机、装载机配合自卸汽车作业。

2. 石质路堑的施工

石质深挖路堑禁止使用大爆破施工方案。只有当路线穿过孤独山丘，开挖后边坡不高于 6 m，且根据岩石产状和风化程度，确认开挖后，边坡稳定，方可考虑大爆破方案。

单边坡石质深挖路堑的施工宜采用深粗炮眼、分层、多排、多药量、群炮、光面、微差爆破的方案。双边坡石质深挖路堑的施工可采用纵向挖掘法，应分层在横断面中部开挖出每层通道，然后横断面两侧按照单边坡石质深挖路堑的方法施工。

三、特殊地区路基的施工

（一）软土及泥沼地区路基施工

所谓软土是指强度低、压缩性较高的软弱土层，多数含有一定的有机物质，在我国的沿海、沿湖、沿河地段分布广泛。而把有机质含量很高的泥炭、泥炭质土总称为泥沼。泥沼比软土具有更大的压缩性，但它的渗透性强，受荷后能够迅速固结，工程处理比较容易。所以主要讨论天然强度低、压缩性高且透水性小的软土上的路基施工。由于软土强度低、沉降量大，往往给道路工程带来很大的危害，如处理不当，会给公路的施工和使用造成很大影响。软土根据特征，可划分为：软黏性土、淤泥、淤泥质土、泥炭及泥炭质土五种类型。路基中常见的软土，一般是指处于软塑或者流塑状态下的黏性土。其特点是天然含水量大、孔隙比大、压缩系数高、强度低，并具有蠕变性、触变性等特殊的工程地质性质，工程地质条件较差。选用软土作为路基应用，必须采取切实可行的技术措施。

当路堤经稳定性验算或沉降计算不能满足设计要求时，必须对软土地基进行加固。加固的方法很多，常用的有效处理方法有以下几种。

1. 砂垫层法

砂垫层法就是在软湿地基上铺30～50 cm厚的排水层，有利于软湿表层的固结，并形成填土的底层排水。它可以提高地基的强度，使施工机械通过，是改善施工时重型机械的作业条件。

砂垫层材料，一般采用透水性较好的中砂及粗砂，为了防止砂垫层被细粒土所污染造成堵塞，在砂垫层上下两侧应设置反滤层。砂垫层不宜采用细砂及粉砂，材料的含泥量不超过3%，且无杂质和有机物的混入。

2. 预压法

预压法又称预固结法，是在修筑路堤前先对路基施加压力使其排水固结，完成一定的沉降量并产生一定的强度增长的处理方法。预压处理时，按所施加的预压荷载与公路工程荷载的大小关系，分为欠载预压、等载预压和超载预压三种形式。预压荷载大于公路工程荷载时称为超载预压。为达到较好的加固效果，应采用超载预压或等载预压法。预压时，软土路基在路堤中间是沿竖直方向排水的，软土固结稳定所需的时间和最远排水距离的平方成正比。当软土厚度很厚或预压工期较短时，可采用砂井堆载预压法，即在软土层中加设竖向砂井或塑料排水板，以增加软土中的排水通道，缩小最远排水距离，从而加速软土路基的排水固结，以在较短时间内达到较高的固结度。

3. 复合地基加固法

复合地基加固法，是在软土地基中设置加筋材料做增强体，由土体和增强体相互作用、共同承担荷载的地基处理方法。按所设增强体的材料划分，软土路基加固工程中常用的有水泥土桩加固法，砂桩、碎石桩加固法。水泥土桩是通过施工设备将水泥与原状的软土充分拌和而形成的水泥土柱。其作用是对软土进行挤密和分担部分荷载。从施工工艺上看，水泥土桩可以通过粉体喷射、深层搅拌、高压旋喷、注浆及灌浆等方法施工。砂桩、碎石桩加固法是将砂或碎石填充到软土地基的预成孔中，或采用振冲设备将砂或碎石填充到软土地基中，从而形成具有一定密实度的砂桩或碎石桩的加固方法。砂桩、碎石桩复合地基中，砂桩和碎石桩除对软土具有挤密和分担荷载的作用外，还可以为软土中的竖向排水通道，起到加速软土路基排水固结、提前完成剩余沉降的作用。

4. 土工聚合物法

用土工聚合物加固软土地基是20世纪80年代中后期发展起来的一种新技术。在软土地基表层铺设一层或多层土工聚合物具有排水、隔离、应力分散、加筋补强等特点。

5. 反压护道法

反压护道法是在路堤两侧填筑一定宽度和高度的护道，控制路堤下的淤泥或淤泥质土向两侧隆起而平衡路基的稳定。反压护道法加固路基虽然施工简便，不需要特殊的机械设备，但占地较多，用土量大，后期沉降量大，且只能解决软土地基路堤的稳定。

反压护道一般采用单级形式，由于反压护道本身的高度不能超过极限高度，因此一般使用与路堤高度不大于5/3-2倍极限高度的软土处理，且泥沼不宜采用。反压护道的高度一般为路堤高度的1/2～1/3，且不得超过天然地基所允许的极限高度。反压护道的宽度一般用稳定分析法通过稳定性验算确定。

（二）其他特殊地区路基的施工

1. 滑坡地区路基施工

岩质或土质边坡在一定的地形地貌、岩土性质和地质条件下，由于地表或地下水的作用，或受地震、爆破、切坡、堆载等影响，失去原有的稳定状态，沿着斜坡的方向向下发生整体或局部滑动，这种现象称为滑坡。滑坡是山区公路的主要病害之一，在山区路基中相当普遍。

对于滑坡的处置，应分析滑坡的外表地形、滑动面、滑坡体的构造、滑动体的土质和饱水情况，以了解滑坡体的形式和形成的原因，根据公路路基通过滑坡体的位置、水文、地质等条件，充分考虑路基稳定的施工措施。还应积极采取下述有效的预防措施。

（1）地表排水

对于滑坡顶面的地表水，应采取截水沟等措施处理，不让地表水流入滑动面内。必须在滑动面以外修筑1～2条环形截水沟，对于滑坡体下部的地下水源应截断或排出。

对于挖方路基上边坡发生的滑坡，应修筑一条或数条环形水沟，但最近一条必须离滑动裂缝面最少5 m以外，以截断流向滑动面的水流。截水沟可采用砂浆封面或浆砌片石（块）修筑，滑坡上面裂缝需填土夯实，避免地表水继续渗入，或结合地形，修建树枝形及相互平行的渗水沟与支撑渗沟，将地表水及渗水迅速排走。

（2）地下排水

对滑坡体内的地下水应以疏干引出为原则。对于浅层滑坡，可在滑坡体内敷设渗沟，将地下水引出；对于深层滑坡，可沿着滑动面开凿涵洞，涵洞的洞壁上留设泄水孔，以利于地下水的排出。

（3）减重

减重是在滑坡体后缘挖出一定量的土体而使滑坡体稳定的一种做法。它适用于推动式滑坡和有错落转化的滑坡，但要求滑床上陡下缓，且滑坡体后缘及两侧的地层相对稳定，不致因刷方而引起滑坡向后及两侧发展。

（4）支挡工程

在滑坡体下部设置支挡结构是处治滑坡的有效措施。常用的支挡结构有重力式抗滑挡土墙和抗滑桩。

2. 黄土地区路基施工

黄土是一种特殊的黏性土，主要分布在昆仑山、祁连山、秦岭以北的干旱和半干旱地区。黄土根据沉积时代不同，可分为新黄土、老黄土和红色黄土。黄土的结构特点为大孔隙、多孔隙，节理发育，具有较强的崩解性和吸水膨胀性、失水收缩性。各类黄土的崩解性不同，新黄土遇水后会全部崩解，老黄土则要经过一段时间后才会全部崩解，红色黄土基本不崩解。黄土浸水后在外荷载或自重的作用下发生下沉现象称为湿陷，其本身结构破坏，强度降低。湿陷性黄体又可分为自重湿陷和非自重湿陷两类。

在黄土地区路基施工中，基底处理应按照设计要求和黄土的湿陷性进行。若基底为非湿陷性黄土，且无地下水活动时，可按一般黏性土地基进行基底处理，同时做好两侧的施工排水、防水措施。若地基为湿陷性黄土，应采取拦截、排除地表水的措施，防止地表水下渗，减少地基地层湿陷性下沉。其地下排水构造物与地面排水沟渠必须采取防渗措施。当地基土层具有强湿陷性或较高的压缩性，且容许承载力低于路堤自重压力时，应考虑地基在路堤自重和活载作用下所产生的压缩下沉。除采取防止地表水下渗的措施外，可考虑采用重锤夯实、石灰桩挤密加固、换填土等措施。

四、路基压实

路基压实的作用在于提高土体的密实度，调节路基水温状况，降低透水性，阻止水分积聚，减轻冻胀，避免翻浆；防止不均匀变形，保证路基在不利季节有足够的稳定性。路堤、路堑和路堤基底均应进行压实。

（一）土质路基的压实

1. 填方地段基底的压实

路堤基底应在填筑前进行压实。高速公路、一级公路和二级公路路堤基底的压实度不应小于93%；当路堤填土高度小于路床厚度（80 cm）时，基底的压实度不宜小于路床的压实度标准（95%）。

2. 填方路堤的压实

路基工程应采用机械压实。压实机械的选择应根据工程规模、场地大小、填料种类、压实度要求、气候条件、压实机械效率等因素综合考虑确定。

细粒土、砂类土和砾石土不论采用何种压实机械，均应在该种土的最佳含水量±2%以内压实。当土的实际含水量不位于上述范围内时，应均匀加水或将土摊开、晾干，使达到上述要求后方可进行压实。运输上路的土在摊平后，其含水量若接近压实最佳含水量时，应迅速压实。碾压前应对填土层的松铺厚度、平整度和含水量进行检查，符合要求后方可进行碾压。压实应根据现场压实试验提供的松铺厚度和控制压实遍数进行。经压实度检验合格后方可转入下道工序。不合格处应进行补压后再作检验，一直达到合格为止。高速公路和一级公路路基填土压实宜采用振动压路机或35～50 t轮胎压路机进行。采用振动压路机碾压时,第一遍应不振动静压,然后先慢后快,由弱振至强振。碾压行驶速度开始时宜用慢速,最大速度不宜超过 4 km/h;碾压时直线段由两边向中间,小半径曲线段由内侧向外侧,纵向进退式进行;横向接头对振动压路机一般重叠 0.4~0.5 m。对三轮压路机一般重叠后轮宽的 1/2,前后相邻两区段(碾压区段之前的平整预压区段和其后的检验区段)宜纵向重叠 1.0~1.5 m。应达到无漏压、无死角,确保碾压均匀。

用铲运机、推土机和自卸汽车推运土料填筑路堤时,应平整每层填土,且自中线向两边设置 2%~4% 的横向坡度,及时碾压,雨季施工更应注意。

3. 桥涵及其他构造物处填土的压实

桥台背后、涵洞两侧与顶部、锥坡与挡土墙等构造物背后的填土均应分层压实,分层检查,检查频率每 50 m^2 检验一点,不足 50 m^2 时至少检验一点,每点都应合格,每一压实松铺厚度不宜超过 20 cm。涵洞两侧的填土与压实和桥台背后与锥坡的填土与压实应对称或同时进行。各种填土的压实尽量采用小型的手扶振动夯或手扶振动压路机,但涵顶填土 50 cm 内应采用轻型静载压路机压实,以达到规定的压实度为准。高速公路和一级公路的桥台、涵身背后和涵洞顶部的填土压实度标准,从填方基底或涵洞顶部至路床顶面均为 95%,其他公路为 93%。

4. 路堑路基的压实

零填及路堑路基的压实,应符合压实标准。换填超过 30 cm 时,按压实度标准的 90% 执行。

(二)填石路堤的压实

填石路堤在压实之前,应用大型推土机摊平平整,个别不平处,应用人工配合以细石屑找平。填石路堤均应压实并宜选用工作质量 12 t 以上的重型振动压路机、工作质量 2.5 t 以上的夯锤或 25 t 以上的轮胎压路机压(夯)实。当缺乏上述的压实机具时,可采用重型静载光轮压路机压实并减少每层填筑厚度和减小石料粒径,其适宜的压实厚度应根据试验确定,但不得大于 50 cm。

填石路堤压实时的操作要求:应先压两侧(即靠路肩部分)后压中间,压实路线对于轮碾应纵向互相平行,反复碾压;对于夯锤应成弧形,当夯实密实程度达到要求后,再向后移动一夯锤位置;行与行之间应重叠 40~50 cm,前后相邻区段应重叠 100~150 cm。其余注意事项与土质路堤相同。

(三)土石路堤的压实

土石路堤的压实方法和技术要求,应根据混合料中巨粒土的含量多少确定。当巨粒土的含量大于 70% 时,应按填石路堤的方法和要求进行压实;当巨粒土的含量小于 50% 时,应按填土路堤的方法和要求进行压实。

（四）高填方路堤的压实

由于高填方路堤的基底承受很大的荷载，因此应对高填方路堤的基底进行场地清理，并按照设计要求对基底承压强度进行压实，设计无要求时，基底的压实度不小于90%。当地基松软仅依靠对原土压实且不能满足设计要求的承压强度时，应进行地基改善加固处理，以达到设计要求。

高填方路堤的基底处于陡峻山坡上或谷底时，应按照规定进行挖台阶处理，并严格分层填筑、分层压实。当场地狭窄时，压实工作宜采用小型的手扶式振动压路机或振动夯进行。当场地较宽广时宜采用自行式自重为12 t以上的振动压路机碾压。高填方路堤分层压实松铺厚度和压实度与一般公路填方相同。

五、路基排水设施施工

水直接影响到路基的强度和稳定性，是形成路基病害的主要因素之一。因此，为了保持路基能经常处于干燥、坚固和稳定状态，必须将影响路基稳定的地面水予以拦截，并排除到路基范围之外，防止漫流、聚积和下渗。对于影响路基稳定的地下水，应予以截断、疏干、降低水位，并引导到路基范围以外。

（一）地面排水设施

地面水主要是指由降水形成的地面水流。地面水对路基既能形成冲刷和破坏，又能渗入路基，使土体软化，因此采用地面排水设施既能将可能停滞在路基范围的地面水迅速排出，又能防止路基范围以外的地面水流入路基内。

地面排水设施主要有边沟、截水沟、排水沟、跌水和急流槽、拦水带、蒸发池等。

1. 边沟

边沟是设置在挖方路基的路肩外侧或低路基的坡脚外侧，用于汇集和排除路基范围内及流向路基的小量地面水的沟槽。边沟的断面形式常采用梯形、三角形和矩形。一般情况下，土质边坡宜采用梯形；矮路堤或机械化施工时，采用三角形；当场地宽度受限制时，可采用石砌矩形。为了防止边沟漫溢或冲刷，在平原区和重丘山岭区，边沟应分段设置出水口，多雨地区梯形边沟每段长度不宜超过300 m，三角形边沟不宜超过200 m。

2. 截水沟

截水沟又称天沟，是设置在挖方路基边坡坡顶以外或山坡路堤上方，用于拦截路基上方流向路基的地面水，减轻边沟的水流负担，保护挖方边坡和填方坡脚不受水流冲刷和损害的人工沟渠。

截水沟的位置：在无弃土堆的情况下，截水沟的边缘离开挖方路基坡顶的距离视土质而定，以不影响边坡稳定为原则。如系一般土质至少应离开5 m，对黄土地区不应小于10 m并应进行防渗加固。截水沟挖出的土，可在路堑和截水沟之间修成土台并进行夯实，台顶应筑成2%倾向截水沟的横坡。路基上方有弃土堆时，截水沟应离开弃土堆坡脚1~5 m，弃土堆坡脚离开路基挖方坡顶不应小于10 m，弃土堆顶部应设2%的倾向截水沟的横坡。

山坡上路堤的截水沟离开路堤坡脚至少2 m，并用挖截水沟的土填在路堤和截水沟之间，修筑向沟倾斜坡度为2%的护坡道或土台，使路堤内侧地面水流向截水沟排出。截水沟长度超过500 m时应选择适当地点设出水口，将水引至山坡侧的自然沟中或桥涵进水口，截水沟必须有牢靠的出水口，必要时需设置排水沟、跌水或急流槽。截水沟的出水口必须与其他排水设施平顺衔接。为防止水流下渗和冲刷，截水沟应进行严密的防渗加固，地质不良地段和土质松软、透水性较大或裂隙较多的岩石路段，对沟底纵坡较大的土质截水沟及截水沟的出水口，均应采用加固措施防止渗漏和冲刷沟底及沟壁。

3. 排水沟

排水沟又称泄水沟，主要用于排除来自边沟、截水沟或其他水源的水流，并将水流引至就近桥涵或沟谷中去的排水设施。排水沟的线形要求平顺，尽可能采用直线形，转弯处宜做成弧线，其半径不宜小于10 m。排水沟长度根据实际需要而定，通常不宜超过500 m。排水沟沿路线布设时，应离路基尽可能远一些，距路基坡脚不宜小于3~4 m。

4. 跌水和急流槽

跌水是设置于需要排水的高差较大且距离较短或坡度陡峭地段的台阶形构筑物的排水设施，急流槽是具有很陡坡度的水槽。跌水和急流槽是山区公路常见的结构物。

跌水和急流槽必须用浆砌圬工结构，跌水的台阶高度可根据地形、地质等条件决定，多级台阶的各级高度可以不同，其高度与长度之比应和原地面坡度相适应。急流槽的纵坡不宜超过1:1.5，同时应与天然地面坡度相配合。当急流槽较长时，槽底可用几个纵坡，一般是上级较陡，向下逐渐放缓。当急流槽很长时，应分段砌筑，每段不宜超过10 m，接头用防水材料填塞，密实无空隙。

5. 拦水带

拦水带是路基横断面为路堤时路面表面水的排除方式，设置在路肩外侧处，目的是将路面表面水汇集在拦水带同路肩铺面（或者路肩和部分路面铺面）组成的浅三角形过水断面内，然后通过按一定间距设置的泄水口和急流槽集中排放到路堤坡脚外。

拦水缘石必须按设计位置安置就位。设拦水缘石路段的路肩宜适当加固。与高路堤急流槽连接处应设喇叭口。

（二）地下排水设施

当路基范围内露出地下水或地下水位较高，影响路基、路面强度或边坡稳定时，应设置地下排水设施加以排除。

常用的地下排水设施有暗沟（管）、渗沟、渗井、排水沟等。排水设施的类型、设置地点及尺寸应根据工程地质和水文地质条件确定。由于地下排水设备埋置于地面以下，不易维修，在路基建成后又难以查明失效情况，因此要求地下排水设施能牢固有效。

1. 排水沟和暗沟

当地下水位较高，潜水层埋藏不深时，可采用排水沟或暗沟截流地下水位，沟底宜埋入不透水层内，沟壁最下一排渗水沟（或裂缝）的底部宜高出沟底不小于0.2 m。排水沟可兼排地表水，在寒冷地区不宜用于排除地下水。

排水沟或暗沟设在路基旁侧时，宜沿路线方向布置；设在低洼地带或天然沟谷处时，宜顺山坡的沟谷走向布置。排水沟或暗沟采用混凝土浇筑或浆砌片石砌筑时，应在沟壁与含水底层接触面的高度处，设置一排或多排向沟中倾斜的渗水孔。沟壁外侧应填以粗粒透水材料或土工合成材料作反滤层。沿沟槽每隔10～15 m或当沟槽通过软硬岩层分界处时应设置伸缩缝或沉降缝。

2. 渗沟

为降低地下水位或拦截地下水，可在地面以下设置渗沟。渗沟有填石渗沟、管式渗沟和洞式渗沟三种形式，三种渗沟均应设置排水层（或管、洞）、反滤层和封闭层。渗沟的平面布置，除路基边沟下（或边沟旁）的渗沟应按路线方向布置外，用于截断地下水的渗沟轴线均宜布置成与渗流方向垂直。用作引水的渗沟应布置成条形或树枝形。

3. 渗井

当路基附近的地面水或浅层地下水无法排除，影响路基稳定时，可设置渗井，将地面水或地下水经渗井通过不透水层中的钻孔流入下层透水层中排出。

第二节　路面工程施工

一、沥青路面施工

（一）沥青路面的分类

沥青路面可分为沥青混凝土、热拌沥青碎石、乳化沥青碎石混合料、沥青贯入式和沥青处置五种类型。按强度构成原理可将沥青路面分为密实类和嵌挤类两大类。按施工工艺的不同，沥青路面又可分为层铺法、路拌法和厂拌法三大类。

（二）施工前的准备工作

施工前的准备工作主要有确定料源及进场材料的质量检验、施工机具设备选型与配套、修筑试验路段等。

1. 确定料源及进场材料的质量检验

对进场的沥青材料，应检验生产厂家所附的试验报告，检查装运数量、装运日期、订货数量、试验结果等，并对每批沥青进行抽样检测，试验中如有一项达不到规定要求时，应加倍抽样试验，如仍不合格时，则退货并索赔。沥青材料的试验项目有针入度、延度、软化点、薄膜加热、含蜡量、密度等。有时可根据合同要求增加其他非常规测试项目。确定石料料场，主要是检查石料的技术标准，如石料等级、饱水抗压强度、磨耗率、压碎值、磨光值和石料与沥青的黏结力等是否满足要求。进场的砂、石屑、矿粉应满足规定的要求。

2. 施工机械检查

施工前应对各种施工机械进行全面的检查，包括：拌和与运输设备的检查；洒油车的油泵系统、洒油管道、量油表、保温设备等的检查；矿料撒铺车的传动和液压调整系统的检查，并事先进行试撒，以便确定撒铺每一种规格矿料时应控制的间隙和行驶速度；摊铺机的规格和机械性能的检查；压路机的规格、主要性能和滚筒表面的磨损情况检查。

3. 铺筑试验路段

在理清路面修筑前，应按选定的机械设备和混合料配合比铺筑试验路段，主要研究合适的拌和时间与温度，摊铺温度与速度，压实机械的合理组合、压实温度和压实方法，松铺系数，合适的作业段长度等。并在理清混合料压实12 h后，按标准方法进行密实度、厚度的抽样，全面检查施工质量，系统总结，以便指导施工。

（三）洒铺法沥青路面面层的施工

用洒铺法施工的沥青路面面层有沥青表面处置和沥青贯入式两种。

1. 沥青表面处置路面

沥青表面处置路面是用沥青和细粒矿料按层铺施工成厚度不超过30 mm的薄层路面面层。由于处置层很薄，一般不起提高路面强度的作用，主要是用来抵抗行车的磨损和大气作用，增强防水性，提高平整度，改善路面的行车条件。

沥青表面处置通常采用层铺法施工。按照撒布沥青和铺撒矿料的层次多少，沥青表面处置可分为单层式、双层式和三层式三种。沥青表面处置路面面层的施工过程如下：

（1）清理基层

在沥青表面处置之前，应将路面基层清扫干净，使基层矿料大部分外露，并保持干燥。对有坑槽、不平整的路段应先修补和整平。如基层强度不足，应先予以补强。

（2）浇洒透层沥青

在清扫干净的碎（砾）石路面和水泥、石灰、粉煤灰等无机结合料稳定土或粒料的半刚性基层上铺筑沥青表面处治时，必须喷洒透层沥青。在旧沥青路面、水泥混凝土路面、块石路面上铺筑沥青表面处治路面时，可在第一层沥青用量中增加10% ~ 20%，不再另洒透层油或黏层油。

（3）洒布沥青

洒布第一层沥青。沥青的洒布温度根据气温及沥青标号选择，石油沥青宜为130 ~ 170℃，煤沥青宜为80 ~ 120℃，乳化沥青在常温下洒布，加温洒布的乳液温度不得超过60℃。洒布时要均匀，不应有空白或积聚现象。

（4）铺撒矿料

铺撒主层沥青后应趁热用集料撒布机或人工撒布第一层主集料并按规定一次撒足。

(5) 碾压

撒布主集料后，不必等全段撒布完，立即用 6~8 t 钢筒双轮压路机从路边向路中心碾压 3~4 遍，每次轮迹重叠约 300 mm。碾压速度开始不宜超过 2 km/h，以后可适当增加。

第二、三层的施工方法和要求应与第一层相同，但可以采用 8 t 以上的压路机碾压。

(6) 初期养护

沥青表面处治在碾压结束后即可开放交通，并通过开放交通补充压实，成型稳定。在通车初期应设专人指挥交通或设置障碍物控制行车，限制行车速度不超过 20 km/h，严禁畜力车及铁轮车行驶，使路面全部宽度均匀压实。沥青表面处治应注意初期养护。当发现有泛油时，应在泛油处补撒与最后一层石料规格相同的嵌缝料并扫匀，过多的浮料应扫出路外。

2. 沥青贯入式路面

沥青贯入式路面是在初步碾压的矿料层上洒布沥青，分层铺撒嵌缝料、洒布沥青和碾压，并借助行车压实而成的沥青路面，沥青贯入式路面的厚度宜为 4~8 cm。沥青贯入式路面的强度构成主要是靠矿料的嵌挤作用和沥青材料的黏结力，因而具有较高的强度和稳定性。沥青贯入式路面是一种多孔隙结构，为了防止路表水的浸入和增强路面的水稳定性，在面层的最上层应加铺封层。

沥青贯入式路面的施工程序为：备料→修整、放样和清扫基层→浇洒透层或黏层沥青→铺撒主层矿料→第一次碾压→洒布第一次沥青→铺撒第一次嵌缝料→第二次碾压→洒布第二次沥青→铺撒第二次嵌缝料→第三次碾压→洒布第三次沥青→铺撒封层矿料→最后碾压→初期养护。

沥青贯入式路面的施工要求与沥青表面处置路面基本相同。黏层是使新铺沥青面层与下层表面黏结良好而浇洒的一层沥青薄层，主要适用于旧沥青立面作基层、在修筑沥青面层的水泥混凝土路面或桥面上、在沥青面层容易产生推移的路段、所有与新铺沥青混合料接触的侧面（如路缘石、雨水进水口、各种检查井）。黏层所采用的沥青材料宜选用快裂的洒布型乳化沥青，也可选用快、中凝液体石油或煤沥青，其用量为石油沥青 0.4~0.6 kg/m2，煤沥青应比石油沥青用量增加 20%。适度的碾压对沥青贯入式路面极为重要。碾压不足，会影响矿料嵌挤稳定性，易使沥青流失，形成上下部沥青分布不均；碾压过度，矿料易被压碎，破坏嵌挤原则，造成孔隙减少，沥青难于下渗，形成泛油现象。

(四) 热拌沥青混合料路面施工

热拌沥青混合料是由沥青与矿料在加热状态下拌和而成的混合料的总称。热拌沥青混合料路面是热拌沥青混合料在加热状态下铺筑而成的路面，包括沥青混凝土、沥青稳定碎石和沥青玛蹄脂碎石 (SMA)。

1. 施工准备及要求

（1）拌和设备选型

通常根据工程量和工期选择拌和设备的生产能力和移动方式，同时，其生产能力应与摊铺能力相匹配，不应低于摊铺能力，最好高于摊铺能力 5% 左右。高等级公路沥青路面施工，应选用拌和能力较大的设备。目前，沥青混合料设备的种类很多，最大的可达 800~1000 t/h，但应用较多的是生产率在 300 t/h 以下的拌和设备。

（2）准备下承层和施工放样

沥青路面的下承层是指基层、黏结层或面层下层。下承层应对其厚度、平整度、密实度、路拱等进行检查。下承层表面出现的任何质量问题，都会对路面结构层的层间结合以及路面的整体强度有影响，下承层处理完后，就可以洒透层、黏层或进行封层。

施工放样主要是标高测定和平面控制。标高测定主要是控制下承层表面高程与原设计高程的差值，以便在挂线时保证施工层的厚度。施工放样不但要保证沥青路面的总厚度，而且要保证标高不超出容许范围。注意，在放样时，应计入实测的松铺系数。

（3）机械组合

高等级公路路面的施工机械应优先考虑自动化程度较高和生产能力较强的机械，以摊铺、拌和机械为主导，机械与自卸汽车、碾压设备配套作业，进行优化组合，使沥青路面施工全部实现机械化。

2. 拌和与运输

沥青混合料必须在沥青拌和厂（场、站）采用拌和机械拌制。沥青混合料可采用间歇式拌和机或连续式拌和机拌制。高速公路和一级公路宜采用间歇式拌和机拌和。连续式拌和机使用的集料必须稳定不变，一个工程从多处进料、料源或质量不稳定时，不得采用连续式拌和机。沥青混合料拌和设备的各种传感器必须定期检定，周期不少于每年一次。冷料供料装置需经标定得出集料供料曲线。

热拌沥青混合料宜采用较大吨位的运料车运输，但不得超载运输，或急刹车、急弯掉头使透层、封层造成损伤。运料车的运力应稍有富余，施工过程中摊铺机前方应有运料车等候。对高速公路、一级公路，宜待等候的运料车多于 5 辆后开始摊铺，运料车每次使用前后必须清扫干净，在车厢板上涂一薄层防止沥青黏结的隔离剂或防黏剂，但不得有余液积聚在车厢底部。从拌和机向运料车上装料时，应多次挪动汽车位置，平衡装料，以减少混合料离析。运料车运输混合料宜用苫布覆盖保温、防雨、防污染。

3. 沥青混合料的摊铺作业

沥青混合料摊铺前，应先检查摊铺机的熨平板宽度是否适当，并调整好自动找平装置。有条件的尽可能采用全路幅摊铺，如采用分路幅摊铺，接茬应紧密、拉直，并宜设置样桩控制厚度。摊铺时，沥青混合料温度不应低于 100℃（煤沥青不低于 70℃）。摊铺厚度应为设计厚度乘以松铺系数，其松铺系数应通过试铺碾压确定，也可按沥青混凝土混合料 1.15~1.35、沥青碎石混合料 1.15~1.30 酌情取值，摊铺后应检查平整度及路拱。摊铺机作业的施工过程如下。

(1)熨平板加热

由于100℃以上的混合料遇到30℃以下的熨平板底面时,将会冷粘于底板上,并随板向前移动时拉裂铺层表面,使之形成沟槽和裂纹,因此,每天开始施工前或停工后再工作前,应对熨平板进行加热,即使夏季也必须如此,这样才能对铺层起到熨烫的作用,从而使路表面平整无痕。

(2)摊铺方式

摊铺时,应先从横坡较低处开铺,各条摊铺带宽度最好相同,以节省重新接宽熨平板的时间。使用单机进行不同宽度的多次摊铺时,应尽可能先摊铺较窄的那一条,以减少拆接宽次数;如单机非全幅宽作业,每幅应在铺筑100~150 m后调头完成另一幅,此时一定要注意接茬。使用多机摊铺时,应在尽量减少摊铺次数的前提下,各条摊铺带能形成梯队作业方式,梯队的间距宜在5~10 m之间,以便形成热接茬。

4. 接槎处理

(1)横向接槎

高速公路和一级公路的表面层横向接槎应采用垂直的平接槎,以下各层可采用自然碾压的斜接槎,沥青层较厚时也可作阶梯形接槎,其他等级公路的各层均可采用斜接槎。相邻两幅以及上下层的横向接槎均应错位1 m以上。处理好横向接槎的基本原则是将第一条摊铺带的尽头边缘锯成垂直面,并与纵向边缘呈直角。横向接槎质量的好坏直接影响路面的平整度。

(2)纵向接缝

纵向接缝有热接缝和冷接缝。摊铺时采用梯队作业的纵缝应采用热接缝,将已铺部分留下100~200 mm宽暂不碾压,作为后续部分的基准面,然后做跨缝碾压以消除缝迹。当半幅施工或因特殊原因而产生纵向冷接缝时,宜加设挡板或加设切刀切齐,也可在混合料尚未完全冷却前用镐刨除边缘留下毛茬的方式,但不宜在冷却后采用切割机作纵向切缝。加铺另半幅前应涂洒少量沥青,重叠在已铺层上50~100 mm,再铲走铺在前半幅上面的混合料,碾压时由边向中碾压留下100~150 mm,再跨缝挤紧压实。或者先在已压实路面上行走碾压新铺层150 mm左右,然后压实新铺部分。

5. 沥青混合料的压实

碾压是沥青路面施工的最后一道工序,要获得好的路面质量,最终是靠碾压来实现的。碾压的目的是提高沥青混合料的强度、稳定性和耐疲劳性。碾压工作包括碾压机械的选型与组合、压实温度、速度、编数、压实方法的确定以及特殊路段的压实(如弯道、陡坡等)。

(1)碾压机械的选型和组合

目前最常用的沥青路面压路机有静作用光轮压路机、轮胎压路机和振动压路机。静作用光轮压路机可分为双轴三轮式(三轮式)压路机和双轴双轮式(双轮式)压路机,国外也有三轴三轮串联式光轮压路机。三轮式压路机适用于沥青混合料的初压;双轮式压路机通常较小,仅作为辅助设备;三轴三轮式压路机主要用于平整度要求较高的高等级公路路面的压实作业。轮胎式压路机主要用来进行接缝处的预压、坡道预压、消除裂纹、薄层摊铺的压实等作业。振动压路机可分为自行式单轮振动压路机、串联振动式压路机和组合式振动压路机三种。自行式单轮振动压路机常用于平整度要求不高的辅道、匝道、岔道等路面作业；如沥青混合料的压实要求较高时，可用串联振动式压路机；组合压路机是轮胎压路机和振动压路机的组合，但实践证明这一组合形式是失败的。

压路机的选型应考虑摊铺机的生产率、混合料的特性、摊铺厚度、施工现场的具体情况等因素。摊铺机的生产效率决定了压路机需要的压实能力，从而影响到压路机的大小和数量的选用，而混合料的特性为选择压路机的大小、最佳频率与振幅提供了依据。

（2）压实作业

沥青路面的压实程序分为初压、复压、终压三个阶段。

初压应在紧跟摊铺机后碾压，并保持较短的初压区长度，以尽快使表面压实，减少热量散失。初压时用6～8 t双轮压路机或6～10 t振动压路机（关闭振动装置）压两遍，压实温度一般为110～130℃（煤沥青混合料不高于90℃）。初压后应检查平整度、路拱，有严重缺陷时进行修整乃至返工。

复压应紧跟在初压后开始，且不得随意停顿。复压是使混合料密实、稳定成型，混合料的密实程度主要取决于这道工序，因此，必须用重型压路机碾压。复压时用10～12 t三轮压路机、10 t振动压路机或相应的重型轮胎压路机碾压不少于4～6遍直至稳定和无明显轮迹。压实温度为90～110℃（煤沥青混合料不低于70℃）。对路面边缘、加宽及港湾式停车带等大型压路机难以碾压的部位，宜采用小型振动压路机或振动夯板做补充碾压。

终压应紧接在复压后进行，如经复压后已无明显轮迹时可免去终压。终压可选用双轮钢筒式压路机或关闭振动的振动压路机，碾压不宜少于两遍，至无明显轮迹为止。压实温度一般为70～90℃（煤沥青混合料不低于50℃）。

（3）压实方法

碾压时，压路机应从外侧向中心碾压，这样就能始终保持压路机以压实后的材料作为支承边。当采用轮胎式压路机时，相邻碾压带应重叠1/3～1/2的碾压轮宽度；当采用三轮式压路机时，相邻碾压带应重叠1/2宽度；当采用振动压路机时，相邻碾压带应重叠10～20 cm宽度，振动频率宜为35～50 Hz，振幅宜为0.3～0.8 mm。压路机应以慢而均匀的速度进行碾压，其碾压速度应符合有关规定。

二、水泥混凝土路面施工

水泥混凝土路面包括素混凝土、钢筋混凝土、连续配筋混凝土、预应力混凝土、装配式混凝土、钢纤维混凝土和混凝土小块铺砌等面层板和基（垫）层所组成的路面，目前最广泛采用的是就地浇筑的素混凝土。

（一）施工前的准备工作

施工前的准备工作包括拌和场地、材料准备及质量检验、混合料配合比检验与调整、基层的检验与整修等。

搅拌场宜设置在摊铺路段的中间位置。搅拌场内部布置应满足原材料储运、混凝土运输、供水、供电、钢筋加工等使用要求，并尽量紧凑，减少占地。

根据施工进度计划，在施工前应分别备好所需水泥、砂、石料、外加剂等材料，并在实际使用前检验核查。

路基应稳定、密实、均质，对路面结构提供均匀的支撑。对桥头、软基、高填方、填挖方交界等处的路基段，应进行连续沉降观测，并采取切实有效的措施保证路基的稳定性。

（二）拌和与运输

拌和质量是保证水泥混凝土路面平整度和密实度的关键，而混合土各组成材料的技术指标和配合比计算的准确性是保证混凝土拌和质量的关键。在机械化施工过程中，混凝土拌和的供料系统应尽量采用自动计量设备。

在运输过程中，为了保证混凝土的工作性，应考虑蒸发水和水化失水以及因运输颠簸和振动使混凝土发生离析等问题。因此要尽量缩短运输距离，并采取施工措施防止水分损失和混凝土离析。一般情况下，坍落度大于 5 cm 时，用搅拌运输车运输，且运输时间不超过 1.5 h；坍落度小于 2.5 cm 时，用自卸汽车运输，且运输时间不超过 1 h。当不满足时应通过试验加大缓凝剂或保塑剂的剂量。

（三）水泥混凝土路面的铺筑

水泥混凝土路面的铺筑包括滑模机械铺筑、轨道摊铺机铺筑和小型机具铺筑。

1. 滑模机械铺筑

高速公路、一级公路施工，宜选配能一次摊铺 2~3 个车道宽度（7.5~12.5）m 的滑模摊铺机，二级及二级以下公路路面的最小摊铺宽度不得小于单车道设计宽度。硬路肩的摊铺宜选配中、小型多功能滑模摊铺机，并宜连体一次摊铺路缘石。

（1）基准线设置

滑模摊铺混凝土路面的施工应设置基准线。基准线设置形式有单向坡双线式、单向坡单线式和双向坡双线式三种。

（2）摊铺准备

所有施工设备和机具均应处于良好状态，并全部就位。基层、封层表面及履带行走部位应清扫干净。摊铺面板位置应洒水湿润，但不得积水。

（3）布料

滑模摊铺机前的正常料位高度应在螺旋布料器叶片最高点以下，亦不得缺料。卸料、布料应与摊铺速度相协调。当坍落度在 10~50 mm 时，布料松铺系数宜控制在 1.08~1.15 之间。布料机与滑模摊铺机之间施工距离宜控制在 5~10 m。摊铺钢筋混凝土路面、桥面或搭板时，严禁任何机械开上钢筋网。

（4）振捣

操作滑模摊铺机应缓慢、匀速、连续不间断地作业。严禁料多追赶，然后随意停机等待，间歇摊铺。摊铺速度应根据拌和物稠度、供料多少和设备性能进行控制，并应根据混凝土的稠度大小，随时调整摊铺的振捣频率或速度，防止混凝土过振、欠振或漏振。

（5）滑模摊铺过程中

滑模摊铺过程中应采用自动抹平板装置进行抹面对少量局部麻面和明显缺料部位，应在挤压板后或搓平梁前补充适量拌和物，由搓平梁或抹平板机械修整。滑模摊铺的混凝土面板在下列情况下，可用人工进行局部修整：用人工操作抹面抄平器，精整摊铺后表面的小缺陷，但不得在整个表面加薄层修补路面标高；对纵缝边缘出现的倒边、塌边、漏肩现象，应顶侧模或在上部支方铝管进行边缘补料修整；对起步和纵向施工接头处，应采用水准仪抄平并采用大于 3 m 的靠尺边测边修整。

（6）滑模摊铺结束后

滑模摊铺结束后，必须及时清洗滑模摊铺机，进行当日保养等。并宜在第二天硬切横向施工缝，也可当天软作施工横缝。应丢弃端部的混凝土和摊铺机振动仓内遗留下的纯砂浆，两侧模板应向内收进 20～40 mm，收口长度宜比滑模摊铺机侧模板略长。施工缝部位应设置传力杆，并应满足路面平整度、高程、横坡和板长要求。

2. 轨道摊铺机铺筑

（1）摊铺

摊铺是将倾卸在基层上或摊铺机箱内的混凝土按摊铺厚度均匀地充填在模板范围内。摊铺机械有刮板式、箱式和螺旋式三种。

刮板式摊铺机本身能在模板上自由地前后移动，在前面的导管上左右移动。由于刮板自身也要旋转，因此可以将卸在基层上的混凝土堆向任意方向摊铺；箱式摊铺机是将混凝土通过卸料机卸在钢制箱子内，箱子在机械前进行驶时横向移动，同时箱子的下端按松散厚度刮平混凝土；螺旋式摊铺机是用正反方向旋转的旋转杆（直径约 50 cm）将混凝土摊开，螺旋后面有刮板，可以准确地调整高度，这种摊铺机的摊铺能力大，其松铺系数在 1.15～1.30 之间。

（2）振捣

轨道摊铺机应配备振捣棒组，振捣方式有斜插连续拖行及间歇垂直插入两种，当面板厚度超过 150 mm、坍落度小于 30 mm 时，必须插入振捣。连续拖行振捣时，宜将作业速度控制在 0.5～1.0 m/min 之间，并随着坍落度的大小而增减；间歇振捣时，当一处混凝土振捣密实后，将振捣棒组缓慢拔出，再移动到下一处振实，移动距离不宜大于 500 mm。

轨道摊铺机应配备振动板或振动梁对混凝土表面进行振捣和修整，振动梁的振捣频率宜控制在 50～100 Hz，偏心轴转速调节到 2500～3500 r/min。经振捣棒组振实的混凝土，宜使用振动板振动提浆，并密实饰面，提浆厚度宜控制在（4+1）mm。

（3）整平饰面

轨道摊铺机上宜配备纵向或斜向抹平板。纵向抹平板随轨道摊铺机作业行进可左右贴表面滑动并完成表面修整；斜向修整抹平板作业时，抹平板沿斜向左右滑动，同时随机身行进，完成表面修整。

（4）其他

精平饰面操作要求与滑模施工相同。

3. 小型机具铺筑

小型机具性能应稳定可靠、操作简易、维修方便，机具配套应与工程规模、施工进度相适应。

（四）接缝施工

混凝土面层是由一定厚度的混凝土板组成，具有热胀冷缩的特性，混凝土板会产生不同程度的膨胀和收缩，这些变形会受到板与基础之间的摩擦阻力和黏结力，以及板的自重和车轮荷载的约束，致使板内产生过大的应力，造成板的断裂或拱胀等破坏。为了避免这些缺陷，混凝土路面必须在纵横两个方向建造许多接缝，把整个路分割成许多板块。但在任何形式的接缝处，板体都不可能是连续的，其传递荷载的能力总不如非接缝处，而且任何形式的接缝都不免要漏水，因此，对各种形式的接缝，都必须为其提供相应的传荷和防水设施。

1. 纵缝施工

当一次铺筑宽度小于路面和硬路肩总宽度时，应设纵向施工缝，位置应避开轮迹，并重合或靠近车道线，构造可采用平缝加拉杆型。当所摊铺的面板厚度大于或等于260 mm时，也可采用插拉杆的企口型纵向施工缝。采用滑模施工时，纵向施工缝的拉杆可用摊铺机的侧向拉杆装置插入。采用固定模板施工方式时，应在振实过程中，从侧模预留孔中手工插入拉杆。当一次摊铺宽度大于4.5 m时，应采用假缝拉杆型纵缝，即锯切纵向缩缝，纵缝位置应按车道宽度设置，深为6~7 cm，使混凝土在收缩时能从此缝向下规则开裂，防止因锯缝深度不足而引起不规则裂缝。并在摊铺过程中用专用的拉杆插入装置插入拉杆。插入的侧向拉杆应牢固，不得松动、碰撞或拔出。

2. 横向接缝施工

横向接缝是垂直于行车方向的接缝，横向接缝有三种：胀缝、缩缝和施工缝。普通混凝土路面横向缩缝宜等间距布置，不宜采用斜缝。

（1）胀缝

胀缝的施工分浇筑混凝土完成时设置和施工过程中设置两种。浇筑完成设置胀缝适用于混凝土板不能连续浇筑的情况，施工时，传力杆长度的一半穿过端部挡板，固定于外侧定位模板中，混凝土浇筑前应先检查传力杆位置，浇筑时应先摊铺下层混凝土，用插入式振捣器振实，并校正传力杆位置后，再浇筑上层混凝土；浇筑邻板时，应拆除顶头木模，并设置下部胀缝板、木制嵌条和传力杆筒。施工过程中设置胀缝适用于混凝土板连续浇筑的情况，施工时，应预先设置好胀缝板和传力杆支架，并预留好滑动空间。为保证胀缝施工的平整度和施工的连续性，胀缝以上的混凝土硬化后用切缝机按胀缝板的宽度切两条线，待填缝时，将胀缝板上的混凝土凿去。

（2）缩缝

横向缩缝的施工方法有压缝法和切缝法两种。压缝法是在混凝土捣实整平后，利用振动梁将T形振动压缝刀准确地按接缝位置振出一条槽，然后将铁制或木制嵌缝条放入，并用原浆修平槽边，待混凝土初凝前泌水后取出嵌条形成缝槽。切缝法是在凝结硬化后的混凝土（混凝土达到设计强度等级的25%~30%）中，用锯缝机锯割除要求深度的槽口，这种方法可保证缝槽质量和不扰动混凝土结构，但要掌握好锯割时间。切缝时间过迟，会因混凝土凝结硬化而使锯片磨损过大，而更主要的是混凝土会出现收缩裂缝；切缝时间过早，混凝土还未终凝，锯割时槽口边缘会产生剥落。合适的切缝时间应根据混凝土的组成和性质、施工时的气候条件等因素，依据施工技术人员的经验并进行试锯而定。

（3）施工缝

每天摊铺结束或摊铺中断时间超过30 min时，应设置横向施工缝，其位置宜与胀缝或缩缝重合，确有困难不能重合时，施工缝应采用设螺纹传力杆的企口缝形式。横向施工缝应与路中心线垂直。横向施工缝在缩缝处采用平缝加传力杆型，在胀缝处其构造与胀缝相同。

3. 灌缝

混凝土板养生期满后，应及时灌缝。灌缝前应先采用切缝机清除接缝中夹杂的砂石、凝结的泥浆等，再使用压力大于或等于0.5 MPa的压力水和压缩空气彻底清除接缝中的尘土及其他污染物，确保缝壁及内部清洁、干燥。缝壁检验以擦不出灰尘为灌缝标准。路面胀缝和桥台隔离缝等应在填缝前，凿去接缝板顶部嵌入的木条，涂胶黏剂后，嵌入胀缝专用多孔橡胶条或灌进适宜的填缝料，当胀缝的宽度不一致或有啃边、掉角等现象时，必须灌缝。灌缝顶面热天应与板面齐平；冷天应填为凹液面，中心低于板面1~2 mm。填缝必须饱满、均匀、厚度一致并连续贯通，填缝料不得缺失、开裂和渗水。

（五）抗滑构造施工

摊铺完毕或精整平表面后，宜使用钢支架拖挂1~3层叠合麻布、帆布或榍布，洒水湿润后作拉毛处理。人工修整表面时，宜使用木抹。用钢抹修整过的光面，必须再作拉毛处理，以恢复细观抗滑构造。

当日施工进度超过500 m时，抗滑沟槽制作宜选用拉毛机械施工，没有拉毛机时，可采用人工拉槽方式。特重和重交通混凝土路面宜采用硬刻槽，凡使用圆盘、叶片式抹面机精平后的混凝土路面、钢纤维混凝土路面必须采用硬刻槽方式制作抗滑沟槽。

（六）混凝土路面养生

混凝土路面铺筑完成或软作抗滑构造完毕后应立即开始养生。机械摊铺的各种混凝土路面、桥面及搭板宜采用喷洒养生剂同时保湿覆盖的方式养生。在雨天或养生用水充足的情况下，也可采用覆盖保湿膜、土工毡、土工布、麻袋、草袋、草帘等洒水湿养生方式，不宜使用围水养生方式。

（七）钢筋混凝土路面铺筑

当混凝土板的平面尺寸较大，或预计路基或基层可能产生不均匀沉陷，或板下埋有地下设施时，宜采用钢筋混凝土路面。钢筋混凝土路面是指板内配有纵横向钢筋（或钢丝）网的混凝土路面。钢筋混凝土路面设置钢筋网主要是控制裂缝裂隙的张开量，使板依靠断裂面上的集料嵌锁作用来保证结构的强度，并非提高板的抗弯强度。钢筋混凝土路面面层的厚度与水泥混凝土路面面层厚度一样。其配筋是按混凝土收缩时，将板块拉在一起所需的拉力确定。钢筋混凝土板的缩缝间距一般为 13～22 m，最大不宜超过 30 m，在缩缝内设置传力杆。

钢筋的安装和混凝土的浇筑可采用两种施工方法：一是用钢筋骨架固定钢筋网的位置，混凝土混合料卸入模板内一次完成铺筑、振捣、做面等项工作；另一种是以钢筋网位置为分界线，先将钢筋网以下的混凝土浇筑振捣密实，再安装钢筋网，最后再浇筑混凝土。

（八）混凝土小块铺砌路面的施工

块料是由高强的水泥混凝土预制而成，其抗压强度约为 60 MPa，水泥含量为 350～380 kg/m³，水灰比为 0.35，最大集料尺寸为 8～10 cm。混凝土小块铺砌路面结构由面层、砂整平层（厚 3 cm）和基层组成，具有结构简单、价格低廉、能承受较大的单位压力等特点，较广泛地用于铺筑人行道、停车场、堆场（特别是集装箱码头堆场）、街区道路、一般公路等路面。

（九）钢纤维混凝土路面施工

钢纤维混凝土是一种性能优良的新型路用材料。钢纤维混凝土是在混凝土中掺入一些低碳钢、不锈钢或玻璃钢纤维，形成一种均匀而多项配筋的混凝土。试验表明，钢纤维与混凝土的握裹力为 4 MPa，施工中掺入 1.5%～2.0%（体积比）的钢纤维，相当于每立方米混凝土中掺入 0.077 t 水泥。钢纤维混凝土能显著提高混凝土的抗拉强度、抗弯拉强度、抗冻性、抗冲性、抗磨性、抗疲劳性，但其造价明显高于普通混凝土。

钢纤维混凝土中钢纤维的掺率通常用体积率来表示。路用钢纤维宜采用剪切型纤维或熔抽型纤维，其抗拉强度不应低于 550 MPa，钢纤维直径一般为 0.25～1.25 mm，长度一般为直径的 50～70 倍。粗骨料的最大粒径要求不超过纤维长度的 1/2，但不得大于 20 mm，这是因为最大粒径对钢纤维混凝土中钢纤维的握裹力有较大的影响，粒径过大会对混凝土抗弯拉强度有较明显的影响。

钢纤维混凝土路面在施工过程中，为了保证钢纤维均匀分布，在搅拌过程中应按砂、碎（砾）石、水泥、钢纤维的顺序加入拌和机内，先干拌 2 min，再加水湿拌 1 min。其他施工工序可按普通水泥混凝土路面的施工方法来铺筑，不需另加特殊的施工机具设备。在抹面时，应将冒出混凝土表面的钢纤维拔出，否则应另加铺磨耗层。

参考文献

[1] 张春姝.土木工程施工技术[M].北京：航空工业出版社，2017.

[2] 韩俊强，袁自峰.土木工程施工技术[M].武汉：武汉大学出版社，2017.

[3] 刘伯权，吴涛，黄华.土木工程概论[M].武汉：武汉大学出版社，2017.

[4] 白会人.土木工程测量[M].武汉：华中科技大学出版社，2017.

[5] 徐善初，董道军，王晓梅.土木工程施工[M].武汉：中国地质大学出版社，2017.

[6] 周明华.土木工程结构试验与检测[M].南京：东南大学出版社，2017.

[7] 常虹，鲁彩凤，常鸿飞，张风杰，王勇.土木工程制图[M].徐州：中国矿业大学出版社，2017.

[8] 包耘.土木工程概论[M].南京：河海大学出版社，2017.

[9] 姜晨光.土木工程材料学[M].北京：中国建材工业出版社，2017.

[10] 俞英娜，刘传辉，杨明宇.土木工程概论双色[M].上海：上海交通大学出版社，2017.

[11] 李辉，李坤.土木工程材料[M].成都：西南交通大学出版社，2017.

[12] 张广兴.地下工程施工技术[M].武汉：武汉大学出版社，2017.

[13] 郑江，杨晓莉.BIM在土木工程中的应用[M].北京：北京理工大学出版社，2017.

[14] 董博，罗祥.土木工程施工[M].成都：西南交通大学出版社，2017.

[15] 邹定祥.土木工程岩石开挖理论和技术[M].北京：冶金工业出版社，2017.

[16] 杨杨，钱晓倩.土木工程材料[M].武汉：武汉大学出版社，2018.

[17] 应惠清.土木工程施工上[M].上海：同济大学出版社，2018.

[18] 师卫锋.土木工程施工与项目管理分析[M].天津：天津科学技术出版社，2018.

[19] 武新杰；苏明会；任晓鲲.土木工程概论[M].北京：科学技术文献出版社，2018.

[20] 王宪军，王亚波，徐永利.土木工程与环境保护[M].北京：九州出版社，2018.

[21] 刘伟，马翠玲，王艳丽，吕晓棠，姚军.土木与工程管理概论[M].郑州：黄河水利出版社，2018.

[22] 周洪燕，张敏，吴自立，林毅副，周梦娇，曹友露，刘霖参.土木工程材料[M].北京：北京理工大学出版社，2018.

[23] 周合华.土木工程施工技术与工程项目管理研究[M].文化发展出版社，2019.

[24] 卜良桃，曾裕林，曾令宏.土木工程施工[M].武汉：武汉理工大学出版社，2019.

[25] 黄声享，高飞. 土木工程测量 [M]. 武汉：武汉大学出版社，2019.

[26] 刘秋美，刘秀伟. 土木工程材料 [M]. 成都：西南交通大学出版社，2019.

[27] 邱洪兴. 土木工程概论 [M]. 南京：东南大学出版社，2019.

[28] 刘莉萍，刘万锋，杨阳，郭建博. 土木工程施工与组织管理 [M]. 合肥：合肥工业大学出版社，2019.

[29] 续晓春. 土木工程施工组织 [M]. 北京：北京理工大学出版社，2019.

[30] 方俊. 土木工程造价 [M]. 武汉：武汉大学出版社，2019.

[31] 宋雷. 土木工程测试 [M]. 徐州：中国矿业大学出版社，2019.

[32] 覃辉，马超，朱茂栋. 土木工程测量 [M]. 上海：同济大学出版社，2019.

[33] 陶杰，彭浩明，高新. 土木工程施工技术 [M]. 北京：北京理工大学出版社，2020.

[34] 陈大川. 土木工程施工技术 [M]. 长沙：湖南大学出版社，2020.

[35] 刘将. 土木工程施工技术 [M]. 西安：西安交通大学出版社，2020.

[36] 苏德利. 土木工程施工组织 [M]. 武汉：华中科技大学出版社，2020.

[37] 殷为民，杨建中. 土木工程施工 [M]. 武汉：武汉理工大学出版社，2020.

[38] 陈正. 土木工程材料 [M]. 北京：机械工业出版社，2020.

[39] 李苗，穆成鹏，童小龙. 土木工程概论 [M]. 北京：北京理工大学出版社，2020.

[40] 邢岩松，陈礼刚，霍定励. 土木工程概论 [M]. 成都：电子科技大学出版社，2020.